高职高专电子类专业"十三五"规划教材

电路基础

DIANLU JICHU

GAOZHIGAOZHUANDIANZILEIZHUANYESHISANWUGUIHUAJIAOCAI

主　编　周　玲　龙　剑

副主编　樊伟平　肖洪流

编　委　(按姓氏笔画排序)

上官剑　龙　剑　龙伟民　林妙贞

李　涛　肖　正　肖洪流　周　玲

胡建平　高贝芳　彭铁牛

主　审　苏国辉

中南大学出版社
www.csupress.com.cn

前　言

本书是高职高专电子类十三五规划建设教材，是依据教育部最新制定的《高职高专教育电工技术基础课程教学基本要求》编写而成。可作为职业院校电气自动化、电气技术、供电和用电、电机电器、机电技术应用、电子技术应用等相关专业的教学用书，也可供其他各类职业学校、技工学校的相关专业及人员教学与培训用书，亦可供教学人员，技术管理人员自学参考。

本书依据教学改革要求：注重素质教育，注重应用型人才能力的培养，把立足点放在工程技术应用上，课程内容应删繁就简、突出主线、突出重点，做到既为后续课程服务，又能强化工程技术应用能力的培养。

本书在结构、内容安排等方面，吸收了编者多年来在教学改革、教材建设等方面取得的经验，力求全面体现职业教育的特点，满足当前教学的需要。

本教材主要特点有：

1. 为适应现代电气电子强、弱电技术互相渗透、融合的发展趋势，以及培养知识面宽、适应性强的复合型人才的要求，本书采用强、弱电知识合一体系。

2. 体现时代特征，更新教材内容。本教材注意删去老化的知识点，尽量多介绍电气、电子技术领域的有关新知识和技术，使学生能学到新颖的、适用的知识，有利于培养学生创新精神。

3. 根据电路基础课程教学的特点，在内容选取上，重视基本概念、基本定律、基本分析方法的介绍，淡化复杂的理论分析，如对电路的暂态分析，采用三要素法，避免了微分方程的求解，降低了理论难度。全书内容层次清晰、循序渐进，力求使学生对基本理论能系统、深入地理解，为今后的学习奠定基础。同时注重分析问题、解决问题能力的培养。

4. 体现职教特色，重视实际应用。注重将理论讲授与实践训练相结合，全书共安排了十个实验实训课题，尽量给学生创造动手训练的空间，以缩短了理论教学与实践教学之间的距离，加强了内在联系，使衔接呼应更合理、强化了知识性和实践性的统一。完成对学生工程素质和动手能力的培养。

5. 本书力求文字深入浅出，通俗易懂，版面设计图文并茂。

本书总教学时数(含理论课教学及技能训练课时数)为 90～110 学时，具体建议课时分配方案如表所示。

章	内容	学 时 数			
		合计	讲授	实验实训	机动
1	电路的基本概念与基本定律	10(8)	6(6)	4(2)	
2	直流电阻性电路的分析	16(14)	12(10)	4(4)	
3	正弦交流电路	18(16)	14(14)	4(2)	

章	内容	学 时 数			
		合计	讲授	实验实训	机动
4	三相正弦电路	10(8)	8(6)	2	
5	互感耦合电路	8(6)	6(4)	2(2)	
6	谐振电路	6(6)	4(4)	2(2)	
7	非正弦周期电流电路	6(6)	6(6)		
8	线性动态电路分析	12(8)	10(6)	2(2)	
9	二端口网络	8(6)	8(6)		
10	磁路与铁心线圈电路	10(8)	10(8)		
	机动	6(4)			
	总计	110(90)	84(70)	20(16)	6(4)

本书在2007年第一版的基础上修订而成，增加了部分例题更便于教学。本书由广州市轻工技师学院周玲、湖南高速铁路职业技术学院龙剑担任主编，由广州市轻工技师学院樊伟平、湖南化工职业技术学院肖洪流担任副主编，其中第1章和实验一、二由肖洪流编写，第2章和实验三、四由樊伟平编写，第3章和实验五、六由广州市轻工技师学院李涛编写，第4章和实验七由湖南高速铁路职业技术学院龙剑编写，第5章和实验十由湖南高速铁路职业技术学院上官剑编写，第6章和实验八由广州市轻工技师学院肖正编写，第7章由广州市轻工技师学院林妙贞编写，第8章由湖南高速铁路职业技术学院胡建平编写，实验九由湖南科技职业技术学院高见芳编写，第9章由周玲编写，第10章由株洲职业技术学院彭铁牛编写。全书理论部分由周玲统稿，实验部分由龙剑统稿。

本教材由广州市轻工技师学院苏国辉主审，他认真仔细地审阅了全书，并提出了许多宝贵意见，在此表示诚挚谢意。

由于编者水平有限，书中缺点、疏漏及其他不足之处恳谢使用本书的教师、读者批评指正。

编　者

2016年3月

目　录

第1章　电路的基本概念和基本定律

1.1　电路和电路模型

1.1.1　电路

1. 电路及其组成

发电厂发出的电能是通过输电线输送到各用户的，强大的电流从发电机出发，经过输电线流向各用电设备，再流回发电机，以构成闭合回路。电流所通过的路径称为电路或电网络。若电路中通过恒定电流，称直流电路，通过交变电流则称为交流电路。任何电路，不论简单还是复杂，都是由若干个实际的电器装置或电器元件，根据某些特定需要，按一定的方式组合起来的整体。图 1 - 1 - 1 是最简单的手电筒电路。它由三部分组成：

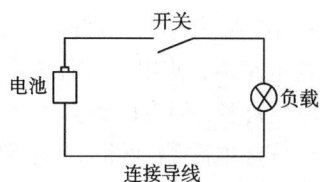

图 1 - 1 - 1　手电筒电路

电源：电路中电能的来源。它的作用是将其他形式的能量转换成电能（图中干电池将化学能转换为电能）。

负载：电路中各种用电装置，它的作用是将电源供给的电能转化为其他形式的能量（图中灯泡将电能转换成光能和热能）。

中间环节（导线、开关）：导线是连接电源和各负载传输电流的金属导线；开关是为节省电能所加的控制装置，需要照明时将开关闭合，不需要照明时将开关断开。电源、负载与中间环节是任何实际电路中都不可缺少的三个组成部分。

2. 电路的作用

电路的结构形式是多种多样的，但就其作用而言，主要有以下两种。

第一种作用是实现电能的传输和转换，如图 1 - 1 - 1 手电筒电路，它是将电能经过导线的传输，使灯泡发光，实现能量转换。图 1 - 1 - 2 是一个较为复杂的电力系统电路示意图。它是将发电机发出的电能经过升压变压器、输电线、降压变压器传送到电动机、电灯或其他用电负载。

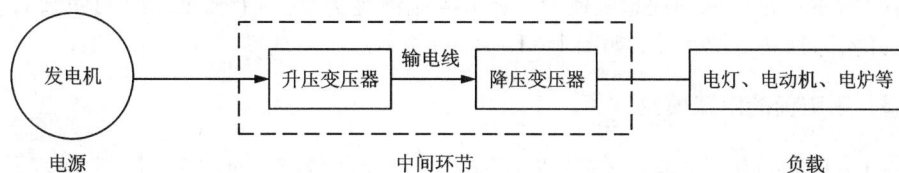

图 1 - 1 - 2　电力系统电路

电路中，还不断进行着能量转换，电动机将电能转换成机械能，电炉将电能转换成热能等，为人们的生产、生活所利用。

第二种作用是实现信号的变换和处理。如图 1-1-3 所示的收音机电路，

接收天线把载有语言、音乐、信息的电磁波接收后，经过调谐、检波、放大等电路变换或处理变成音频信号，驱动扬声器。

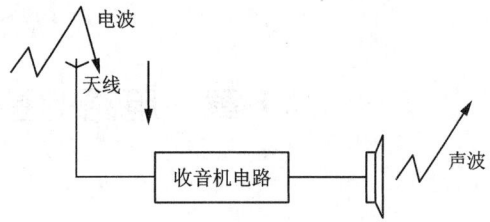

图 1-1-3　收音机电路

1.1.2　电路模型

为了便于分析和安装电路，我们必须画出电路图。若电路图只是表示出电器设备之间的连接关系，称为电路原理图。

在电路中，使用的各种电器又称为电路元件。实际电路中元件尽管外形和作用千差万别，种类繁多，但在电磁方面却有许多共同之处。在分析实际电路时，由理想元件组成的足以表征实际电路物理性质的电路称电路模型。电路模型具有以下特点：首先，每一种电路模型所能反映的物理性质可以用数学表达式精确地描述；其次，任一个实际器件中所发生的物理现象都可以用各种电路模型的适当组合来表示。如电阻器、白炽灯、电炉等。它们主要是消耗电能，这样可以用一个具有两个端子的理想电阻来反映其消耗电能的特征，其模型符号 R 如图 1-1-4(a)所示。如各种电容器，在实际电路中主要是储存电场能，用一个理想的两端电容元件反映其储存电场能的特征，其电路模型符号 C 如图 1-1-4(b)所示。各种实际电感元件，主要是存储磁场能，我们可以用一个两端的电感元件来反映其存储磁场能的特征，其模型符号 L 如图 1-1-4(c)所示。

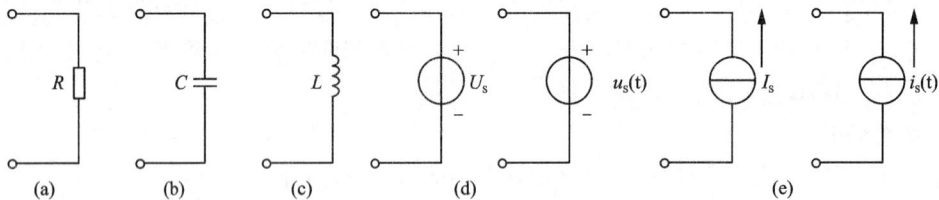

图 1-1-4　理想电阻、电容、电感、电流源、电压源模型

如发电机、电池等，在实际电路中主要是提供电能，我们可以用一个理想电压源，表示电压恒定 U_S 或是一个确定的时间函数 $u_S(t)$，其内阻为零的独立电源元件。图形符号如图 1-1-4(d)所示。也可以用理想电流源，表示电流恒定 I_S 或一个确定的时间函数 $i_S(t)$，其内阻为无穷大的独立电源元件，如图 1-1-4(e)所示。

1.1.3　手电筒的电路模型

图 1-1-1 表示由干电池、开关、小灯泡组成的实际电路，而图 1-1-5 则表示对应的电路模型。图中连接导线是理想导体，它的内阻忽略不计，视为零。

应当指出的是，由于人们对实际电路的物理性质的侧重点不同，所以同一个实际电路可能会有不同的电路模型，本课程所研究的对象是电路模型，而不是实际电路，以后在叙述中将理想电路模型简称为电路，将理想元件简称为元件。

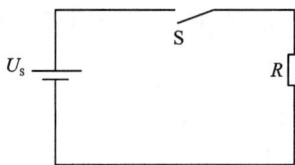

图 1 - 1 - 5 手电筒的电路模型

1.2 电路的基本物理量

在电路分析中，人们主要关注的基本物理量是电流、电压和功率等。所以，在分析讨论电路之前，首先建立并深刻理解和掌握这些物理量的相关基本概念是非常必要的。

1.2.1 电流

在电场力的作用下，电荷有规则地定向运动形成电流，一段金属导体内含有大量的带负电荷的自由电子，通常情况下，这些自由电子在其内部做无规则的热运动，并不形成电流，若在该段金属导体两端连接上电源，那么带负电荷的自由电子就要逆电场方向运动，于是该段金属导体中便形成了电流。

电流，虽然人们看不见它，但可以通过电流的各种效应(如磁效应、热效应)来感知它的客观存在，为了表示电流的强弱，我们引入电流强度这个物理量。电流强度简称电流，用 i 表示，它在数值上等于单位时间 dt 内通过导体某一截面 A 的电荷量 dq，如图 1 - 2 - 1 所示。

电流表示为：

图 1 - 2 - 1 导体中的电流

$$i = \frac{dq}{dt} \quad\quad (1-1)$$

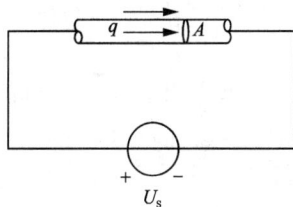

式中：dq 为导体横截面在 dt 时间内通过的电荷量，国际单位制(SI)中，电荷量的单位为库仑(C)，时间单位为秒(s)，电流单位为安培，简称安(A)，电力系统中嫌安培单位太小，有时取千安(kA)为电流单位，而仪器、仪表、电子电路中有时又嫌安培的单位太大，取毫安(mA)或微安(μA)，它们之间的换算关系是：

$$1kA = 10^3 A \quad\quad 1A = 10^3 mA = 10^6 \mu A \quad\quad 1mA = 10^3 \mu A$$

电流不仅有大小，而且有方向。习惯上将正电荷移动的方向规定为电流实际方向。当电流的大小和方向不随时间变化时称为直流电流，简称直流(DC)。以后对不随时间变化的物理量，都用大写字母表示，即在直流时，式(1-1)应写为：

$$I = \frac{Q}{t} \quad\quad (1-2)$$

在直流电路中，某些支路电流的实际方向很容易判断，它是从电源正极流出，流向电源负极的。但在稍微复杂的电路里，往往就很难判断出某一元件或某一段电路上电流的实际方向，而对那些大小和方向都随时间变化的电流，要在电路中标出它的实际方向就更不方便了，为此，在分析计算电路时，我们引入"电流参考方向"这个概念。

在电路中,我们可以任意选定一个方向作为电流的参考方向,用箭头表示。如图 1 - 2 - 2 所示。

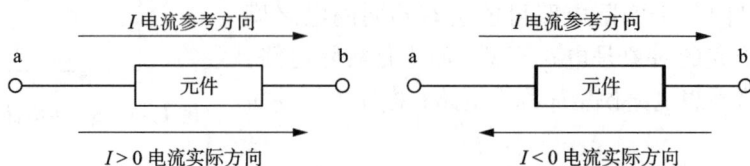

图 1 - 2 - 2　电流的参考方向与实际方向的关系

选定的参考方向是从 a 指向 b 的,该方向与实际方向不一定一致。这时,将电流用一个代数量表示,若 $I > 0$,则表明电流的实际方向与参考方向是一致的;若 $I < 0$,则表明电流的实际方向与参考方向不一致,故在选定的参考方向下,电流值的正、负就反映了它的实际方向。

1.2.2　电压

电场力把单位正电荷 q 从电场中 a 点移到 b 点所作的功 W_{ab} 称为 a、b 两点间的电压,用 U_{ab} 表示,即:

$$U_{ab} = \frac{W_{ab}}{q} \tag{1-3}$$

国际单位 SI 制中功的单位为焦耳(J),电量的单位为库仑(C),电压的单位为伏特(V),1V 电压相当于移动 1C 正电荷电场力所做的功为 1J。在电力系统中,因伏特单位太小,有时用千伏(kV)作单位,而在无线电、仪器、仪表电路中,又因伏特单位太大,常用毫伏(mV)、微伏(μV)作电压单位,它们之间的转换关系为:

$$1kV = 10^3 V \qquad 1V = 10^3 mV \qquad 1mV = 10^3 \mu V$$

习惯上电压的实际方向,规定为在电场力作用下,正电荷从起点(+)指向终点(-),即从高电位指向低电位。符号 U_{ab} 即表示电压方向是由 a 点指向 b 点。因此,在电压的方向上电位是逐渐降低的。

电路中两点间的电压可任意选定一个参考方向,用" + "" - "号标在图上,并由参考方向和电压值的正、负来反映该电压的实际方向。

当标定的参考方向与电压的实际方向相同,如图 1 - 2 - 3(a)所示电压为正值;当标定的参考方向与实际电压方向相反时,如图 1 - 2 - 3(b)所示电压为负值。

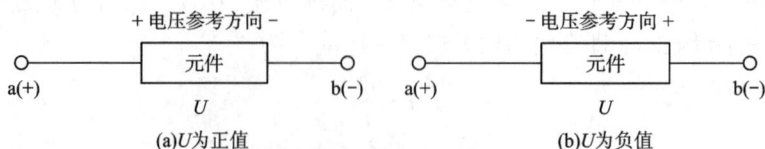

图 1 - 2 - 3　电压参考方向与实际方向的关系

在电路分析中，不必考虑各电压的实际方向究竟如何。应首先在电路中标定它们的参考方向，然后根据参考方向列写出有关电路方程，计算结果的正负值与标定的参考方向反映了它们的实际方向；图中不标出实际方向。参考方向一经选定，在分析电路的过程中就不再变动了。

1.2.3　电动势

电源是将其他形式能量转换成电能的装置，而电动势则是反映它将其他形式能量转换成电能能力的物理量。

图 1-2-4 所示的电路中进行着两种能量的转换过程。电源外部在电场力的作用下，正电荷沿着导线从 a 移动到 b，形成了电流 i。随着正电荷不断地从 a 移动到 b，a、b 两极间的电场逐渐减弱，以至消失，这样，导线中的电流也会减至零。为了维持连续不断的电流，必须保持 a、b 间有一定的电位差，即保持一定的电场。这就需要有一种力来克服电场力把正电荷不断地从 b 极移动到 a 极去，从而将其他形式的能量转换成电能。

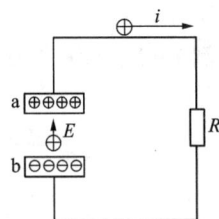

图 1-2-4　电源力做功

电源就是能产生这种力的装置，这种力称为电源力。例如，在电池中，就是将化学能转换为电源力。

电源力把单位正电荷从电源的负极移到正极所做的功称为电源的电动势，用 E 表示，即

$$E = \frac{W_{ab}}{q} \tag{1-4}$$

式中：W_{ab} 表示电源力将 q 的正电荷从 b 移到 a 所做的功。

电动势反映电源力做功的能力，电压则反映电场力做功的能力。显然，电动势与电压有相同的单位伏特（V），其方向习惯上规定为电源内由负极指向正极的方向（即电位升高的方向），电压与电动势数值上相同，但方向相反，即 $U_S = E$，如图 1-2-5 所示。

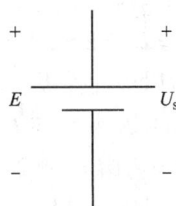

图 1-2-5　电动势与电源电压

1.2.4　电功率

电流通过导体时电场力做的功称为电功，单位时间内的电功称为电功率。用 P 表示，设在 t 时间内电路转换的电能为 W，则

$$P = \frac{W}{t} \tag{1-5}$$

国际单位制中，功率的单位是瓦特，简称瓦（W）。此外常用单位还有千瓦（kW）、毫瓦（mW）等。

$$1kW = 10^3 W \qquad 1W = 10^3 mW$$

对 1-5 式进一步推导出这段电路吸收的电功率与其电压、电流之间的关系。

由：

$$U = \frac{W}{q} \tag{1-6}$$

根据功率定义得

$$p = \frac{dW}{dt} = \frac{dW}{dq} \frac{dq}{dt} = ui \qquad (1-7)$$

电路的功率等于该段电路的电压与电流的乘积。直流时，(1-7)式应写成：

$$P = UI \qquad (1-8)$$

当电压和电流的参考方向一致时，即关联参考方向下，$P = UI > 0$，则该元件吸收功率；若 $P = UI < 0$，则该元件提供功率。

当电压和电流的参考方向相反时，即非关联参考方向下，$P = -UI > 0$，则该元件吸收功率；若 $P = -UI < 0$，则该元件提供功率。

例 1-1   计算图 1-2-6 所示的各元件的功率，并判断该元件是吸收功率还是发出功率。

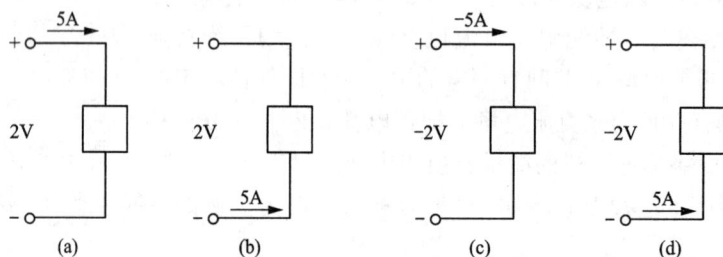

图 1-2-6   例 1-1 附图

解：(a) 因为 U 与 I 为关联参考方向

$P = UI = 2 \times 5W = 10W$ $P > 0$

所以该元件吸收功率。

(b) 因为 U 与 I 为非关联参考方向

$P = -UI = -(2 \times 5)W = -10W$ $P < 0$

所以该元件提供功率。

(c) 因为 U 与 I 为关联参考方向

$P = UI = -2 \times (-5)W = 10W$ $P > 0$

所以该元件吸收功率。

(d) 因为 U 与 I 为非关联参考方向

$P = -UI = -(-2 \times 5)W = 10W$ $P > 0$

所以该元件吸收功率。

例 1-2   在图 1-2-7 所示电路中已知 $I = 3A$，$U_1 = 10V$，$U_2 = 6V$，$U_3 = 4V$，试计算各个元件的功率，并判别该元件是吸收功率还是提供功率。

解：(1) 元件 1，U 与 I 为非关联参考方向

此时 $P_1 = -U_1 I = -10 \times 3W = -30W$

$P_1 < 0$，所以该元件提供功率。

(2) 元件 2，U_2 与 I 为关联参考方向

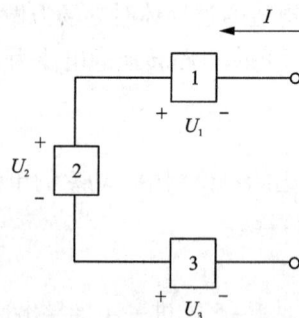

图 1-2-7   例 1-2 电路图

此时 $P_2 = U_2 I = 6 \times 3\text{W} = 18\text{W}$

$P_2 > 0$，所以该元件吸收功率。

(3)元件 3，U_3 与 I 为关联参考方向

此时 $P_3 = U_3 I = 4 \times 3\text{W} = 12\text{W}$

$P_3 > 0$，所以该元件吸收功率。

1.3　电阻元件

1.3.1　电阻

电阻是电路中重要的参数之一，实际上是表征材料(或器件)对电流呈现阻力、损耗能量的一种参数。在实际电路中，电流的流动并不是畅通无阻的，如在金属材料绕制的电阻器中，电流通过导体时，不断和原子或分子碰撞受到阻碍作用，当然也就有能量损失，电阻元件就是表示某导体对电流阻碍作用大小的物理量。国际单位 SI 制中电阻单位为欧姆(Ω)。简称欧。电阻单位还有用千欧($\text{k}\Omega$)和兆欧($\text{M}\Omega$)表示，它们之间的转换关系为：

$$1\text{M}\Omega = 10^3 \text{k}\Omega \qquad 1\text{k}\Omega = 10^3 \Omega$$

实际电路是由电源、变压器、开关、半导体器件以及电动机、电灯等各种电气器件所组成。对于某一器件来说，其电磁性能都比较复杂，不是单一的。例如：白炽灯、电烙铁、电炉等实际电路元件，它们在通电工作时，能把电能转换成热能，性质主要是消耗电能，具有电阻的性质，但其电压和电流还会产生电场和磁场，在电路的分析和计算中，如果对一个器件要考虑所有的电磁性质，将是十分困难的。为此，对组成实际电路的各种器件，我们忽略其次要因素，只抓住其主要性质，使之理想化。所以抽象出来的电阻元件就是实际电路的电路模型，导体的电阻与它们的几何尺寸和材料有关。在一定温度下，一段截面均匀，材料相同的导体电阻为：

$$R = \rho \frac{l}{A} \qquad\qquad (1-9)$$

式中长度 l 的单位为米(m)，横截面积 A 的单位为平方米(m^2)，ρ 称为电阻率，它与材料的性质有关，单位为欧·米($\Omega \cdot \text{m}$)，R 为电阻，单位为欧(Ω)

表 1-3-1 列出了一些常用材料的电阻率，由表中所列数据看出，金属铜、铝电阻率较小，是通用的导电材料；镍铬合金、镍铬铝合金电阻率较大，是制造电炉丝的材料；而塑料、云母、陶瓷电阻率较大，是常用的绝缘材料。

表 1-3-1　一些常用材料电阻率与电阻温度系数($20℃$)

材料名称	电阻率 $\rho/(\Omega \cdot \text{m})$	电阻温度系数 $\alpha/℃^{-1}$	材料名称	电阻率 $\rho/(\Omega \cdot \text{m})$	电阻温度系数 $\alpha/℃^{-1}$
银	1.59×10^{-8}	3.8×10^{-3}	锰铜	0.47×10^{-6}	4.0×10^{-5}
铜	1.69×10^{-8}	3.93×10^{-3}	镍铬合金	1.09×10^{-6}	7.0×10^{-5}
铝	2.65×10^{-8}	4.23×10^{-3}	镍铬铝	1.26×10^{-6}	12.0×10^{-5}
钨	5.48×10^{-8}	4.5×10^{-3}	碳	10×10^{-6}	-5×10^{-4}

续表

材料名称	电阻率 $\rho/(\Omega \cdot m)$	电阻温度系数 $\alpha/℃^{-1}$	材料名称	电阻率 $\rho/(\Omega \cdot m)$	电阻温度系数 $\alpha/℃^{-1}$
铂	10.5×10^{-8}	3.0×10^{-3}	塑料	$10^{15} \sim 10^{16}$	
铁	9.78×10^{-8}	5.0×10^{-3}	陶瓷	$10^{12} \sim 10^{13}$	
康铜	0.48×10^{-6}	5.0×10^{-5}	云母	$10^{11} \sim 10^{15}$	

表中所列的部分材料均是在室温(20℃)时的数据,如果材料纯度成分不同则会有差异,当外界条件发生变化时,材料的导电性能会发生很大变化。例如有些物质,温度低于某一数值时,电阻率就会趋向于零,成为超导体。而电压超过绝缘材料允许的电压值时,绝缘材料就会被击穿,失去绝缘作用而成为导体。

例 1-3 某直流线路总长度为200m,当通过10A的电流时,要求在线路上引起的电压降不超过15V,若输电线系明敷的铜线,试计算导线直径的最小值。

解:输电线电阻:
$$R = \frac{U}{I} = \frac{15}{10}\Omega = 1.5\Omega$$

由
$$R = \rho \frac{l}{A}$$

查表知 $\rho = 1.69 \times 10^{-8}\Omega \cdot m$

则
$$A = \frac{\rho l}{R} = \frac{1.69 \times 10^{-8} \times 200}{1.5}m^2 = 2.25 \times 10^{-6}m^2 = 2.25mm^2$$

故
$$d = \sqrt{\frac{4A}{\pi}} = \sqrt{\frac{4 \times 2.25}{3.14}} \ mm = 1.69 \ mm$$

根据计算值,查电工手册可选出合适的导线。

1.3.2 电阻温度系数

导体电阻与温度有关,当温度升高时,金属导体中原子和分子热运动加速,对电流产生较大的阻力,所以电阻增大。而在半导体器件中的载流子(自由电子和空穴)数量增多,导电能力增强,电阻反而降低,导体电阻随温度变化的性质可用电阻温度系数表示,对于某种材料的温度系数定义为,温度变化1℃时其电阻的增加值与原来电阻值的比值,叫做电阻温度系数,用 α 表示,电阻温度系数的单位是1/℃。一般讲,对于大多数金属材料,在 $0 \sim 100℃$ 范围内电阻温度系数变化不大,可视为常数。由表 1-3-1 可以看出像锰铜、康铜这些合金的电阻温度系数很小,具有较好的热稳定性,可用于制造标准电阻,而铂、铜具有较大的温度系数,性能稳定,可用于制造热电阻温度计,而半导体电阻温度系数为负值,绝对值很大,常用于制造热敏电阻。

根据 α 的定义,电阻的温度系数表示为:
$$\alpha = \frac{R_2 - R_1}{R_1(t_2 - t_1)} \tag{1-10}$$

如果已知温度 t_1 时电阻为 R_1,求 t_2 时电阻为 R_2,则(1-10)式又可写成:
$$R_2 = R_1[1 + \alpha(t_2 - t_1)] \tag{1-11}$$

例 1 - 4　发电机内部常装有铂丝制成的电阻温度计，测量发电机运行中其内部的温度。如果在 20℃时测得的铂丝元件的电阻为 49.5Ω，在发电机工作后某一时间，测得电阻为 58.4Ω，试求这时发电机的内部温度。

解：由式(1 - 11)可以导出

$$t_2 = \frac{R_2 - R_1}{\alpha R_1} + t_1$$

将 $R_2 = 58.4\Omega$、$R_1 = 49.5\Omega$、$t_1 = 20℃$时，$\alpha = 0.003\ 1/℃$（查表 1 - 3 - 1），代入得

$$t_2 = \frac{58.4 - 49.5}{0.003 \times 49.5}℃ + 20℃ = 80℃$$

1.3.3　线性电阻与非线性电阻

1. 线性电阻

电流和电压成正比的电阻元件叫线性电阻元件。元件的电流与电压的关系曲线叫做元件的伏安特性。线性电阻元件的伏安特性为通过原点的直线，如图 1 - 3 - 1 所示。本书主要介绍线性元件及含线性元件的电路，以后如不加说明，电阻元件皆指线性元件。

2. 非线性电阻

严格地讲，线性电阻是不存在的，因为金属导体通过不同的电流时，其导体的温度就不一样，由于金属导体电阻是随温度变化的，就不能保持为常数。但在一定的电流、电压范围内这种变化是很小的，所以，电阻可以用线性电阻作为它的模型。

半导体二极管是一种非线性电阻，其伏安特性曲线与直线相差很大，如图 1 - 3 - 2 所示。

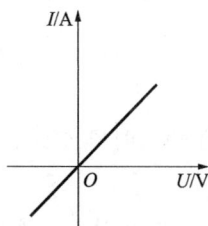

图 1 - 3 - 1　线性电阻元件伏安特性　　　　　图 1 - 3 - 2　非线性元件伏安特性曲线

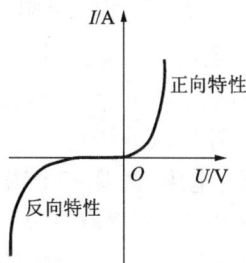

将图 1 - 3 - 1 与 1 - 3 - 2 进行比较，有以下特点：

(1)线性电阻具有双向性、对称原点，说明器件对不同方向的电流或电压其特性是一样的。

(2)线性电阻两个端钮没有区别。

(3)半导体二极管具有双向性、对原点不对称，说明器件对不同方向的电流或电压其特性是不同的。

(4)半导体二极管的两个端钮有正、负极性，电流从正极流向负极时，电阻很小(正向特性)。电流从负极流向正极时，电阻很大(反向特性)。在实际电路中，我们可以把它看作一个电子开关，正向连接时，电阻为零相当于电子开关闭合起通路作用；反向连接时，电阻为无穷大，相当于电子开关断开，起断路作用。

1.3.4 电导

电导是反映导电能力的一个物理量,其数值为电阻的倒数,即

$$G = \frac{1}{R} \qquad\qquad (1-12)$$

在国际单位 SI 单位制中,电导的单位为 S(西门子,简称西),而 $1S = 1\Omega^{-1}$。

1.4 欧姆定律

1.4.1 部分电路欧姆定律

一段不含电源的电阻电路,又叫一段均匀电路,若电阻元件的阻值不随外加电压或电流而变化,这类电阻称为线性电阻。而线性电阻必须符合欧姆定律。欧姆定律是指导体中的电流 I 与加在导体两端的电压 U 成正比,与导体的电阻 R 成反比。这个关系称为部分电路欧姆定律。即:

$$I = \frac{U}{R}\text{或 } U = RI \qquad\qquad (1-13)$$

如图 1-4-1 所示,电阻两端电压为 U,通过电阻的电流为 I,则电阻为 $R = \frac{U}{I}$。显然,只有线性电阻才符合欧姆定律。

当所加电压 U 一定时,电阻 R 越大,则电流 I 越小,它说明电阻具有对电流起阻碍作用的物理性质。

图 1-4-1　部分电路图

当电阻两端电压为 1 V,通过电阻中电流为 1 A 时,则其电阻为 1Ω。应用部分电路的欧姆定律时必须注意以下几点:

(1)电流、电压、电阻三个物理量必须属于同一电路,并在同一时刻才有上述关系。

(2)这段电路中不含有电源,否则不能用上式计算。

(3)电阻元件必须是线性电阻(所谓线性电阻,就是在额定工作电压下,无论电流如何变化,电阻的阻值特性不变),电流才和电压成正比关系,如图 1-4-2 所示。

1.4.2 全电路欧姆定律

在图 1-4-3 所示的简单电路含有一个电源,它的电动势为 E,电源内部具有电阻,称内电阻,用 R_0 表示,R 是外电路电阻。实验证明:在全电路中,电流 I 与电源电动势 E 成正比,与外电路电阻和内电阻之和 $R + R_0$ 成反比。

$$I = \frac{E}{R + R_0} \qquad\qquad (1-14)$$

因为 $U = RI$,所以上式也可以写成:$E = U + R_0 I$ 或 $U = E - R_0 I$

值得注意的是,在应用全电路欧姆定律时,电源有内阻,除非指明可以略去,否则不得在计算中略去。

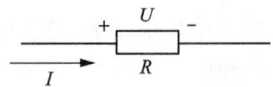

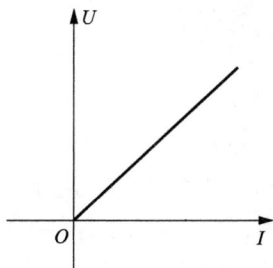

图 1-4-2 线性电阻伏安特性曲线

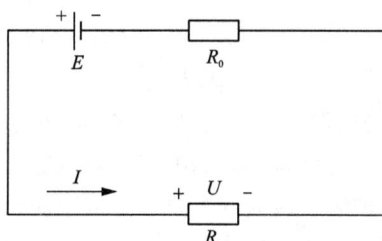

图 1-4-3 含电源闭合电路

例 1-5 电路如图 1-4-4 所示，$I = 1A$，$R_0 = 1\Omega$，$R_1 = 20\Omega$，则 R_0 与 R_1 上消耗的功率各为多少？电源的电动势为多少？电源产生的功率为多少？

解：R_0 上消耗的功率为：

$P_0 = R_0 I^2 = 1 \times 1^2 W = 1W$

R_1 上消耗的功率为：

$P_1 = R_1 I^2 = 20 \times 1^2 W = 20W$

电源电动势：$E = (R_0 + R_1)I = (1 + 20) \times 1V = 21V$

电源产生的功率为：

$P = EI = 21 \times 1W = 21W$

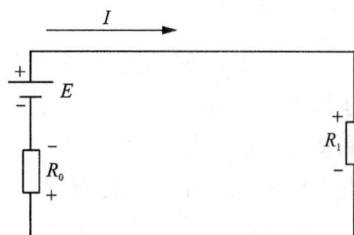

图 1-4-4 例 1-5 电路图

1.5 电路的工作状态

电源与负载相连接时，根据所接负载的情况，电路有三种不同的工作状态。本节以简单直流电路为例来分别讨论电路在开路、短路和额定工作状态时的一些特性。

1.5.1 开路状态

如图 1-5-1 所示，当开关 S1 断开时，电路不通，外电路的电流为零，外电路电阻相当于无穷大。电路的这种状态称为开路(空载)状态。

开路状态的主要特性为：

$I = 0$，电源端电压 $U = U_S$

电阻 R 上功率 $P = RI^2 = 0$，电源产生功率：$P_S = 0$。

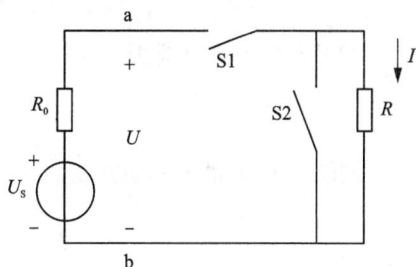

图 1-5-1 电路的工作状态

1.5.2 短路状态

若由于某种原因而使电源两端被电阻接近于零的导线接通时，该电源被短路，如图 1-5-1 所示，S1 闭合时。若电路中某元件两端被电阻为零的导体接通，即 S2 也闭合，则该电路元件被短路。

短路状态电路的主要特征为：

(1)R 上电压 $U_{ab} = 0$ 电源端电压 $U = 0$

$$I = \frac{U_S}{R_0} (R_0 \text{很小}, I \text{非常大}) \qquad (1-15)$$

(2)电源输出功率 $P_2 = 0$；

(3)电源所产生的功率全部消耗在内阻上，即 $P_S = U_S I = R_0 I^2$。

由于短路时强大的电流通过电路，可能使电源和其他电气设备损坏，并可能引起火灾，这是一种危害极大的电路非正常工作状态。造成短路的原因，主要是由于导体之间绝缘层损坏而直接接触，或是由于错误操作引起。为防止短路事故造成的危害，通常在电路中安装熔断器(俗称保险丝)或其他保护装置，当发生短路时能自动切断电路，以防止事故扩大。

1.5.3　额定工作状态

图 1-5-1 中 S1 闭合，S2 断开，电路接通，电源向负载正常供电，称为通路状态。

任何电气设备都有一定的电压、电流和功率的限额。额定值就是电气设备制造厂对产品规定的使用限额，电气设备工作在额定值的情况下就称为额定工作状态。

电源设备的额定值是指额定电压 U_N、额定电流 I_N 和额定容量 S_N。其中 U_N 和 I_N 是指电源设备在安全运行时所规定的电压、电流限额；$S_N = U_N I_N$ 则表征了电源的最大允许输出功率，但电源设备工作时不一定总是输出规定的最大允许功率，究竟输出多大还得取决于所连接的负载。

负载的额定值是指额定电压 U_N、额定电流 I_N 和额定功率 P_N。对于电阻性负载，由于 U_N、I_N、P_N 与 R 之间具有一定的关系式，所以额定值不一定全部标出。如灯泡只给出 U_N 和 P_N；金属膜电阻、碳膜电阻等只给出电阻值和 P_N，其他额定值则可由相应公式算出。

例 1-6　一个标明 220V、40W 的电阻负载如果接在 110V 的电路上，问其实际消耗的功率为多少？

解：电阻负载功率为：

$$P = U_N I_R = U_N \frac{U_N}{R} = \frac{U_N^2}{R}$$

220V、40W 的电阻应为：

$$R = \frac{U_N^2}{P} = \frac{220^2}{40} \Omega = 1210 \Omega$$

220V、40W 的电阻负载接在 110V 电路上时，其实际消耗功率为：

$$P = \frac{U_N^2}{R} = \frac{110^2}{1210} W = \frac{12100}{1210} W = 10W$$

值得注意的是，我们应当合理地使用电气设备，尽可能使它们工作在额定状态，这样既安全可靠又能充分发挥设备的作用。这种工作状态称"满载"，如果设备超过额定值工作时，称"过载"。如果过载时间较长，就会大大缩短电气设备的使用寿命，严重情况下，可能会使电气设备损坏。但如果使用的电压、电流值比额定值小很多，那么设备就不能充分地发挥其工作能力，这都应该尽量避免。

1.6　电路中的电位分析

在电路分析计算中，特别是在电子线路中经常会遇到电位的计算问题。在电场或电路中任选一点作为参考点，参考点电位为零电位。则电路中某点电位定义为：该点到零参考点之间的电压。通常选择大地或某公共点(例如：仪器外壳)作为零电位点。电路中电位的计算方法是：

(1)设定闭合回路电流的参考方向，指出电路中各元件(包括负载)两端的极性。

(2)在电路中选定参考点，参考点对应的电位为零。

(3)在电路中取相应的电位点，从该点开始任意路径到参考点，遇电压降取"＋"，遇电压升取"－"。

(4)各电压的代数和即为该点的电位值。

在图 1-6-1 中，设 o 点为接地点，我们选择为参考点，则各点电位为：

$V_o = 0$

$V_c = U_{co} = (2 - 0)V = 2V$

$V_a = U_{ao} = (4 + 2 - 0)V = 6V$

$V_b = U_{bo} = (-3 + 2 - 0)V = -1V$

电位为负，说明该点电位比零点电位低。若选择 c 点为参考点，即 $V_c = 0$，各点电位则为：

$V_a = U_{ac} = V_a - V_c = (4 - 0)V = 4V$

$V_b = U_{bc} = V_b - V_c = (-3 - 0)V = -3V$

$V_o = U_{oc} = V_o - V_c = (-2 - 0)V = -2V$

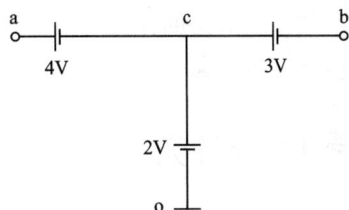

图 1-6-1　参考点选择

综上所述，电压与电位这两个物理量有以下区别与联系。

(1)电压即电位差：例如 $U_{ab} = V_a - V_b$，所以电位与电压单位相同。

(2)电压方向是高电位(＋)指向低电位(－)。

(3)电位与参考点选择有关，而电压与参考点选择无关。图 1-6-1 所示，选 o 点为参考点 $V_a = 6V$，$V_b = -1V$，则 $U_{ab} = V_a - V_b = 7V$，若选择 c 点为参考点，则 $V_a = 4V$，$V_b = -3V$，$U_{ab} = V_a - V_b = 7V$。

例 1-7　具有两个电动势的闭合电路中各点电位的计算方法。

(1)设定闭合回路电流的参考方向，并指出电路中各元件两端的极性。设闭合回路电流为 I(参考方向为逆时针方向)，根据全电路欧姆定律，求得电路电流为：

$$I = \frac{E_1 + E_2}{R_1 + R_2} = \frac{9 + 6}{100 \times 10^3 + 50 \times 10^3}A = \frac{15}{150 \times 10^3}A = 0.1mA$$

I 为正值，说明实际方向与参考方向一致。

(2)在电路中选择合适的参考点，为了确定电路中各点的电位，必须选定一个零电位点作为参考点。现以 b 点为零电位点，以接地符号(⏚)标注，这里的接地只是表示该点电位为零，并非真正的接地。

(3)在电路中取相应的电位点，从该点开始沿任意路径到参考点的电位如下：

c 点的电位低于 b 点的电位，根据电动势 E_1

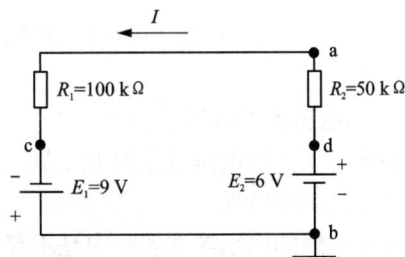

图 1-6-2　例 1-7 附图

的方向，c 点比 b 点下降了一个 E_1，故
$$V_C = -E_1 = -9\text{V}$$
d 点的电位高于 b 点的电位一个 E_2，故
$$V_d = +E_2 = 6\text{V}$$
R_1 上的电压方向应该是 a 指向 c，那么 a 点的电位：
$$V_a = U_{ac} + V_c = R_1 I + (-E_1) = (100 \times 0.1 - 9)\text{V} = (10-9)\text{V} = 1\text{V}$$
R_2 上的电压方向应该是 d 指向 a，a 点的电位用另一种方法计算，即：
$$V_a = U_{ad} + V_d = -R_2 I + E_2 = (-0.1 \times 50 + 6)\text{V} = (-5+6)\text{V} = 1\text{V}$$
由题可以看出：当参考点选定后，无论是由左边路径还是右边路径计算，a 点电位均为 1V，这就说明电位的计算与路径无关。但与参考点的选择有关，选取不同的参考点，该点的电位值将发生变化。

1.7　电源元件

常用电源元件中有电池、发电机和各种信号源，它们都是两端有源元件。电源中能够独立向外电路提供电能的电源，称为独立源，它包括电压源和电流源；不能独立地向外电路提供电能的电源称为非独立电源，又称受控源。

1.7.1　电压源

电压源通常是指理想电压源的简称，它是从实际电源中抽象出来的一种电路模型。电压源有两个基本性质：①它的端电压是一个定值 U 或者是一定的时间函数 $u(t)$，它的端电压大小与流过它的电流大小无关，与外部电路无关，而只由其自身独立决定。②流过电压源的电流大小取决于与它相连接的外部电路。

理想电压源在电路中的图形符号，如图 1-7-1 所示：

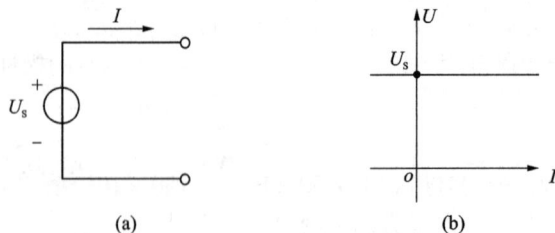

(a)　　　　　　　　　　(b)

图 1-7-1　理想电压源模型及直流电压源的伏安特性

其中 U_s 为电压源的电压，"+"、"-"号是参数极性。

如果电压源的电压是定值 U_s，即 $u_s(t) = U_s$，则称之为直流电压源。图 1-7-1(b) 是直流电压源的伏安特性。

真正理想的电压源在实际中是不存在的，因为按照定义要求，这种电源在其内部存在着无穷大的其他形式能量，也可以传出无穷大能量，这显然是不可能做到的。然而对于新的干电池或发电机等许多实际中的电源，当外部电路负载在一定范围之内变化时，确实能近似视

为定值(直流源)或一定的时间函数(交流电源)。在这种情况下，把这些实际电源看作理想电压源也是工程计算中允许的。

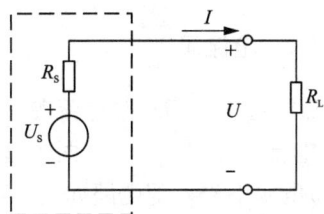

图 1 - 7 - 2　实际电压源供电电路

　　在实际应用中，电源内部总是存在一定的电阻，称之为内阻。有内阻就会有能量损耗，内阻越大，损耗也越大，端电压越低，如图 1 - 7 - 2 中虚线框内的部分即为实际电压源。R_L 为负载电阻，即电源的外电路。

　　根据图中的参考方向，实际电压源的端电压 U 和流过它的电流 I 之间的关系式为：

$$U = U_S - R_S I \qquad\qquad (1-16)$$

式中：U_S——电压源电压；

　　　　R_S——实际电压源的内阻；

　　　　I——流过电压源和负载的电流；

　　　　U——实际电压源的端电压也是负载 R_L 两端的电压。

　　由式(1-16)可以作出电压源的外特性曲线，如图 1 - 7 - 3 所示。内阻 R_S 越小，外特性曲线越平坦。

　　当电路开路时，$I = 0$，$U = U_S$(开路电压)；

　　当电路短路时，$R_L = 0$，$U = 0$，$I = \dfrac{U_S}{R_S}$(短路电流)。

　　当 $R_S = 0$ 时，$U = U_S$ 或 $R_S \ll R_L$，$U = U_S$。其外特性是与电流轴平行的一条直线，表明无论负载电流怎样变化，电源的端电压恒等于电压源，这样的电源称为理想电压源。因此，可以把一个实际电压源视为是一个理想的电压源。

　　例 1 - 8　在图 1 - 7 - 4 电路中，电压源 $U_S = 10\text{V}$，问开关断开时，电阻两端电压是多少？开关两端之间的电压 U_K 是多少？若开关 S 闭合时，这些电压又各为多少？电路电流是多少？

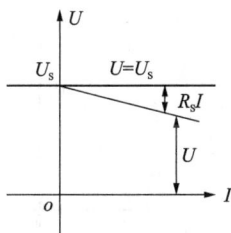

图 1 - 7 - 3　实际直流电压源的伏安特性

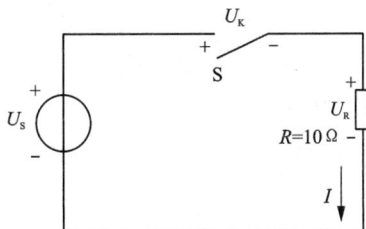

图 1 - 7 - 4　例 1 - 8 附图

　　解：(1)当 S 断开时，电路内电流为零，因此电阻电压 $U_R = 0$。此时开关两端间电压 U_K 就等于电源端电压，即 $U_K = 10\text{V}$。

　　(2)当 S 闭合时，电路中有电流，此时 $U_K = 0$，电阻电压等于电源端电压即 $U_R = 10\text{V}$，故电路电流，I 为

$$I = \frac{U_R}{R} = \frac{10}{10}\text{A} = 1\text{A}$$

1.7.2　电流源

电流源通常是指理想电流源，它是从实际电源中抽象出来的另一种电路模型，是一种能"产生"电流的装置。它具有两个基本性质：

（1）电源不论外部电路如何，其输出电流 I_S 总能保持定值或一定时间函数 $i_S(t)$，与端电压无关。

（2）电流源两端电压的大小取决于与它相连接的外电路。

电流保持常量的电流源，称为恒定电流源或直流电流源。电流随时间变化的电流源，称为时变电流源。电流随时间周期变化且平均值为零的时变电流源，称为交流电流源。

电流源的符号如图 1-7-5 所示：

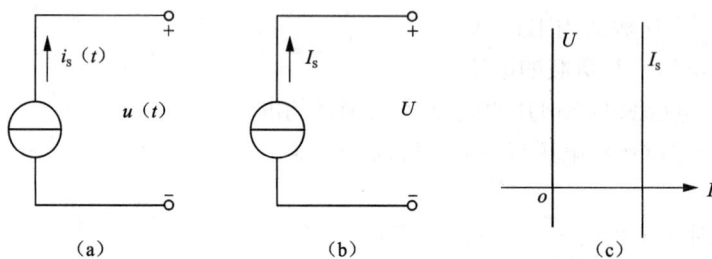

图 1-7-5　理想电流源的符号及直流电流源伏安特性

上图（a）、（b）中箭头表示电流源的电流参考方向，图（c）表示电流源的伏安特性曲线，在任一时刻，是 $U-I$ 平面上平行电压轴的一条直线。

在实际应用中，真正理想的电流源实际上是不存在的。只有当实际电流源的内阻为无穷大时，方可以视它为一个理想电流源。这种实际的电流源可以用一个理想电流源 I_S 和内阻 R_S 相并联的电路模型来表征，内阻表明了电源内部的分流效应，如图 1-7-6 所示。

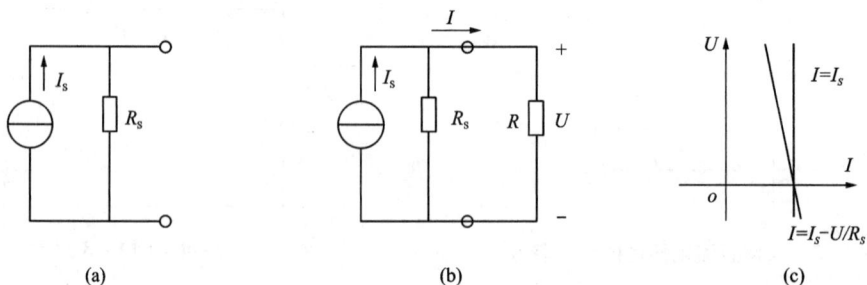

图 1-7-6　实际电流源符号与直流电流源的伏安特性

当电源与外电阻相连接后，根据电路模型可以得出电源往外输送的电流为：

$$I = I_S - \frac{U}{R_S} \tag{1-17}$$

式中：I_S 为直流电流源产生的定值电流，R_S 为实际电流源内阻，U 为实际电流源的端电压，即

R 两端的电压。

由式(1-17)可知,在 I_S 和 R_S 不变的情况下,电源往外输送的电流是小于定值 I_S 的,端电压越大,内阻分流也越大,输出的电流就越小。U 和 I 的关系曲线如图 1-7-6(c)所示,实际直流电流源伏安特性曲线是一条斜直线,它是实际电流源的一种具体表现。

当 $R_S \gg R$ 时,$I \approx I_S$,此时可以把一个实际的电流源看作理想电流源。

例 1-9　计算图 1-7-7 中电阻上的电压和电流。

解:电流源两端的电压为:

$$U_R = RI = 7 \times 2V = 14V$$

故:

2Ω 电阻上的电流为:

$$I_1 = \frac{14}{2}A = 7A$$

所以:$I_S = I + I_1 = (2+7)A = 9A$

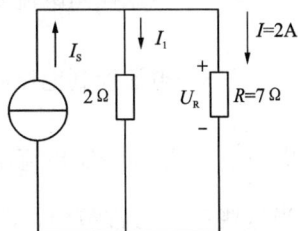

图 1-7-7　例 1-9 附图

1.7.3　受控源

1. 定义

独立源:前面介绍的电压源和电流源,它们的电压或电流都是一定值或是固定的时间函数,称为独立源。

受控源:在电子线路中还会遇到另一类电源,它们的电压或电流受电路中其他部分电压或电流的控制,称为受控源。

2. 独立源与受控源的区别

独立源与受控源在电路中的作用不同。独立源作为电路的输入,反映了外界对电路的作用,受控源表示电路中某一器件所发生的物理现象,它反映了电路中某处的电压或电流对另一处电压或电流的控制情况。

3. 受控源的分类

根据控制量是电压还是电流,受控量是电压源还是电流源,受控源分为四种类型:电压控制电压源(VCVS)、电压控制电流源(VCCS)、电流控制电压源(CCVS)、电流控制电流源(CCCS),四种受控源在电路中的图形符号分别如图 1-7-8(a)、(b)、(c)、(d)所示。图中菱形符号表示受控源,以便与独立源的圆形符号相区别,其参考方向的表示方法与独立源相同。

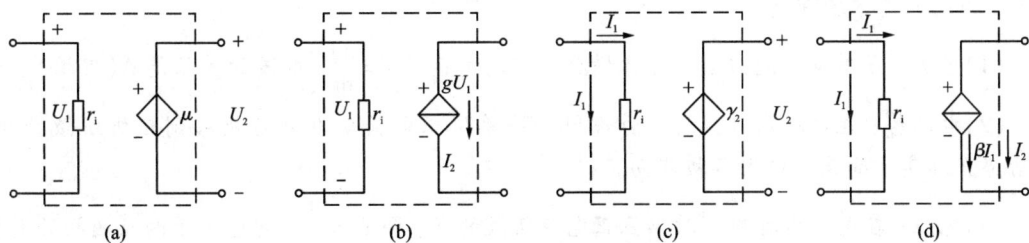

(a)　　　　　　　　(b)　　　　　　　　(c)　　　　　　　　(d)

图 1-7-8　理想受控源模型

在受控源模型中，μ、g、γ、β 称为受控源的控制系数。它反映了控制量对受控源的控制能力，其定义分别为：

$\mu = \dfrac{U_2}{U_1}$——电压控制电压源的转移电压比；

$g = \dfrac{I_2}{U_1}$——电压控制电流源的转移电导；

$\gamma = \dfrac{U_2}{I_1}$——电流控制电压源的转移电阻；

$\beta = \dfrac{I_2}{I_1}$——电流控制电流源的转移电流比。

当这些系数为常数时，被控制量与控制量成正比，这种受控源称为线性受控源。线性电路中的受控源必须是线性受控源。

例 1 – 10　试计算图 1 – 7 – 9 所示电路中的 U_S。

解：电流控制电流源与 10Ω 电阻相串联，流过 10Ω 的电流由欧姆定律可知：

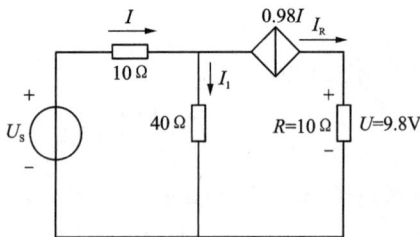

图 1 – 7 – 9　例 1 – 10 附图

$$I_R = \frac{U}{R} = \frac{9.8}{10}A = 0.98A$$

串联支路电流相等，即

$$0.98I = \frac{U}{R} = \frac{9.8}{10}A = 0.98A$$

$$I = 1A$$

$$I = I_1 + 0.98I$$

$$I_1 = I - 0.98I = 0.02A$$

$$U_S = 10I + 40I_1 = (10 \times 1 + 40 \times 0.02)V = (10 + 0.8)V = 10.8V$$

本章小结

1. **电路模型** 电流通过的路径叫电路。电路是由电源、中间环节和负载三部分组成的电流的通路，它的作用是用来实现电能的输送和转换，电信号的传递和处理。

2. **电路的基本物理量**

(1) **电流**：是单位时间内通过导体横截面积的电荷量 $i = \dfrac{dq}{dt}$，电流的单位是 A(安培)。

(2) **电动势**：在电源内部，电源力作用下将单位正电荷从电源负极移到正极所做的功。电动势 E 真实方向是由电源负极指向正极。

(3) **电压**：在电场力作用下对单位正电荷所做的功，即 $U = \dfrac{W}{q}$，它也等于两点之间的电位差 $U_{ab} = V_a - V_b$，其真实方向是高电位指向低电位，电压的单位是 V(伏特)。

(4) **电位**：指电路中各点对参考点之间的电压(参考点电位为零)。参考点的位置不同，其他各点的电位不同，但两点之间的电压值不变。

(5)电功率：电路元件在单位时间内吸收或释放的能量称为电功率。

$P = \dfrac{W}{t}$ 单位是瓦特（W）。

对电源来说：$P_S = U_S I$（电源发出功率）

$P_0 = R_0 I^2$（电源内部损耗的功率）

对电阻负载来讲：$P = UI = RI^2 = \dfrac{U^2}{R}$ 是负载吸收的功率。

在电压、电流为关联参考方向下，$P = UI > 0$ 时，电路元件吸收功率，$P = UI < 0$ 时，电路元件提供功率；

在电压、电流为非关联参考方向下，$P = -UI > 0$ 时，电路元件吸收功率，$P = -UI < 0$ 时，电路元件提供功率。

3. 电阻元件

它的特性就是消耗电能，在任何时刻其两端的电压和电流关系都符合欧姆定律。

4. 欧姆定律

(1)部分电路欧姆定律：$I = \dfrac{U}{R}$。其中 R 为线性电阻，单位为欧姆（Ω）、电压单位为伏特（V）、电流单位为安培（A）。

(2)全电路欧姆定律：$I = \dfrac{E}{R + R_0}$。

5. 电路的工作状态

电路有三种工作状态，即有载、断路、短路状态。

有载工作时，电路中一切电气设备与器件，都不应过载运行。按额定值工作可以保证设备运行安全、可靠、经济合理，并具有一定的使用寿命。

短路时，电路中产生很大的短路电流，会危害设备的安全，应尽量避免。

断路时，电路中的电流为零，开路电压等于电源电压。

6. 电源元件

电压源：电压源的端电压是由电源自身结构决定的，它与流过它的电流大小无关，流过电压源的电流大小取决于与它相连的外电路。

电流源：电流源发出的电流由电源自身结构决定，它与电源两端的电压无关，电流源两端的电压大小取决于与它相连的外电路。

受控源：受控源的电压或电流受电路中其他部分的电压或电流的控制，它不能够独立存在。在控制量电压、电流消失或等于零时，受控源的电压、电流也将消失或等于零，当控制量的电压、电流增大、减小或改变极性时，受控源的电压、电流也将跟随增大、减小或改变极性。

受控源有两对端子，一对控制端，一对受控端；共有四种类型，即电压控制电压源，电压控制电流源、电流控制电压源，电流控制电流源。其中：μ、γ、g、β 都是常数：μ、β 没有量纲，γ 具有电阻量纲、g 具有电导的量纲。

复习思考题

1-1　题图1-1所示电路，已知 $U_1 = 5V$，$U_2 = -10V$，试应用电压即电位差的概念计算 U。

1-2　电流的实际方向习惯上规定为什么方向？电流的正方向是什么方向，关联正方向是指什么？

1-3　求题图1-2所示各元件的端电压。

1-4　求题图1-3所示的电路中 U_{ao}、U_{bo}、U_{co} 和 U_{ab}。

1-5　在题图1-4中已知 $E = 3V$，$R_0 = 1\Omega$，$R_L = 1\Omega$，$R = 7\Omega$，求 I、U、U_1 及线路压降，R 及电源在线路上的损耗(注：$R_L = 1\Omega$ 表示线路电阻)。

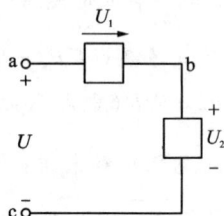

题图1-1　题1-1附图

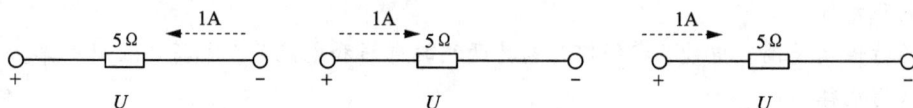

题图1-2　题1-3附图

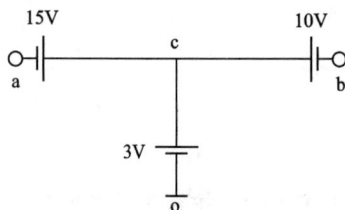

题图1-3　题1-4附图

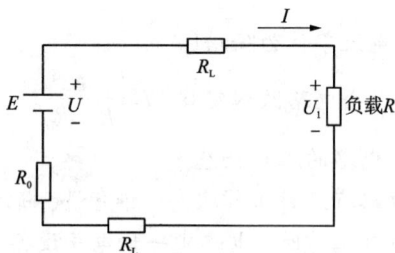

题图1-4　题1-5附图

1-6　题图1-5所示，为双量程直流电压表电路，试求串联电阻 R_1 和 R_2 的阻值。

1-7　有 220V，60W 和 220V，40W 灯泡各一只，如果并联接入 220V 电源，哪一只灯泡比较亮，为什么？通过计算说明。

1-8　在电路中，电源为什么只能向外提供电能，不能吸收电能？

1-9　一个标称值为 40kΩ，1W 的电位器，能承受的最高电压为多少伏？一个标称值为 5kΩ，1/2W 的电位器，允许通过电流的最大值为多少安？

1-10　一只 220V，25W 的白炽灯，接在 220V，1kW 的电源上，灯泡是否会烧坏？

1-11　电路有哪三种工作状态，其中哪一种状态应避免发生？

1-12　求题图1-6电路中的 U_{ab}。

1-13　求题图1-7所示电路中 a、b、c 三点的电位。

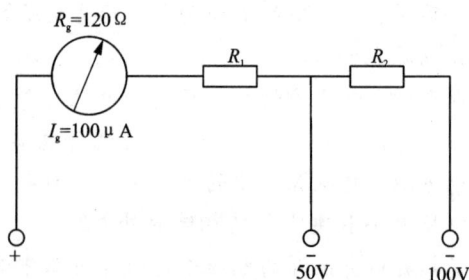

题图1-5　题1-6附图

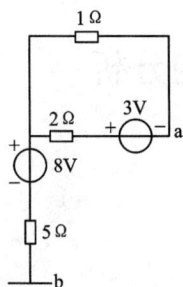

题图 1 – 6　题 1 – 12 附图

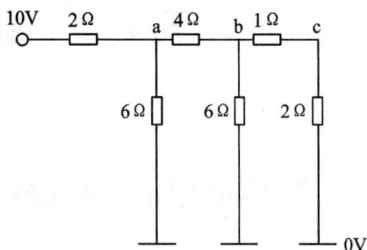

题图 1 – 7　题 1 – 13 附图

1 – 14　计算题图 1 – 8 所示电路中电流 I。

1 – 15　求题图 1 – 9 所示电路中的电压 U。

1 – 16　求题图 1 – 10 所示电路中的电压 U。

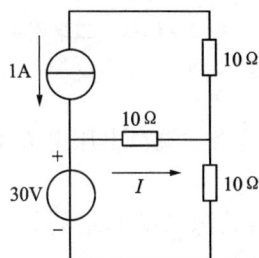

题图 1 – 8　题 1 – 14 附图

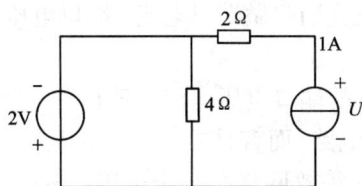

题图 1 – 9　题 1 – 15 附图

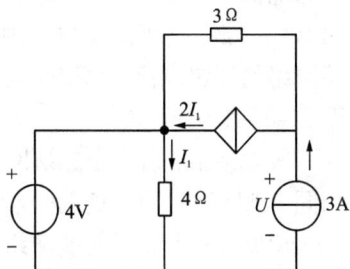

题图 1 – 10　题 1 – 16 附图

第 2 章　直流电阻性电路的分析

2.1　电阻的串联、并联和混联电路

2.1.1　等效网络的定义

在电路分析中,可以把由很多元件组成的但只有二个端钮与外部电源或其他电路相连接的电路作为一个整体看待,称为二端网络或一端口(网络)。对一个二端网络来说,从它的一个端钮流入的电流一定等于另一个端钮流出的电流。网络内部含有电源时,叫有(含)源二端网络;网络内部不含电源时,叫无源二端网络;二端网络的端钮电流、端钮间电压分别叫做端口电流、端口电压,如图 2 - 1 - 1 所示。

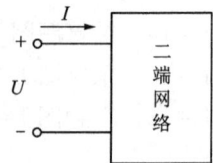

图 2 - 1 - 1　二端网络

等效网络:若一个二端网络的端口电压电流关系和另一个二端网络的端口电压电流关系相同,则网络对同一负载(或外电路)而言是等效的,即互为等效网络。

说明:一个无源二端网络的等效网络是一个电阻,该电阻叫做无源二端网络的等效电阻,其阻值等于关联参考方向下,二端网络的端口电压与端口电流之比。

2.1.2　电阻的串联

1. 电阻串联电路形式

电路中若干个电阻依次连接,各电阻流过同一电流,这种连接形式称为电阻的串联,如图 2 - 1 - 2 所示。

2. 串联电阻电路的特点

(1)通过各个电阻的电流相同,即:

$I_1 = I_2 = I_3 = I_4 = \cdots = I_n$($I_n$ 表示第 n 个电阻中流过的电流)

(2)串联电阻电路两端的总电压 U 等于各串联电阻电压的代数和,即:

$$U = \sum_{i=1}^{n} U_i$$

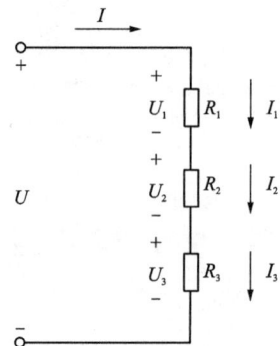

图 2 - 1 - 2　电阻的串联

(3)串联电阻电路的总电阻(等效电阻)R 等于各串联电阻阻值的代数和。

因为:
$$U = \sum_{i=1}^{n} U_i = U_1 + U_2 + \cdots + U_n$$

即:
$$RI = R_1 I_1 + R_2 I_2 + \cdots + R_n I_n$$

而各个电流相等

所以：
$$R = R_1 + R_2 + \cdots + R_n = \sum_{i=1}^{n} R_i$$

（4）串联电阻电路中，各串联电阻电压与它们各自的阻值成正比。

因为：
$$U_1 = R_1 I_1 = R_1 I = R_1 \frac{U}{R}$$

$$U_2 = R_2 I_2 = R_2 I = R_2 \frac{U}{R}$$

$$U_n = R_n I_n = R_n I = R_n \frac{U}{R}$$

所以：$U_1 : U_2 : \cdots : U_n = R_1 : R_2 : \cdots : R_n$

串联电阻电路的这一特性，称为串联电阻电路的分压特性。串联电阻电路的分压特性在实际电路中得到了广泛应用，如扩展电压表量程等。

（5）串联电阻电路消耗的总功率 P 等于各串联电阻消耗功率的代数和，

因为：$P = RI^2 = (R_1 + R_2 + \cdots + R_n)I^2 = R_1 I^2 + R_2 I^2 + \cdots + R_n I^2$

所以：$P = P_1 + P_2 + \cdots + P_n = \sum_{i=1}^{n} P_i$

例 2 - 1　如图 2 - 1 - 3 为某万用表直流电压挡等效电路，其表头内阻 $R_g = 3k\Omega$，满偏电流 $I_g = 50\mu A$，各挡电压量程分别为 $U_1 = 2.5V$，$U_2 = 10V$，$U_3 = 50V$，$U_4 = 250V$，$U_5 = 500V$，试求各分压电阻 R_1、R_2、R_3、R_4、R_5 的大小。

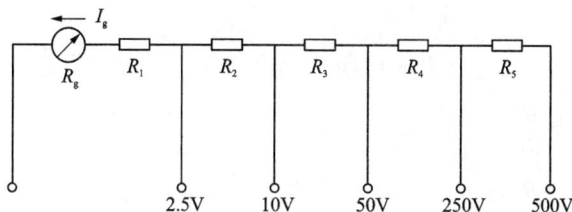

图 2 - 1 - 3　例 2 - 1 附图

解：由于 $R_1 + R_g = \dfrac{U_1}{I_g}$

$$R_1 = \frac{U_1}{I_g} - R_g = \left(\frac{2.5}{50 \times 10^{-6}} - 3 \times 10^3 \right) \Omega = 4.7 \times 10^4 \, \Omega$$

同理可得：

$$R_2 = \frac{U_2 - U_1}{I_g} = \frac{10 - 2.5}{50 \times 10^{-6}} \Omega = 1.5 \times 10^5 \, \Omega$$

$$R_3 = \frac{U_3 - U_2}{I_g} = \frac{50 - 10}{50 \times 10^{-6}} \Omega = 8 \times 10^5 \, \Omega$$

$$R_4 = \frac{U_4 - U_3}{I_g} = \frac{250 - 50}{50 \times 10^{-6}} \Omega = 4 \times 10^6 \, \Omega$$

$$R_5 = \frac{U_5 - U_4}{I_g} = \frac{500 - 250}{50 \times 10^{-6}} \Omega = 5 \times 10^6 \, \Omega$$

2.1.3　电阻的并联

1. 电阻并联的连接方式

电路中若干个电阻连接在两个公共点之间，每个电阻承受同一电压，这样的连接形式称为电阻的并联，如图 2-1-4 所示。

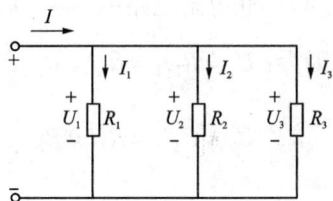

图 2-1-4　电阻的并联

2. 并联电阻电路的特点

(1) 并联电阻电路中，各并联电阻的端电压相同，即

$$U_1 = U_2 = U_3 = U_4 = \cdots = U_n$$

(U_n 表示第 n 个电阻的端电压)

(2) 流过并联电阻电路的总电流 I 等于各支路电流的代数和，即

$$I = \sum_{i=1}^{n} I_i$$

(3) 并联电阻电路的总电阻(等效电阻) R 的倒数等于各并联电阻倒数之和。

因为：

$$I = \sum_{i=1}^{n} I_i = I_1 + I_2 + \cdots + I_n$$

即：

$$\frac{U}{R} = \frac{U_1}{R_1} + \frac{U_2}{R_2} + \cdots + \frac{U_n}{R_n}$$

所以：

$$\frac{1}{R} = \frac{1}{R_1} + \frac{1}{R_2} + \cdots + \frac{1}{R_n} = \sum_{i=1}^{n} \frac{1}{R_i}$$

(4) 并联电阻电路中，流过各并联电阻的电流与它们各自的阻值成反比，

因为：$I_1 = \dfrac{U_1}{R_1} = \dfrac{U}{R_1} = \dfrac{R}{R_1} I$

$I_2 = \dfrac{U_2}{R_2} = \dfrac{U}{R_2} = \dfrac{R}{R_2} I$

$I_n = \dfrac{U_n}{R_n} = \dfrac{U}{R_n} = \dfrac{R}{R_n} I$

所以：$I_1 : I_2 : \cdots : I_n = \dfrac{1}{R_1} : \dfrac{1}{R_2} : \cdots : \dfrac{1}{R_n}$

并联电阻电路的这一特性，称为并联电阻电路的分流特性。并联电阻电路的分流特性在实际电路中也得到了广泛应用，如扩展电流表量程等。

(5) 并联电阻电路消耗的总功率 P 等于各并联电阻消耗功率的代数和。

因为：$P = \dfrac{U^2}{R} = \dfrac{U^2}{R_1} + \dfrac{U^2}{R_2} + \cdots + \dfrac{U^2}{R_n} = \dfrac{U_1^2}{R_1} + \dfrac{U_2^2}{R_2} + \cdots + \dfrac{U_n^2}{R_n}$

所以：$P = P_1 + P_2 + \cdots + P_n = \sum_{i=1}^{n} P_i$

例 2-2　欲将一内阻 $R_g = 2\text{k}\Omega$，满偏电流 $I_g = 80\mu\text{A}$ 的表头，构成量程为 1mA 的电流表，应如何实现？

解：可以利用并联电路的分流特性，在表头两端并联电阻 R，R 称为分流电阻，如图 2-1-5 所示。由分流公式可得

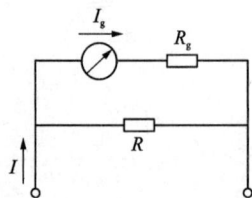

图 2-1-5　例 2-2 附图

$$I_{\mathrm{g}} = \frac{R}{R + R_{\mathrm{g}}} I$$

则：$R = \dfrac{R_{\mathrm{g}} I_{\mathrm{g}}}{I - I_{\mathrm{g}}} = \dfrac{2 \times 10^3 \times 80 \times 10^{-6}}{1 \times 10^{-3} - 80 \times 10^{-6}} \Omega \approx 173.9\Omega$

2.1.4　电阻的混联

电路中既有电阻串联，又有电阻并联的连接方式叫做电阻的混联。这一类电路可以用串、并联公式化简。在计算混联电路的等效电阻时，关键在于识别各电阻的串、并联关系。有的混联电路比较复杂，不能够直接看清各电阻之间的串、并联关系，这时可以在不改变元件间连接关系的条件下，将电路画成比较容易判断的形式。改画电路时，无电阻的导线最好缩成一点，并尽量避免交叉；同时为防止出错，可以先标明各节点的代号，再将各元件画在相应节点间。

例 2－3　如图 2－1－6 为某万用表直流电流挡等效电路，其表头内阻 $R_{\mathrm{g}} = 3.75\mathrm{k}\Omega$，满偏电流 $I_{\mathrm{g}} = 40\mu\mathrm{A}$，各挡电流量程分别为 $I_1 = 500\mathrm{mA}$，$I_2 = 100\mathrm{mA}$，$I_3 = 10\mathrm{mA}$，$I_4 = 1\mathrm{mA}$，$I_5 = 250\mu\mathrm{A}$，$I_6 = 50\mu\mathrm{A}$，试求各分流电阻 R_1、R_2、R_3、R_4、R_5、R_6 的大小。

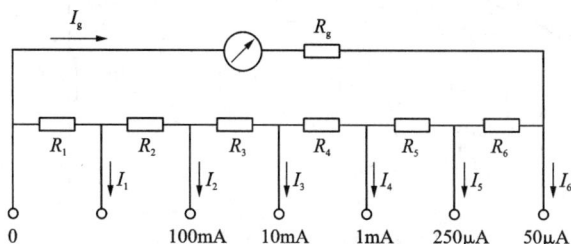

图 2－1－6　例 2－3 附图

解：首先求出串联支路总电阻 $R_{\mathrm{S}} = R_1 + R_2 + R_3 + R_4 + R_5 + R_6$ 的取值，由分流公式可得

$$R_{\mathrm{S}} = \frac{R_{\mathrm{g}} I_{\mathrm{g}}}{I_6 - I_{\mathrm{g}}} = \frac{3.75 \times 10^3 \times 40 \times 10^{-6}}{50 \times 10^{-6} - 40 \times 10^{-6}} \Omega = 1.5 \times 10^4 \Omega$$

当使用 $I_1 = 500\mathrm{mA}$ 电流挡时，除 R_1 以外的分流电阻与表头串联后，再与 R_1 并联，由分流公式可得：

$$I_{\mathrm{g}} = \frac{R_1}{\left[(R_{\mathrm{S}} - R_1) + R_{\mathrm{g}} \right] + R_1} I_1 = \frac{R_1}{R_{\mathrm{S}} + R_{\mathrm{g}}} I_1$$

$$R_1 = \frac{(R_{\mathrm{S}} + R_{\mathrm{g}}) I_{\mathrm{g}}}{I_1} = \frac{(1.5 \times 10^4 + 3.75 \times 10^3) \times 40 \times 10^{-6}}{500 \times 10^{-3}} \Omega = 1.5\Omega$$

当使用 $I_2 = 100\mathrm{mA}$ 电流挡时，除 $R_1 + R_2$ 以外的分流电阻与表头串联后，再与 $R_1 + R_2$ 并联，同理可得：

$$R_2 = \frac{(R_{\mathrm{S}} + R_{\mathrm{g}}) I_{\mathrm{g}}}{I_2} - R_1 = \frac{(1.5 \times 10^4 + 3.75 \times 10^3) \times 40 \times 10^{-6}}{100 \times 10^{-3}} \Omega - 1.5\Omega = 6\Omega$$

$$R_3 = \frac{(R_{\mathrm{S}} + R_{\mathrm{g}}) I_{\mathrm{g}}}{I_3} - (R_1 + R_2) = \frac{(1.5 \times 10^4 + 3.75 \times 10^3) \times 40 \times 10^{-6}}{10 \times 10^{-3}} \Omega - (1.5 + 6)\Omega = 67.5\Omega$$

$$R_4 = \frac{(R_S + R_g)I_g}{I_4} - (R_1 + R_2 + R_3) = \frac{(1.5 \times 10^4 + 3.75 \times 10^3) \times 40 \times 10^{-6}}{1 \times 10^{-3}}\Omega - 75\Omega = 675\Omega$$

$$R_5 = \frac{(R_S + R_g)I_g}{I_5} - (R_1 + R_2 + R_3 + R_4) = \frac{(1.5 \times 10^4 + 3.75 \times 10^3) \times 40 \times 10^{-6}}{2.5 \times 10^{-4}}\Omega - 750\Omega = 2250\Omega$$

$$R_6 = \frac{(R_S + R_g)I_g}{I_6} - (R_1 + R_2 + R_3 + R_4 + R_5) = 12000\Omega$$

2.2　电阻的星形、三角形联结及其等效变换

2.2.1　电阻的星形联结

把三个电阻的一端接在一起，另一端分别与外电路相连，这种连接方式叫做电阻的星形联结，又称为 Y 形联结或 T 形联结。如图 2 - 2 - 1 所示：

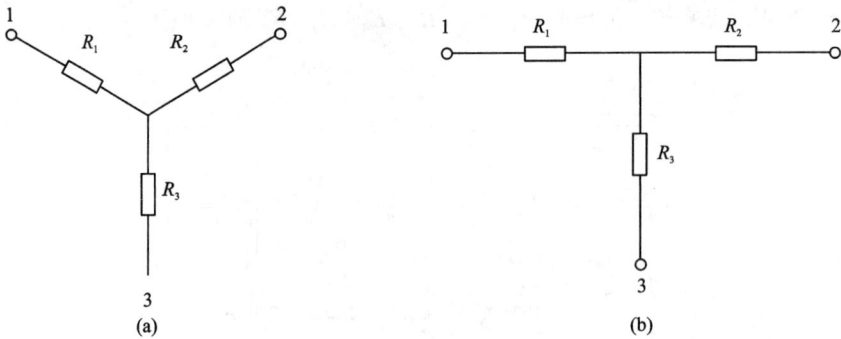

图 2 - 2 - 1　电阻的 Y 形联结或 T 形联结

2.1.2　电阻的三角形联结

把三个电阻分别接在三个端钮的每两个之间，三个端钮分别与外电路相连，这种连接方式叫做电阻的三角形联结，又称为 Δ 形联结或 π 形联结。如图 2 - 2 - 2 所示：

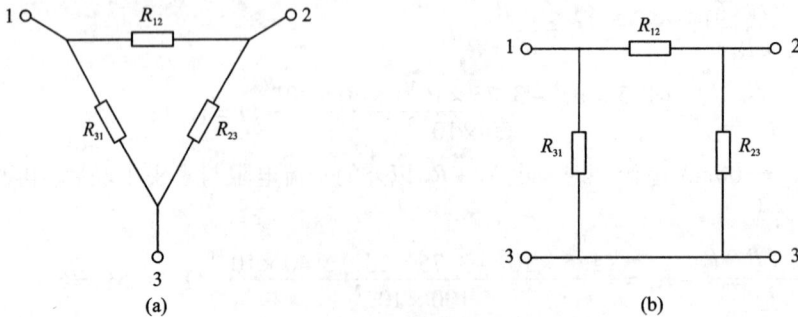

图 2 - 2 - 2　电阻的 Δ 形联结或 π 形联结

2.1.3　电阻的星形联结与三角形联结之间的等效变换

利用等效概念，可以将星形电阻网络和三角形电阻网络进行等效变换，如图 2 - 2 - 3 所示，其变换公式如下。

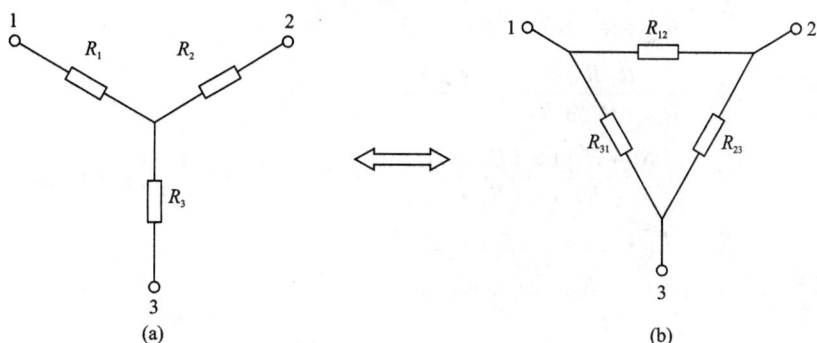

图 2 - 2 - 3　电阻的 Y 形联结与 Δ 形联结之间的等效变换

星形电阻网络等效变换为三角形电阻网络时

$$\left.\begin{aligned} R_{12} &= \frac{R_1 R_2 + R_2 R_3 + R_3 R_1}{R_3} \\ R_{23} &= \frac{R_1 R_2 + R_2 R_3 + R_3 R_1}{R_1} \\ R_{31} &= \frac{R_1 R_2 + R_2 R_3 + R_3 R_1}{R_2} \end{aligned}\right\} 若 R_1 = R_2 = R_3 = R_Y, 则 R_{12} = R_{23} = R_{31} = 3R_Y$$

三角形电阻网络等效变换为星形电阻网络时

$$R_1 = \frac{R_{12} R_{31}}{R_{12} + R_{23} + R_{31}} \qquad R_2 = \frac{R_{23} R_{12}}{R_{12} + R_{23} + R_{31}} \qquad R_3 = \frac{R_{31} R_{23}}{R_{12} + R_{23} + R_{31}}$$

例 2 - 4　如图 2 - 2 - 4(a) 电路中，已知 $R_{12} = 5\Omega$, $R_{23} = 2\Omega$, $R_{31} = 3\Omega$, $R_{24} = 1\Omega$, $R_{34} = 1.4\Omega$，试求 a、b 两端的等效电阻。

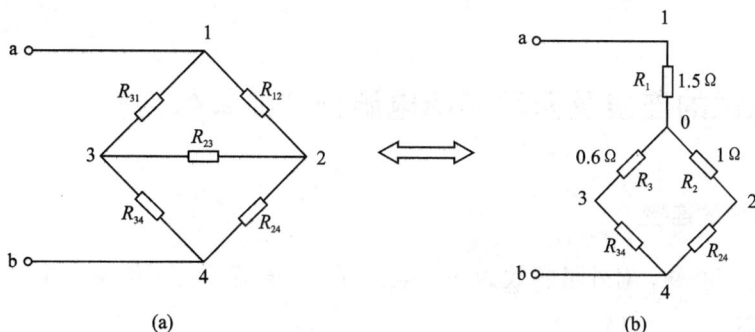

图 2 - 2 - 4　例 2 - 4 附图

解：（方法1）可以将 R_{12}、R_{23}、R_{31} 三个电阻组成的三角形网络等效变换为星形网络，则有：

$$R_1 = \frac{R_{12}R_{31}}{R_{12} + R_{23} + R_{31}} = \frac{5 \times 3}{5 + 2 + 3}\Omega = 1.5\Omega$$

$$R_2 = \frac{R_{23}R_{12}}{R_{12} + R_{23} + R_{31}} = \frac{2 \times 5}{5 + 2 + 3}\Omega = 1\Omega$$

$$R_3 = \frac{R_{31}R_{23}}{R_{12} + R_{23} + R_{31}} = \frac{3 \times 2}{5 + 2 + 3}\Omega = 0.6\Omega$$

$$R_{04} = \frac{(R_3 + R_{34}) \times (R_2 + R_{24})}{(R_3 + R_{34}) + (R_2 + R_{24})} = \frac{(0.6 + 1.4) \times (1 + 1)}{(0.6 + 1.4) + (1 + 1)}\Omega = 1\Omega$$

$$R_{ab} = R_1 + R_{04} = (1.5 + 1)\Omega = 2.5\Omega$$

（方法2）可以将 R_{31}、R_{23}、R_{34} 三个电阻组成的星形网络等效变换为三角形网络，如图2 – 2 – 5 所示：

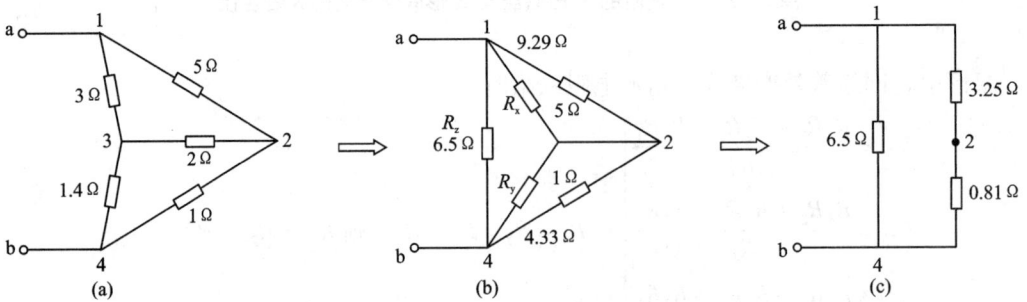

图 2 – 2 – 5　例 2 – 4 附图

$$R_x = \frac{3 \times 2 + 2 \times 1.4 + 1.4 \times 3}{1.4}\Omega = 9.29\Omega \qquad R'_{12} = \frac{9.29 \times 5}{9.29 + 5}\Omega = 3.25\Omega$$

$$R_y = \frac{3 \times 2 + 2 \times 1.4 + 1.4 \times 3}{3}\Omega = 4.33\Omega \qquad R'_{24} = \frac{4.33 \times 1}{4.33 + 1}\Omega = 0.81\Omega$$

$$R_z = \frac{3 \times 2 + 2 \times 1.4 + 1.4 \times 3}{2}\Omega = 6.5\Omega \qquad R'_{ab} = \frac{6.5 \times (3.25 + 0.81)}{6.5 + (3.25 + 0.81)}\Omega = 2.5\Omega$$

2.3　电源的连接及两种实际电源模型的等效变换

2.3.1　电源的连接

n 个电流源相并联，对外可等效为一个电流源，其电流为各个电流源电流的代数和，如图2 – 3 – 1 所示。

即：

$$I_S = I_{S1} + I_{S2} + \cdots + I_{Sn} = \sum_{k=1}^{n} I_{Sk}$$

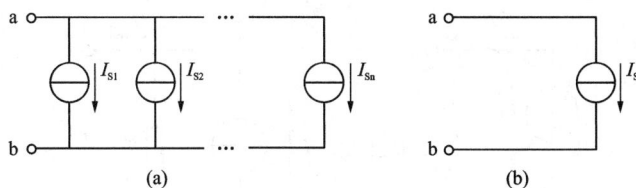

图 2 - 3 - 1　电流源的并联

n 个电压源相串联，对外可等效为一个电压源，其电压为各个电压源电压的代数和，如图 2 - 3 - 2 所示。

即：
$$U_S = U_{S1} + U_{S2} + \cdots + U_{Sn} = \sum_{k=1}^{n} U_{Sk}$$

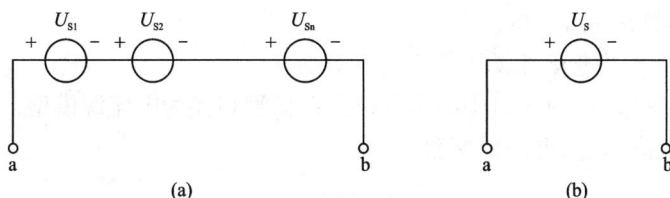

图 2 - 3 - 2　电压源的串联

只有电压相等、极性一致的电压源才允许并联，其等效电压源为其中任一电压源，但是这个并联组合向外提供的电流在各个电压源之间如何分配则无法确定。

只有电流相等且方向一致的电流源才允许串联，其等效电流源为其中任一电流源，但是这个串联组合的总电压如何在各个电流源之间分配则无法确定。

一个电流源 I_S 与电压源或电阻相串联，对外就等效为一个电流源，等效电流源的电流为 I_S，等效电流源的电压不等于替代前的电流源的电压而等于外部电压 U。

一个电压源 U_S 与电流源或电阻相并联，对外就等效为一个电压源，等效电压源的电压为 U_S，等效电压源中的电流不等于替代前的电压源的电流而等于外部电流 I。

2.3.2　两种实际电源模型的等效变换

两种实际电源模型等效变换时，其端口电压与电流关系应是相同的，等效电路如图 2 - 3 - 3 所示：

对于图 2 - 3 - 3(a)所示实际电压源模型端口电压电流关系为：$U = U_S - R_i I$ 即 $I = \dfrac{U_S}{R_i} - \dfrac{U}{R_i}$；

对于图 2 - 3 - 3(b)所示实际电流源模型端口电压电流关系为：$I = I_S - \dfrac{U}{R'_i}$；

实际电压源模型和实际电流源模型等效变换条件为：$\begin{cases} U_S = R_i I_S \\ R_i = R'_i \end{cases}$。

注：(1)在等效的过程中注意电压源的参考极性与电流源的参考方向，电流源的参考方

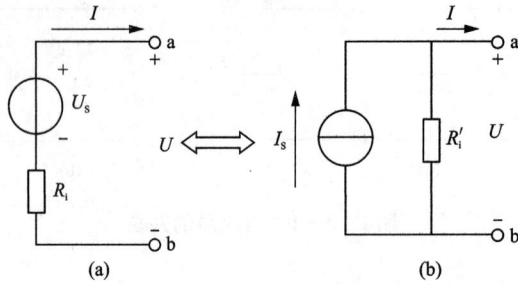

图 2 - 3 - 3　两种实际电源模型的等效变换

向一定是要指向电压源的正极性端。

（2）两种实际电源模型等效变换是指对外部等效，对外部电路各部分的计算是等效的，但对电源内部的计算是不等效的。

（3）理想电压源与理想电流源不能进行等效变换。

例 2 - 5　试将图 2 - 3 - 4(a) 中的实际电压源模型转换为电流源模型，将图 2 - 3 - 4(b) 中的实际电流源模型转换为电压源模型。

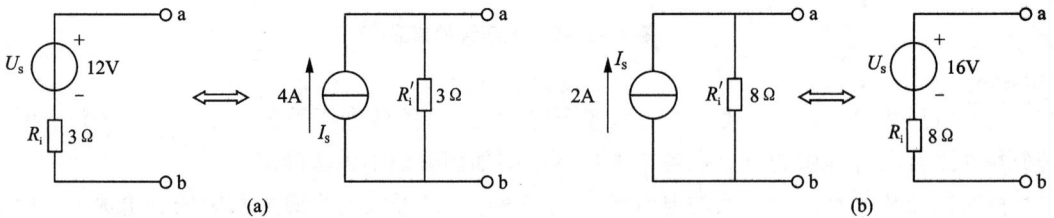

图 2 - 3 - 4　例 2 - 5 附图

解：(a) $I_S = \dfrac{U_S}{R_i} = \dfrac{12}{3}A = 4A$　　　$R'_i = R_i = 3\Omega$

(b) $U_S = R'_i I_S = 8 \times 2 V = 16 V$　　　$R_i = R'_i = 8\Omega$

利用两种实际电源模型等效变换，可以简化电路的分析计算。

例 2 - 6　如图 2 - 3 - 5 所示电路中，已知 $U_{S1} = 36V$，$U_{S2} = 24V$，$R_1 = 8\Omega$，$R_2 = 4\Omega$，$R_3 = 8\Omega$，$R_4 = 4\Omega$，试求电流 I_3。

解：(1) 首先将电压源 U_{S1} 与 U_{S2} 变换为电流源模型，如图 2 - 3 - 5(b) 所示。

$$I_{S1} = \frac{U_{S1}}{R_1} = \frac{36}{8}A = 4.5A \qquad R'_{i1} = R_1 = 8\Omega$$

$$I_{S2} = \frac{U_{S2}}{R_2 + R_4} = \frac{24}{4+4}A = 3A \qquad R'_{i2} = R_2 + R_4 = 8\Omega$$

(2) 化简电路，如图 2 - 3 - 5(c) 所示。

$$I_S = I_{S1} + I_{S2} = (4.5 + 3)A = 7.5A \qquad R'_i = \frac{R'_{i1} R'_{i2}}{R'_{i1} R'_{i2}} = \frac{8 \times 8}{8 + 8}\Omega = 4\Omega$$

(3) 再将电流源 I_S 变换为电压源模型，如图 2 - 3 - 5(d) 所示。

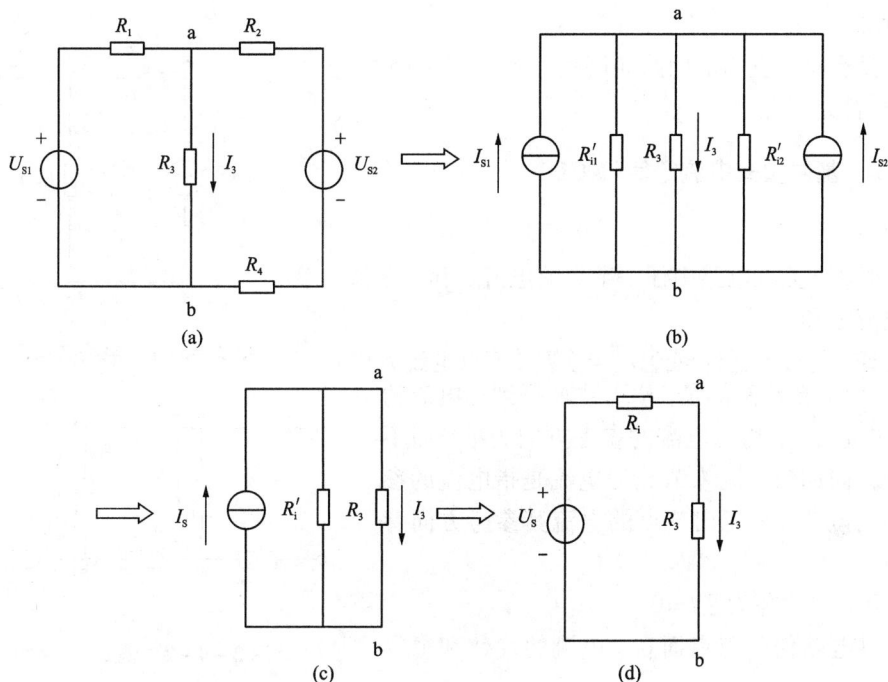

图 2 - 3 - 5　例 2 - 6 附图

$$U_S = R'_i I_S = (4 \times 7.5) \text{V} = 30\text{V} \qquad R_i = R'_i = 4\Omega$$

（4）由欧姆定律，可求得

$$I_3 = \frac{U_S}{R_i + R_3} = \frac{30}{4 + 8}\text{A} = 2.5\text{A}$$

注：在用两种电源模型的等效变换来做题时，其中要求的电流所在的支路通常在做题过程中不要参与变换。

2.4　基尔霍夫定律

2.4.1　关于电路结构的几个名词

在讨论基尔霍夫定律之前，先介绍几个有关电路结构的名词。

1. 支路

电路中通过同一电流的每一个分支，该分支上至少有一个元件，这个分支称为支路。图 2 - 4 - 1 中 baf、bcd、be 均为支路，fe 则不是支路。

流过支路的电流，称为支路电流。含有电源的支路叫含源支路，图 2 - 4 - 1 中 baf、bcd 为含源支路，不含电源的支路叫无源支路，图 2 - 4 - 1 中 be 为无源支路。

2. 节点

三条或三条以上支路的连接点叫节点。图 2 - 4 - 1 中 b 点和 e 点都是节点。

3. 回路

电路中任意闭合路径叫回路。图 2 - 4 - 1 中 abef、bcde、acdf 都是回路。

4. 网孔

内部没有跨接支路的回路叫网孔。图 2 - 4 - 1 中 abef、bcde 都是网孔。

2.4.2　基尔霍夫电流定律(KCL)

1. 内容

任一时刻，流入电路中任一节点的电流之和等于流出该节点的电流之和。

表达式：$\sum i_入 = \sum i_出$ 或 $\sum I_入 = \sum I_出$ (节点电流方程)

注：(1)需要注意的是，KCL 中所提到的电流的"流入"与"流出"，均以电流的参考方向为准，而不论其实际方向如何。流入节点的电流是指电流的参考方向指向该节点，流出节点的电流其参考方向背离该节点。

(2)KCL 可改写为 $\sum I = 0$。

即：对电路任一节点而言，电流的代数和恒等于零。

例 2 - 7　如图 2 - 4 - 2 电路中，已知 $I_1 = 1A$，$I_2 = 2A$，$I_5 = 3A$，求该电路的未知电流。

解：由 KCL 定律：

对于节点 a，有 $I_3 = I_1 + I_2 = (1+2)A = 3A$

对于节点 b，有 $I_5 = I_3 + I_4$，所以 $I_4 = I_5 - I_3 = (3-3)A = 0A$

对于节点 c，有 $I_6 = I_2 + I_4 = (2+0)A = 2A$

2. KCL 的推广

KCL 不仅适用于电路中的任一节点，还可用于电路中任意假定的闭合曲面。

如图 2 - 4 - 3 所示，若用一闭合曲面将三极管包围起来，在图示电流参考方向情况下，应用 KCL 可得：

$$I_e = I_b + I_c$$

2.4.3　基尔霍夫电压定律(KVL)

1. 内容

任一时刻，沿任一闭合回路内各段电压的代数和恒等于零。表达式为

$$\sum u = 0 \text{ 或 } \sum U = 0 \text{ (回路电压方程)}$$

注：(1)在列写回路电压方程时，首先应选定回路的绕行方向。凡电压参考方向与回路绕行方向一致时，该电压取正；凡电压参考方向与回路绕行方向相反时，该电压取负。

(2)KVL 不管是线性电路还是非线性电路，定律都是适应的，对于电阻这种特殊情况，若把电阻元件上电压 $U(u)$ 与电流 $I(i)$ 的关系代入可得到 KVL 的另一种表达式：$\sum(RI + U_S) = 0$(直流)和 $\sum(Ri + u_S) = 0$(交流)。当流过电阻的电流、电压与回路的绕行方向选取一致，

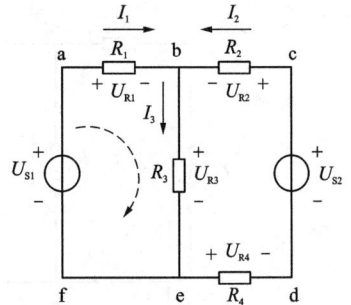

图 2 - 4 - 1　电路名词定义用图

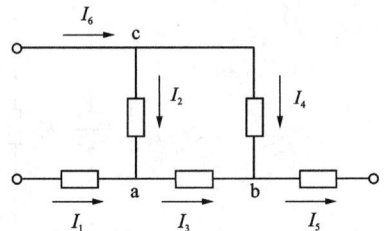

图 2 - 4 - 2　例 2 - 7 附图

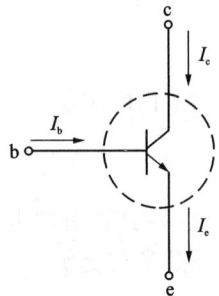

图 2 - 4 - 3　KCL 的推广

则 $RI(Ri)$ 和 $U_S(u_S)$ 为 "＋"，反之则取 "－"。

（3）如果回路为一单回路，通常选回路的绕行方向与回路电流的参考方向一致。

例 2－8　如图 2－4－4 电路中，$U_{S1} = 100V$，$U_{S2} = 150V$，$R_1 = 15\Omega$，$R_2 = 25\Omega$，$R_3 = 40\Omega$，$R_4 = 20\Omega$，试求电路中的电流 I 及 a、b 两点间的电压 U_{ab}。

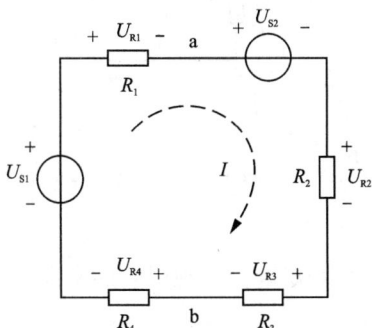

图 2－4－4　例 2－8 附图　　　　　　图 2－4－5　KVL 的推广

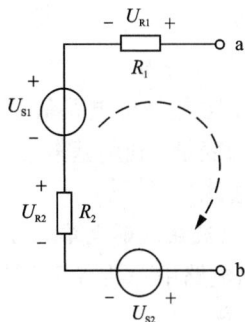

解：设回路绕行方向与回路电流参考方向一致，由 KVL 定律，列回路电压方程如下：

$-U_{S1} + R_1 I + U_{S2} + R_2 I + R_3 I + R_4 I = 0$

$$I = \frac{U_{S1} - U_{S2}}{R_1 + R_2 + R_3 + R_4} = \frac{100 - 150}{15 + 25 + 40 + 20}A = -0.5A$$

$U_{ab} = U_{S2} + U_{R2} + U_{R3} = U_{S2} + R_2 I + R_3 I = 150 + 25（-0.5）+ 40（-0.5）V = 117.5V$

或 $U_{ab} = -U_{R2} + U_{S1} - U_{R4} = -R_1 I + U_{S1} - R_4 I = -15 \times（-0.5）+ 100 - 20 \times（-0.5）V =$ 117.5V

由此可见，求任意两点之间的电压与所选择的路径无关。

2. KVL 的推广

KVL 不仅适用于闭合回路，还可推广应用于电路的任意不闭合回路，但列写回路电压方程时，必将开路处电压列入方程。如图 2－4－5 为某电路的一部分，a、b 两点间没有闭合，设回路绕行方向为顺时针，由 KVL 可得

$$U_{ab} + U_{S2} - U_{R2} - U_{S1} - U_{R1} = 0$$

即：

$$U_{ab} = -U_{S2} + U_{R2} + U_{S1} + U_{R1} = \sum_i U_i$$

可见，a、b 两点间电压等于从 a 到 b 路径上，各个元件电压 U_i 的代数和，若元件电压参考方向与从 a 到 b 方向一致，则该电压取正；反之，取负。利用上式，可以很方便地计算电路中任意两点之间的电压。

例 2－9　如图 2－4－6 所示电路中，已知 $U_{S1} = 2V$，$U_{S2} = 12V$，$U_{S3} = 6V$，$R_1 = 4\Omega$，$R_2 = 1\Omega$，$R_3 = 3\Omega$。试求 a、b 两点间的电压 U_{ab}。

解：因为 a，b 两端为开路，所以电路中只有一个闭合的回路，选回路的绕行方向与其电流的参考方向一致，如图所示，则据 KVL 得

$$U_{S2} + R_2 I + R_1 I - U_{S1} = 0$$

$$I = \frac{U_{S1} - U_{S2}}{R_1 + R_2} = \frac{2 - 12}{4 + 1}A = -2A$$

所以：

$$U_{ab} = U_{S3} + U_{S2} + U_{R2} + U_{R3} = U_{S3} + U_{S2} + R_2 I + R_3 I_{R3} =$$
$$[6 + 12 + (-2) \times 1 + 0]V = 16V$$

2.5 支路电流法

1. 支路电流法

支路电流法是分析电路最基本的方法，它是以支路电流作为未知变量，利用基尔霍夫定律列写方程组，并求解电路的方法。

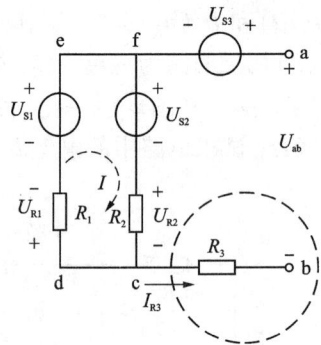

图 2 - 4 - 6 例 2 - 9 附图

2. 支路电流法求解电路的方法

（1）找出电路中一共有几条支路，设每个支路电流为未知量，并在相应的支路处标出各个电流。

（2）标出电路中的节点，然后根据 KCL 列写方程。注：因为在电路中若有 n 个节点，只能列出 $(n-1)$ 个独立的节点方程，所以在列 KCL 方程时只要列 $(n-1)$ 个节点方程即可。

（3）找出电路中的网孔，并且标出网孔的绕行方向，然后根据 KVL 列写出回路方程。

（4）将（2）（3）步中列出的方程组成一个方程组，求解出支路电流。

下面以图 2 - 5 - 1 为例说明：

（1）从电路中可看出共有 3 条支路，标上其支路电流分别为 I_1、I_2、I_3，如图 2 - 5 - 1 所示。

（2）从电路可看出一共有两个节点 e、b。可用其中的任何一个列写 KCL 方程，若用节点 b，则有：

$$I_1 + I_2 - I_3 = 0$$

（3）在电路中找出两个网孔，分别为 abefa、bcdeb，标出其网孔的绕行方向如图所示，根据 KVL 列回路方程，则有：

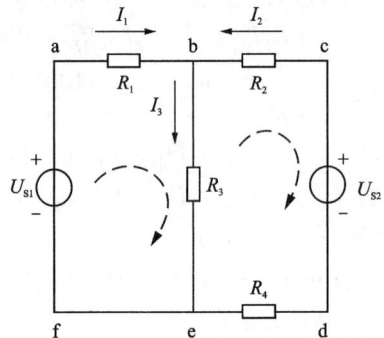

图 2 - 5 - 1 支路电流法图例

对网孔 abefa：$R_1 I_1 + R_3 I_3 - U_{S1} = 0$

对网孔 bcdeb：$-R_2 I_2 + U_{S2} - R_4 I_2 - R_3 I_3 = 0$

（4）将节点方程与回路方程组成方程组如下：

$$\begin{cases} I_1 + I_2 - I_3 = 0 \\ R_1 I_1 + R_3 I_3 - U_{S1} = 0 \\ -R_2 I_2 + U_{S2} - R_4 I_2 - R_3 I_3 = 0 \end{cases}$$

据该方程组就可求解出三个支路电流。

例 2 - 10 如图 2 - 5 - 1 电路中，已知 $U_{S1} = 36V$，$U_{S2} = 24V$，$R_1 = 8\Omega$，$R_2 = 4\Omega$，$R_3 = 8\Omega$，$R_4 = 4\Omega$，试求各支路电流 I_1、I_2、I_3。

解： 由节点 b 的节点电流方程和网孔 abefa 及网孔 bcdeb 的回路电压方程，组成如下方程组：

$$\begin{cases} I_1 + I_2 - I_3 = 0 \\ R_1 I_1 + R_3 I_3 - U_{S1} = 0 \\ -R_2 I_2 + U_{S2} - R_4 I_2 - R_3 I_3 = 0 \end{cases} \quad 代入数据得：\begin{cases} I_1 + I_2 - I_3 = 0 \\ 8I_1 + 8I_3 = 36 \\ -8I_2 - 8I_3 = -24 \end{cases}$$

解之得：$I_1 = 2A$，$I_2 = 0.5A$，$I_3 = 2.5A$

例 2-11 如图 2-5-2 电路所示，用支路电流法求各支路电流。

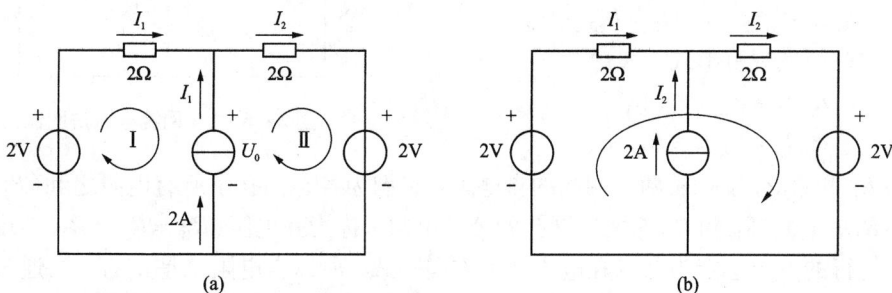

图 2-5-2 例 2-11 附图

解：方法一 选定并标出支路电流 I_1、I_2、I_3，电流源端电压 U_0，并选定网孔绕向，如图 2-5-2(a)所示。列 KCL 方程，得

$$-I_1 - I_2 + I_3 = 0$$

列 KVL 方程，得

$$-2 + 2I_1 + U_0 = 0$$

$$-U_0 + 2I_3 + 2 = 0$$

补充一个辅助方程 $I_2 = 2$
联立方程组，得

$$I_1 = -1A，I_2 = 2A，I_3 = 1A，U_0 = 4V$$

方法二 选定并标出支路电流 I_1、I_2、I_3，选定回路绕向，如图 2-5-2(b)所示，列 KCL 方程，得

$$-I_1 - I_2 + I_3 = 0$$

避开电流源支路，列回路 I 的 KVL 方程，得 $-2 + 2I_1 + 2I_3 + 2 = 0$
$2 = 2A$，联立方程组，得

$$I_1 = -1A，I_2 = 2A，I_3 = 1A$$

2.6 网孔电流法

2.6.1 网孔方程

用支路电流法求解电路时，需要求解 b（支路数）个独立方程，当电路复杂时，计算量也就相当繁重。为了减少求解方程数，可采用网孔电流为电路变量（未知量）来列写方程，这种方法称为网孔分析法，也称为网孔电流法。现以如图 2-6-1 所示电路为例来说明网孔电

流法。

若把 $I_1 = I_a$，$I_2 = I_c$ 分别看作是沿网孔 1 和网孔 2 流过的电流——网孔电流，其参考方向如图 2 - 6 - 1 所示。则得 $I_b = I_2 - I_1$，再根据 KVL 得网孔方程：

$$(R_1 + R_1)I_1 - R_2I_2 = U_{S1} - U_{S2}$$
$$-R_2I_1 + (R_2 + R_3)I_2 = U_{S2} - U_{S3}$$

将上式改写成规范形式：

$$R_{11}I_1 + R_{12}I_2 = U_{S11}$$
$$R_{21}I_1 + R_{22}I_2 = U_{S22}$$

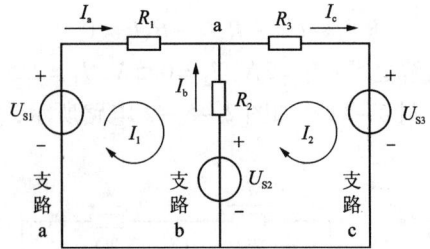

图 2 - 6 - 1　网孔电流法图例

式中 R_{11} 和 R_{22} 分别代表两个网孔的自电阻，它们为各自网孔中所有电阻之和（$R_{11} = R_1 + R_2$，$R_{22} = R_2 + R_3$）；R_{12} 和 R_{21} 为两个网孔的公共电阻，称为互电阻（$R_{12} = R_{21} = R_2$）。由于列方程时网孔绕行的方向选定为与网孔电流参考方向一致，所以自电阻总是正的。当通过互电阻的网孔电流 I_1、I_2 的参考方向一致时，互电阻 R_{12}、R_{21} 取正；参考方向相反时，互电阻 R_{12}、R_{21} 取负。如本例中互电阻 $R_{12} = R_{21} = -R_2$。

式右边的 U_{S11} 和 U_{S22} 分别表示两个网孔电压源电压的代数和。各电压源电压顺着绕行方向由负极到正极取正号；相反则取负号（$U_{S11} = U_{S1} - U_{S2}$，$U_{S22} = U_{S2} - U_{S3}$）。

2.6.2　网孔分析法的计算步骤

网孔分析法的计算步骤如下。

(1)选定各网孔电流的参考方向，它们也是列方程时的绕行方向。

(2)列网孔方程

$$R_{11}I_1 + R_{12}I_2 + \cdots + R_{1m}I_m = U_{S11}$$
$$R_{21}I_1 + R_{22}I_2 + \cdots + R_{2m}I_m = U_{S22}$$
$$\cdots$$
$$R_{m1}I_1 + R_{m2}I_2 + \cdots + R_{mm}I_m = U_{Smm}$$

式中 I_1，I_2，$\cdots$，I_m 为网孔电流。

R_{11}，R_{22}，$\cdots$，R_{mm} 等有相同下标的电阻为各网孔的自电阻，它们分别是各网孔电阻之和，恒为正值。R_{12}，R_{13}，R_{23}，$\cdots$有不同下标的电阻为互电阻，分别等于两个相关网孔的公共电阻，通过公共电阻的两个网孔电流参考方向相同时，互电阻取正值，否则取负值；如果两个网孔之间没有公共电阻，则相应的互电阻为零。一般情况下有 $R_{jk} = R_{kj}$（含受控源的电路除外）。

式中右端项 U_{S11}，U_{S22}，$\cdots$，U_{Smm} 分别为各个网孔电压源电压的代数和。各电压源电压顺着绕行方向由负极到正极取正号；相反则取负号。

(3)求解网孔方程，解得网孔电流。

(4)指定各支路电流的参考方向，支路电流则为有关网孔电流的代数和。

在网孔分析法中，省略了 KCL 方程，与支路电流法比较，联立方程的数目由等于支路数减少到网孔数，因而计算有所简化。但网孔分析法只适用于平面电路。

例 2 - 12　如图 2 - 6 - 2 所示电路，已知 $U_{S1} = 8V$，$R_1 = 2\Omega$，$R_2 = 3\Omega$，$R_3 = 6\Omega$，$U_{S3} =$

12V，用网孔电流法求各支路电流。

解：设网孔电流 I_{11}，I_{12} 如图所示，列网孔电流方程组：

$$\begin{cases} (R_1 + R_2)I_{11} - R_2 I_{12} = U_{S1} \\ -R_2 I_{11} + (R_2 + R_3)I_{12} = -U_{S3} \end{cases}$$

代入数据，可得

$$\begin{cases} 5I_{11} - 3I_{12} = 8 \\ -3I_{11} + 9I_{12} = -12 \end{cases}$$

解得　$I_{11} = 1\text{A}$　$I_{12} = -1\text{A}$

各支路电流

$$I_1 = I_{11} = 1\text{A}$$
$$I_2 = -I_{11} + I_{12} = (1+1)\text{A} = 2\text{A}$$
$$I_3 = -I_{12} = 1\text{A}$$

图 2-6-2　例 2-12 附图

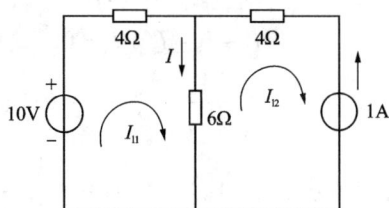

例 2-13　如图 2-6-3 所示电路，用网空电流法求 I。

解：本题电路中含有电流源，选取网孔电流 I_{11}、I_{12} 如图所示。

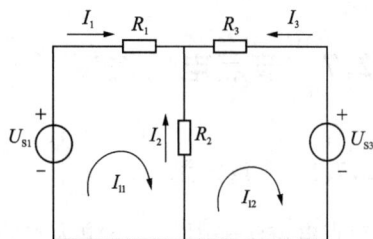

图 2-6-3　例 2-13 附图

I_{12} 唯一流过含电流源的网孔电流，且参考方向与电流源电流方向相反，所以 $I_{12} = -1\text{A}$。列左边网孔方程为

$$(4+6)I_{11} - 6I_{12} = 10$$

将 I_{12} 代入，并整理得

$$I_{11} = \frac{10 + 6I_{12}}{10} = \frac{10 + 6 \times (-1)}{10}\text{A} = 0.4\text{A}$$

$$I = I_{11} - I_{12} = [0.4 - (-1)]\text{A} = 1.4\text{A}$$

2.6.3　含电流源支路时的求解方法

如果电路中存在电流源与电阻的并联组合时，应先把它们等效变换为电压源与电阻的串联组合，然后再列出方程。但如果电路中存在理想电流源（与电流源并联电阻为无穷大）支路时，为按上式列网孔方程，要做特殊处理。

（1）当理想电流源在边界支路时，所在网孔的电流成为已知量，等于该电流源的电流，因而不必再列写该网孔的网孔方程。

（2）当理想电流源在公共支路时，应把电流源电压设为新的未知变量列入网孔方程，并将电流源电流与相邻两个网孔电流的关系作为补充方程，一并求解。

2.7　节点电位法

2.7.1　节点方程

节点电位法采用节点电位为电路变量(未知量)来列写方程,也称为节点分析法。它不仅适用于平面电路,还可用于非平面电路,对节点较少的电路尤其适用。目前电路的计算机辅助分析也常用节点分析法,因而它已成为电路分析中最重要的方法之一。

图 2-7-1 电路中,选择 0 点为参

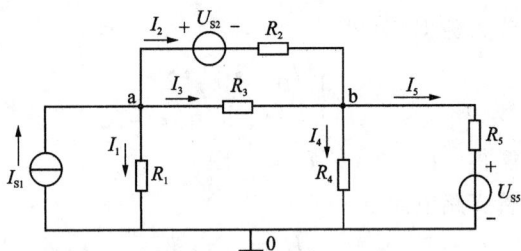

图 2-7-1　节点电位法图例

考节点,其他两个节点为独立节点,设独立节点的电位为 V_a、V_b。根据图示电流参考方向,利用欧姆定律,并对节点 a、b 列写 KCL 方程:

$$-I_{S1} + I_1 + I_2 + I_3 = 0$$

$$-I_2 - I_3 + I_4 + I_5 = 0$$

$$I_1 = \frac{V_a}{R_1} = G_1 V_a \qquad I_2 = \frac{V_a - V_b - U_{S2}}{R_2} = G_2(V_a - V_b - U_{S2})$$

而

$$I_3 = \frac{V_a - V_b}{R_3} = G_3(V_a - V_b) \qquad I_4 = \frac{V_b}{R_4} = G_4 V_b$$

$$I_5 = \frac{V_b - U_{S5}}{R_5} = G_5(V_b - U_{S5})$$

解之并整理得: $(G_1 + G_2 + G_3)V_a - (G_2 + G_3)V_b = I_{S1} + G_2 U_{S2}$

$$-(G_2 + G_3)V_a + (G_2 + G_3 + G_4 + G_5)V_b = -G_2 U_{S2} + G_5 U_{S5}$$

这就是以节点电位 V_a、V_b 为未知量的节点(电压)方程。

将上式改写成规范形式:

$$G_{aa} V_a + G_{ab} V_b = I_{Saa}$$

$$G_{ba} V_a + G_{bb} V_b = I_{Sbb}$$

式中的 G_{aa} 为节点 a 的自电导,是与节点 a 相连接的各支路电导的总和($G_{aa} = G_1 + G_2 + G_3$);G_{bb} 为节点 b 的自电导,是与节点 b 相连接的各支路电导的总和($G_{bb} = G_2 + G_3 + G_4 + G_5$);$G_{ab}$、$G_{ba}$ 为节点 a、b 间的互电导,是连接在节点 a 和节点 b 之间的各支路电导之和的负值 $G_{ab} = G_{ba} = -(G_2 + G_3)$。自电导总是正的,互电导总是负的。

式中的 I_{Saa} 和 I_{Sbb} 分别表示电流源流入节点 a 和节点 b 的电流代数和,即流入节点的电流取" + "号,流出节点的电流取" - "号。

本例中, $I_{Saa} = I_{S1} + G_2 U_{S2}$, $I_{Sbb} = -G_2 U_{S2} + G_5 U_{S5}$。

2.7.2　节点电位法的计算步骤

把以上结论推广到具有 n 个节点的电路,可得节点电位法的计算步骤如下:

（1）选定一个参考节点，一般取连接支路较多的节点。其余各独立节点与参考节点间的电压即是节点电压，其参考方向是由独立节点指向参考节点。

（2）列节点方程

$$G_{11}U_1 + G_{12}U_2 + \cdots + G_{1(n-1)}U_{(n-1)} = I_{S11}$$
$$G_{21}U_1 + G_{22}U_2 + \cdots + G_{2(n-1)}U_{(n-1)} = I_{S22}$$
$$\cdots$$
$$G_{(n-1)1}U_1 + G_{(n-1)2}U_2 + \cdots + G_{(n-1)(n-1)}U_{(n-1)} = I_{S(n-1)(n-1)}$$

式中 U_1，U_2，$\cdots$，$U_{(n-1)}$ 为独立节点电压。

G_{11}，G_{22}，$\cdots$，$G_{(n-1)(n-1)}$ 有相同下标的电导为各节点的自电导，它们分别是各节点上电导的总和，恒为正值。G_{12}，G_{13}，$G_{23}\cdots$ 有不同下标的电导为互电导，分别等于两个相关节点的公有电导，它们恒为负值；如果两个节点之间没有支路直接相连，则相应的互电导为零。一般情况下有 $G_{jk} = G_{kj}$（含受控源的电路除外）。

右端项 I_{S11}，I_{S22}，$\cdots$，$I_{S(n-1)(n-1)}$ 分别为电流源流入各节点的电流代数和（流入为正，流出为负）。

（3）求解节点方程，解得节点电压。

（4）标出各支路电流的参考方向，根据欧姆定律可求出各支路电流。

如果电路的独立节点数少于网孔数，与网孔电流法比较，节点电位法所需求解联立方程数较少，较易求解。

例 2 - 14　图 2 - 7 - 2 所示电路，用节点电位法求各支路电流。

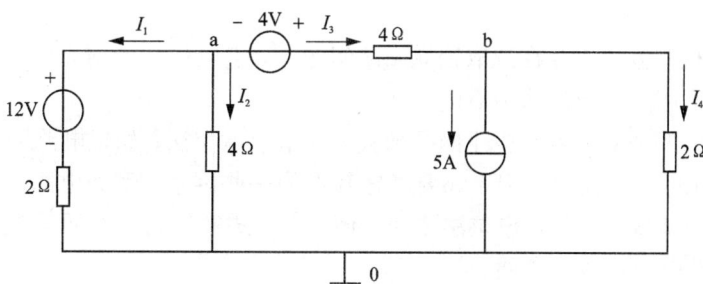

图 2 - 7 - 2　例 2 - 14 附图

解：该电路有 3 个节点，以 0 点位为参考节点，独立节点 a、b 的电位分别设 V_a、V_b，列节点电位方程为

$$\begin{cases} (\frac{1}{2} + \frac{1}{4} + \frac{1}{4})V_a - \frac{1}{4}V_b = \frac{12}{2} - \frac{4}{4} \\ -\frac{1}{4}V_a + (\frac{1}{4} + \frac{1}{2})V_b = \frac{4}{4} - 5 \end{cases}$$

化简得

$$\begin{cases} V_a - \frac{1}{4}V_b = 5 \\ -\frac{1}{4}V_a + \frac{3}{4}V_b = -4 \end{cases}$$

解方程组得 $\qquad\qquad\qquad\qquad V_a = 4\mathrm{V}, \ V_b = -4\mathrm{V}$

根据图中标出的各支路电流的参考方向，可计算得

$$I_1 = \frac{V_a - 12}{2} = \frac{4 - 12}{2}\mathrm{A} = -4\mathrm{A} \qquad\qquad I_2 = \frac{V_a}{4} = \frac{4}{4}\mathrm{A} = 1\mathrm{A}$$

$$I_3 = \frac{V_a - V_b + 4}{4} = \frac{4 - (-4) + 4}{4}\mathrm{A} = 3\mathrm{A} \qquad\qquad I_4 = \frac{V_b}{2} = \frac{-4}{2}\mathrm{A} = -2\mathrm{A}$$

2.7.3　含电压源支路时的求解方法

如果电路中存在电压源与电阻的串联组合，应先把它们等效变换为电流源与电阻并联的组合，然后再列写方程。但如果电路中存在理想电压源（与电压源串联电阻为零）支路时，列节点方程要做如下特殊处理。

（1）当有理想电压源支路，且一端在参考节点时，另一端所连节点的电压成为已知量，等于该电压源的电压，因而不必再列写该节点的节点方程。

（2）当有理想电压源支路，且两端都不与参考节点相连时，应把电压源电流设为新的未知变量列入节点方程，并将电压源电压与两端节点电压的关系作为补充方程，一并求解。其实在这里用了混合变量，除节点电压外，还把电压源的电流作为变量。有的教材把这种方法称为改进节点法。

以上介绍了分析线性电路的支路电流法、网孔电流法和节点电位法，下面对这几种分析方法进行比较。

（1）就方程数目来说，支路电流法为支路数 b，网孔电流法为网孔数 $b - (n-1)$，节点电位法为独立节点数 $n - 1$。

（2）因为网孔电流法不存在选取独立回路问题，节点电位法的节点电压也容易选取，所以手算时通常采用网孔电流法或节点电位法。

（3）如果电路的独立节点数少于网孔数宜采用节点电位法；如果电路的网孔数少于独立节点数，则宜采用网孔电流法。但是还要考虑其他的一些因素，例如电路中电源的种类，如果已知的电源是电流源，则节点电位法更为方便，方程式往往由观察可直接写出；如果电源为电压源，则网孔电流法较为方便。

（4）还可根据所求解的电路变量，来选择合适的分析方法，如求解某个或某几个支路电压，选择节点电位法可直接求出解答，无须从网孔电流法求出网孔电流后，求支路电流，再根据支路 VCR 求电压；如求解某个或某几个支路电流，选择网孔电流法求出网孔电流后，求支路电流较为简便。

（5）网孔电流法只适用于平面电路，节点电位法则无此限制，因此节点电位法更具有普遍意义。此外，节点电位法的一个显著优点是便于编制程序，目前电路的计算机辅助分析广泛采用节点电位法。

2.8　叠加定理

叠加定理是关于线性电路的基本定理，它体现了线性电路的一个基本性质——叠加性。

叠加定理的内容是：当线性电路中有多个电源同时作用时，各支路的电流或电压等于各

个电源单独作用时,在该支路产生的电流或电压的代数和(叠加)。

所谓电源单独作用,是指电路中的某一个电源作用,而其他电源不作用。如果电压源不作用,相当于短路;如果电流源不作用,相当于开路。

应用叠加定理可以将一个复杂的电路,分成几个简单的电路研究,然后将这些简单电路的计算结果综合起来,便可求得原复杂电路中电流和电压。

下面举例说明,应用叠加定理求解电路的过程。

例 2 - 15　如图 2 - 8 - 1 所示电路中,已知 $I_{S1} = 4.5A$, $U_{S2} = 24V$, $R_1 = 8\Omega$, $R_2 = 4\Omega$, $R_3 = 8\Omega$, $R_4 = 4\Omega$,试应用叠加定理,求电流 I_1、I_2、I_3 及各电阻上的电压。

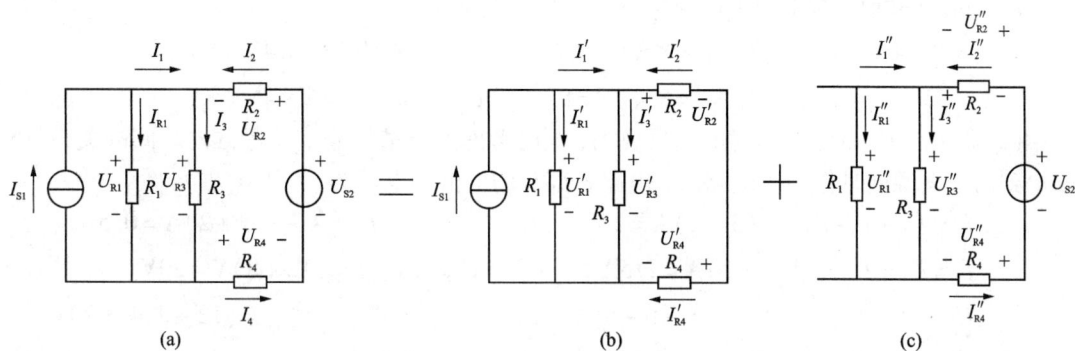

图 2 - 8 - 1　例 2 - 15 附图

解:(1)画出各电源单独作用时的分解电路,如图 2 - 8 - 1(b)、(c)所示,其中(b)图是电流源 I_{S1} 单独作用时的等效电路,电压源 U_{S2} 相当于短路;(c)图是电压源 U_{S2} 单独作用时的等效电路,电流源 I_{S1} 相当于开路。

(2)图 2 - 8 - 1(b)中总电阻

$$R' = \cfrac{1}{\cfrac{1}{R_1} + \cfrac{1}{R_3} + \cfrac{1}{R_2 + R_4}} = \cfrac{1}{\cfrac{1}{8} + \cfrac{1}{8} + \cfrac{1}{4+4}}\Omega \approx 2.67\Omega$$

由并联电路的分流公式可得

$$I'_2 = \frac{R'}{R_2 + R_4}I_{S1} = \frac{2.67}{8} \times 4.5A \approx 1.5a$$

$$I'_{R1} = \frac{R'}{R_1}I_{S1} = \frac{2.67}{8} \times 4.5A \approx 1.5A$$

$$I'_3 = I'_{R3} = \frac{R'}{R_3}I_{S1} = \frac{2.67}{8} \times 4.5A \approx 1.5A$$

$$I'_1 = I'_2 + I'_3 = (1.5 + 1.5)A = 3A$$

I_{S1} 单独作用时,各电阻上的电压分别为

$$U'_{R1} = R_1 I'_{R1} = 1.5 \times 8V = 12V \qquad U'_{R2} = R_2 I'_{R2} = 1.5 \times 4V = 6V$$

$$U'_{R3} = R_3 I'_{R3} = 1.5 \times 8V = 12V \qquad U'_{R4} = R_4 I'_{R4} = 1.5 \times 4V = 6V$$

(3)图 2 - 8 - 1(c)中总电阻

$$R'' = \frac{R_1 R_3}{R_1 + R_3} + R_2 + R_4 = \left(\frac{8 \times 8}{8 + 8} + 4 + 4\right)\Omega = 12\Omega$$

$$I''_2 = I''_{R2} = I''_{R4} = \frac{U_{S2}}{R''} = \frac{24}{12}A = 2A$$

由并联电路的分流公式可得

$$I''_1 = I''_{R1} = \frac{R''_{13}}{R_1} I''_2 = \frac{\dfrac{R_1 R_3}{R_1 + R_3}}{R_1} I''_2 = \frac{\dfrac{8 \times 8}{8 + 8}}{8} \times 2A = 1A$$

$$I''_3 = I''_{R3} = 1A$$

U_{S2}单独作用时, 各电阻上的电压分别为

$$U''_{R1} = R_1 I''_{R1} = 8 \times 1V = 8V \qquad U''_{R2} = R_2 I''_{R2} = 2 \times 4V = 8V$$

$$U''_{R3} = R_3 I''_{R3} = 8 \times 1V = 8V \qquad U''_{R4} = R_4 I''_{R4} = 2 \times 4V = 8V$$

(4)将 I_{S1}、U_{S2} 单独作用时的结果叠加, 同时考虑到总量与分量参考方向之间的关系, 可以得到两个电源同时作用于电路时, 电路各部分的电流和电压为

$$I_1 = I'_1 + (-I''_1) = (3 - 1)A = 2A \qquad I_2 = (-I'_2) + I''_2 = (-1.5 + 2)A = 0.5A$$

$$I_3 = I'_3 + I''_3 = (1.5 + 1)A = 2.5A \qquad U_{R1} = U'_{R1} + U''_{R1} = (12 + 8)V = 20V$$

$$U_{R2} = (-U'_{R2}) + U''_{R2} = (-6 + 8)V = 2V \qquad U_{R3} = U'_{R3} + U''_{R3} = (12 + 8)V = 20V$$

$$U_{R4} = (-U'_{R4}) + U''_{R4} = (-6 + 8)V = 2V$$

应用叠加定理分析计算电路时, 应注意以下几点:

(1)叠加定理只适用于多电源的线性电路, 不适用于非线性电路。

(2)对于多电源线性电路, 叠加定理只能用来计算电路中的电压和电流, 功率计算不能叠加。

(3)在合成各个电源单独作用所产生的电压或电流时, 要注意总量与分量参考方向之间的关系。当分量参考方向与总量参考方向一致时, 该分量取正值; 反之, 取负值。

2.9　戴维宁定理与诺顿定理

2.9.1　戴维宁定理

内容: 一个线性有源的二端网络可以用一个理想电压源与一个电阻的串联(即实际电压源模型)来等效代替; 其中理想电压源的电压等于线性有源二端网络两端点间的开路电压 U_{OC}, 串联电阻等于该网络中所有电源都不起作用时(电压源短路, 电流源开路)两端点间的等效电阻 R_0。

注意: (1)戴维宁定理只适用于线性有源二端网络, 若有源两端网络内含有非线性电阻, 则不能应用戴维宁定理。

(2)在画等效电路时, 等效电压源的参考方向应与选定的有源二端网络开路电压参考方向一致。

例 2 - 16　如图 2 - 9 - 1(a)所示桥式电路中, 已知 $U_S = 10mV$, $R_6 = 2\Omega$, $R_1 = 3\Omega$, $R_2 = 5\Omega$, $R_3 = 1.4\Omega$, $R_4 = 1\Omega$, $R_5 = 1.5\Omega$, 试求: (1)电阻 R_5 中的电流 I_5; (2)当 R_5 增大时, I_5 如

何变化?

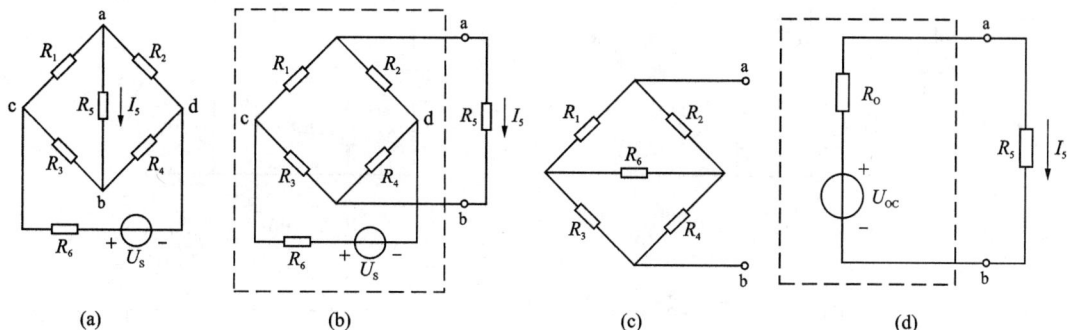

图 2 - 9 - 1 例 2 - 16 附图

解:(1)求 a、b 两端的开路电压 U_{OC}

$$R_{cd} = \frac{(R_1 + R_2) \times (R_3 + R_4)}{(R_1 + R_2) + (R_3 + R_4)} = \frac{(3+5) \times (1.4+1)}{(3+5) + (1.4+1)}\Omega \approx 1.85\Omega$$

$$U_{cd} = \frac{U_S}{R_6 + R_{cd}}R_{cd} = \frac{10 \times 10^{-3}}{2 + 1.85} \times 1.85V \approx 4.8 \times 10^{-3}V$$

$$U_{ca} = \frac{U_{cd}}{R_1 + R_2}R_1 = \frac{4.8 \times 10^{-3}}{3 + 5} \times 3V \approx 1.8 \times 10^{-3}V$$

$$U_{cb} = \frac{U_{cd}}{R_3 + R_4}R_3 = \frac{4.8 \times 10^{-3}}{1.4 + 1} \times 1.4V \approx 2.8 \times 10^{-3}V$$

$$U_{OC} = U_{ac} + U_{cb} = -U_{ca} + U_{cb} = (-1.8 \times 10^{-3} + 2.8 \times 10^{-3})V = 10^{-3}V$$

(2)将 a、b 两端开路,使所有的电压源短路、电流源开路,如图 2 - 9 - 1(c)所示,求等效电阻 R_0。求得:$R_0 = 2.5\Omega$。

(3)画出戴维宁等效电路,如图 2 - 9 - 1(d)所示。

$$I_5 = \frac{U_{OC}}{R_0 + R_5} = \frac{10^{-3}}{2.5 + 1.5}A = 2.5 \times 10^{-4}A$$

(4)因为开路电压 U_{OC}、等效电阻 R_0 由 U_S、R_1、R_2、R_3、R_4、R_6 的取值决定,所以在 U_S、R_1、R_2、R_3、R_4、R_6 取值不变的情况下,当 R_5 增大时,由图 2 - 9 - 1(d)可知,电流 I_5 减小。

例 2 - 17 如图 2 - 9 - 2(a)所示,应用戴维宁定理求 I。

解:(1)根据戴维宁定理,将待求支路移开,形成有源二端网络,如图 2 - 9 - 2(b)所示,可求开路电压 U_{oc}。因为此时 $I^{(1)} = 0$,所以电流源电流 2A 全部流过 2Ω 电阻,有

$$U_{oc} = (2 \times 2 + 10)V = 14V$$

(2)作出相应的无源二端网络如图 2 - 9 - 2(c)所示,其等效电阻为

$$R_{eq} = 2\Omega$$

(3)作出戴维宁等效电路,并与待求支路相连,如图 2 - 9 - 2(d)所示,求得

$$I = \frac{U_{oc}}{R_{eq} + 5} = \frac{14}{2 + 5}A = 2A$$

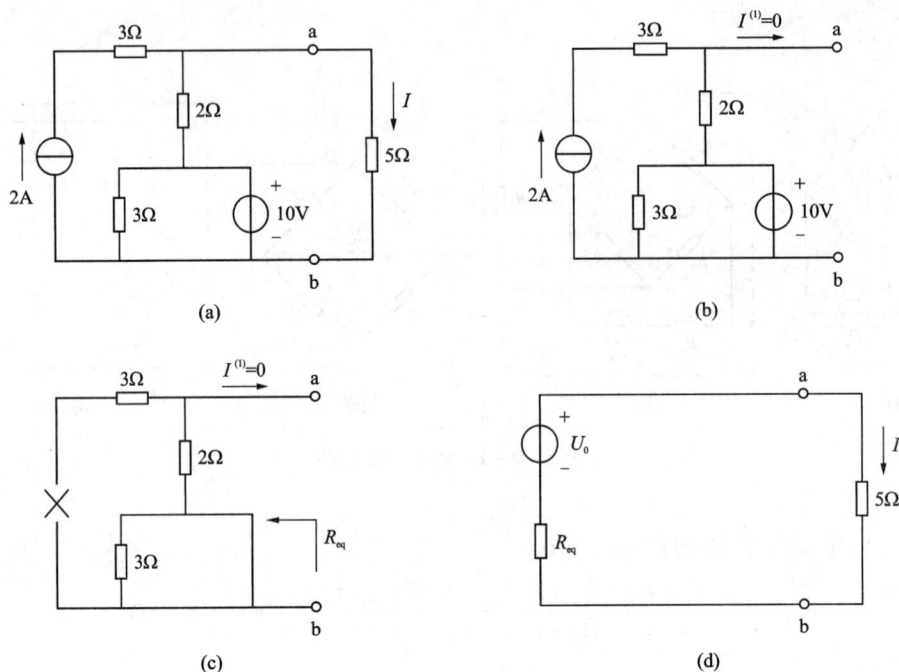

图 2 - 9 - 2　例 2 - 17 附图

2.9.2　诺顿定理

任何一个线性有源二端网络，对外电路来说，都可以用一个理想电流源和电阻并联的模型来等效替代。理想电流源的电流等于线性有源二端网络的短路电路 I_{sc}，电阻等于将有源二端网络变成无源二端网络的等效电阻 R_{eq}，这就是诺顿定理，该电路模型称为诺顿等效电路，如图 2 - 9 - 3 所示。

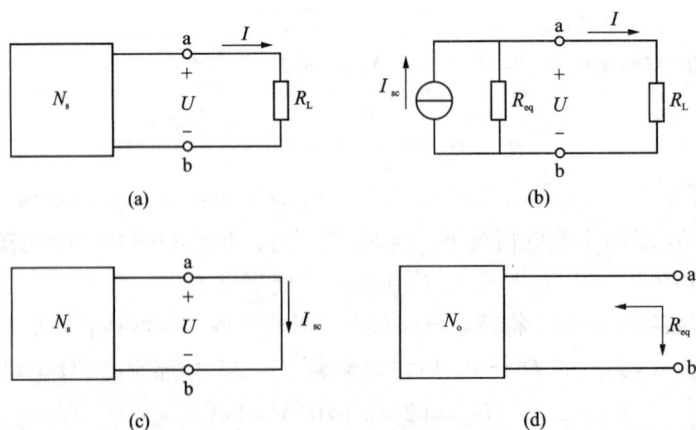

图 2 - 9 - 3　诺顿定理的图解说明

图 2 - 9 - 3 中，图(b)就是图(a)诺顿等效电路，I_{sc}、R_{eq} 分别在图(c)、(d)中求得。

在前面曾讨论过，两种实际电源模型是可以等效变换的，既然戴维宁定理是正确的，诺顿定理当然也是正确的，两个定理本质上是相同的，只是形式上不同而已。

2.10　最大功率传输定理

在测量、电子和信息系统中，常会遇到电阻负载如何从电源获得最大功率的问题。负载要获得最大功率，就必须同时获得较大的电压和电流。如图 2 – 10 – 1(a)所示电路，根据戴维宁定理，有源二端网络可以用实际电压源模型代替，如图 2 – 10 – 1(b)所示。

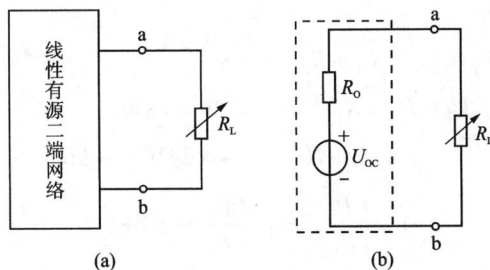

图 2 – 10 – 1　最大功率传输定理图解说明

负载获得的功率为：

$$P_{\mathrm{L}} = R_{\mathrm{L}}I^2 = \frac{U_{\mathrm{OC}}^2}{(R_0 + R_{\mathrm{L}})^2}R_{\mathrm{L}} = \frac{U_{\mathrm{OC}}^2 R_{\mathrm{L}}}{(R_0 - R_{\mathrm{L}})^2 + 4R_0 R_{\mathrm{L}}} = \frac{U_{\mathrm{OC}}^2}{\dfrac{(R_0 - R_{\mathrm{L}})^2}{R_{\mathrm{L}}} + 4R_0}$$

在有源二端网络内部结构及参数一定的条件下，即 U_{OC}、R_0 一定时，要使负载上的功率 P_{L} 最大，则：$R_{\mathrm{L}} = R_0$

此时负载获得的最大功率为：

$$P_m = \frac{U_{\mathrm{OC}}^2}{4R_0}$$

负载获得最大功率的条件也称为最大功率传输定理。

在工程上，电路满足最大功率传输条件称为阻抗匹配。

例 2 – 18　如图 2 – 10 – 2 所示电路中，已知 $U_{\mathrm{OC}} = 24\mathrm{V}$，$R_{\mathrm{i}} = 3\Omega$，试求 R_{L} 分别为 1Ω、3Ω、9Ω 时，负载获得的功率及电源的效率。

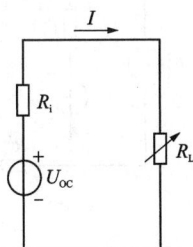

图 2 – 10 – 2　例 2 – 18 附图

解：(1)当 $R_{\mathrm{L}} = 1\Omega$ 时

$$I = \frac{U_S}{R_i + R_L} = \frac{24}{3+1}A = 6A$$

$$P_L = R_L I^2 = 1 \times 6^2 W = 36W$$

$$P_{U_S} = -IU_S = -6 \times 24W = -144W$$

$$\eta = \left| \frac{P_L}{P_{U_S}} \right| = \left| \frac{36}{-144} \right| = 25\%$$

（2）当 $R_L = 3\Omega$ 时

$$I = \frac{U_S}{R_i + R_L} = \frac{24}{3+3}A = 4A$$

$$P_L = R_L I^2 = 3 \times 4^2 W = 48W$$

$$P_{U_S} = -IU_S = -4 \times 24W = -96W$$

$$\eta = \left| \frac{P_L}{P_{U_S}} \right| = \left| \frac{48}{-96} \right| = 50\%$$

（3）当 $R_L = 9\Omega$ 时

$$I = \frac{U_S}{R_i + R_L} = \frac{24}{3+9}A = 2A$$

$$P_L = R_L I^2 = 9 \times 2^2 W = 36W$$

$$P_{U_S} = -IU_S = -2 \times 24W = -48W$$

$$\eta = \left| \frac{P_L}{P_{U_S}} \right| = \left| \frac{36}{-48} \right| = 75\%$$

说明：当负载获得最大功率时，电源的效率并不是最大而只有 50%，也就是说电源产生的功率有一半在电源内部消耗掉了。电力系统中要求尽可能地提高电源的效率，以便充分地利用能源，因而不要求阻抗匹配；但在电子技术中，往往注重的是如何将微弱信号尽可能地放大，并不注重信号源效率的高低，因此常利用最大功率传输条件，使负载与信号源之间实现阻抗匹配。

例 2–19 如图 2–10–3 所示电路中，已知 $I_S = 2A$，$U_S = 8V$，$R_1 = 6\Omega$，$R_2 = 4\Omega$，$R_3 = 10\Omega$，试问 R_L 为何值时，它能获得最大功率，最大功率为多少？

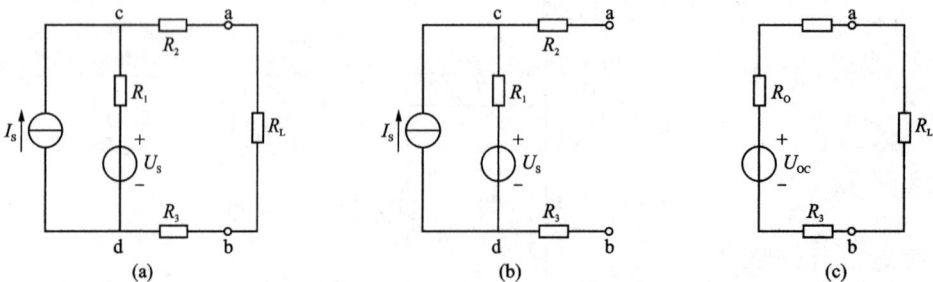

图 2–10–3 例 2–19 附图

解：（1）将图 2–10–3(a) 电路从 a、b 处断开，如图 2–10–3(b) 所示，求解其戴维宁等效电路，可以利用实际电源模型等效变换去做，也可以直接分析电路求得，这里采用后一种方法。由于 a、b 两端断开，电流源 I_S、电阻 R_1、电压源 U_S 组成一单回路电路，因此：

$$U_{OC} = U_{cd} = R_1 I_S + U_S = (2 \times 6 + 8)\,\text{V} = 20\text{V}$$

$$R_0 = R_2 + R_1 + R_3 = (4 + 6 + 10)\,\Omega = 20\Omega$$

（2）根据最大功率传输条件可知，当 $R_L = R_0 = 20\Omega$ 时，R_L 将获得最大功率，其大小为：

$$P_m = \frac{U_{OC}^2}{4R_0} = \frac{20^2}{4 \times 20}\text{W} = 5\text{W}$$

本章小结

本章主要介绍了基尔霍夫定律及直流电阻性电路的分析与计算方法，主要有等效变换法、网络方程和网络定理法，此外还介绍了最大功率传输定理。

1. 基尔霍夫定律

（1）基尔霍夫电流定律（KCL）$\sum I = 0$ 或 $\sum i = 0$，它不仅可以应用于具体电路中的某一节点，还可以推广应用任一广义节点。

（2）基尔霍夫电压定律（KVL）$\sum U = 0$ 或 $\sum u = 0$，它应用于电路中任一闭合回路。

2. 等效变换法

（1）等效网络的概念：一个二端网络的端口电压电流关系与另一个二端网络的端口电压电流关系相同，这两个网络对外部而言称为等效网络。

（2）串联电路的等效电阻等于各电阻之和；并联电路的等效电导等于各电导之和；混联电路的等效电阻可由电阻并串联计算得出。

（3）电阻 Y 联结和 Δ 联结可以等效变换，对称情况下等效变换条件 $R_\Delta = 3R_Y$。

（4）实际电压源和实际电流源可以相互等效变换。

3. 网络方程法

（1）支路电流法是基尔霍夫定律的直接应用，其基本步骤是：首先选定电流的参考方向，以 b 个支路电流为未知数，列 $n-1$ 个节点电流方程和 m 个电压方程，联立 $b = (n-1+m)$ 个方程求得支路电流。

（2）节点电位法是在电路中选参考节点，以 $(n-1)$ 节点电位为未知数，列 $(n-1)$ 个节点电流方程联立求得，再由节点电位与支路电流关系，求得支路电流。

4. 网络定理法

（1）叠加定理只适用于线性电路，任一支路电流或电压都是电路中各独立电源单独作用时在该支路产生的电流或电压的代数和。当独立电源不作用时，理想电压源短路，理想电流源开路。内电阻要保留，同时注意叠加时代数和。

（2）戴维宁定理说明了线性有源二端网络可以用一个实际电压源等效替代，电压源的电压等于网络的开路电压 U_{OC}，而等效电阻 R_0 等于网络内部独立电源不起作用时从端口上看进去的等效电阻，该实际电压源又称戴维宁等效电路。诺顿定理可以用两种实际电源等效变换从戴维宁定理中推得。

（3）最大功率传输定理表达了有两端网络向负载 R_L 传输功率，当 $R_L = R_0$ 时，负载 R_L 才能获得最大功率，其功率为 $P_m = \frac{U_{OC}^2}{4R_0}$。

复习思考题

2-1 题图 2-1 所示电路,试求:等效电阻 R_{ab}。

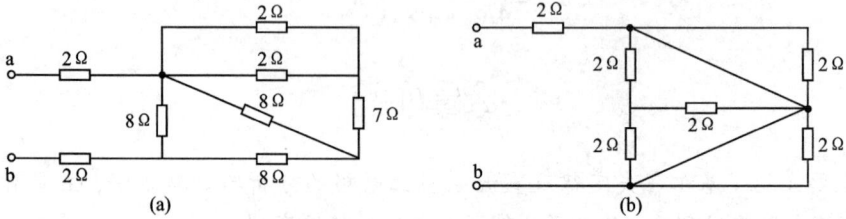

题图 2-1 题 2-1 附图

2-2 题图 2-2 所示电路,试求:(1)S 断开时等效电阻 R_{ab};(2)S 闭合时等效电阻 R_{ab}。

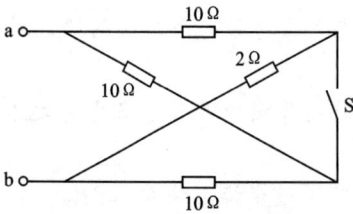

题图 2-2 题 2-2 附图

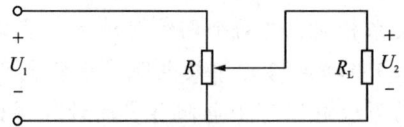

题图 2-3 题 2-3 附图

2-3 题图 2-3 表示滑线变阻器作分压器使用,其额定值为"100Ω、3A",外加电压 U_1 =200V,滑动触点置于中间位置不动,输出端接上负载 R_L,试问:(1)$R_L = \infty$;(2)$R_L = 50\Omega$;(3)$R_L = 20\Omega$ 时,输出电压 U_2 各是多少?滑线变阻器能不能正常工作?

2-4 有一个直流电表,其量程 $I_g = 50\mu A$,表头内阻 $R_g = 2k$。现要改装成直流电压表要求直流电压挡分别为 10V、100V、500V。如题图 2-4 所示。试求所需串联的电阻 R_1、R_2、R_3 的值。

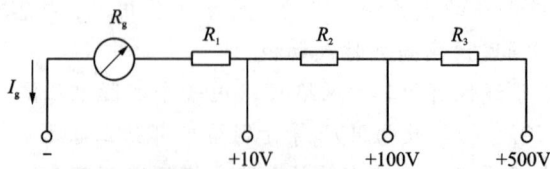

题图 2-4 题 2-4 附图

2-5 有一个直流电流表,其量程 $I_g = 10mA$,表头内阻 $R_g = 200\Omega$,现将量程扩大到 1A,试画出电路图,并求需并联的电阻应多大。

2-6　题图 2-5 所示电路，试求等效电阻 R_{ab}。

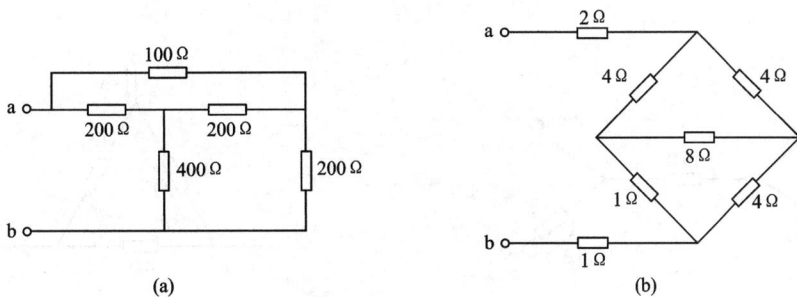

(a)　　　　　　　　　　　　(b)

题图 2-5　题 2-6 附图

2-7　题图 2-6 所示电路，试求电流源的端电压 U。

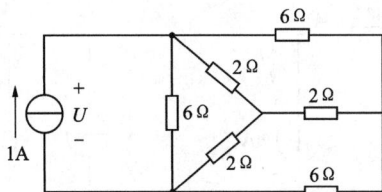

题图 2-6　题 2-7 附图

2-8　题图 2-7 所示电路，试求电压 U 或电流 I。

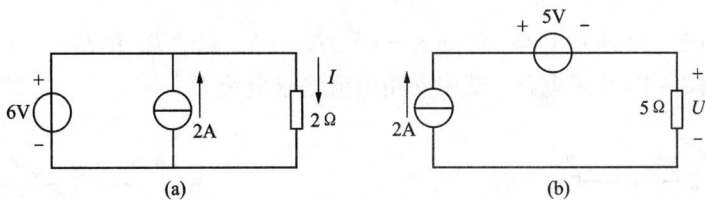

(a)　　　　　　　　　　　　(b)

题图 2-7　题 2-8 附图

2-9　化简题图 2-8 所示电路。

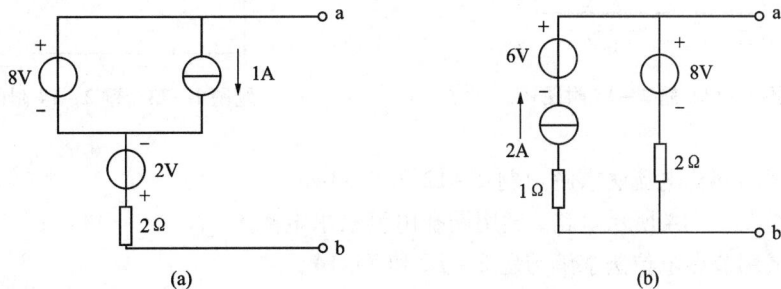

(a)　　　　　　　　　　　　(b)

题图 2-8　题 2-9 附图

2 – 10 题图 2 – 9 所示是某电路的一部分，试求电路中的 I 和 U_{ab}。

2 – 11 题图 2 – 10 所示是某电路的一部分，已知 3Ω 上的电压为 6V，试求电路中的 I。

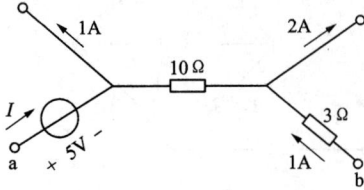

题图 2 – 9 题 2 – 10 附图

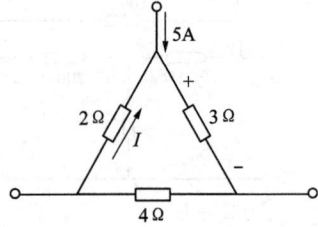

题图 2 – 10 题 2 – 11 附图

2 – 12 题图 2 – 11 所示电路，试用支路电流法求各支路电流。

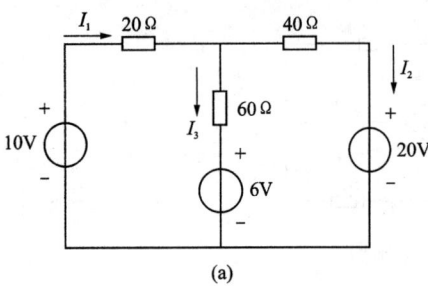

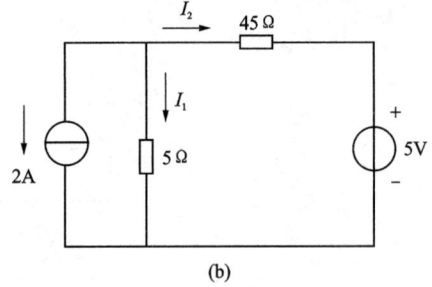

题图 2 – 11 题 2 – 12 附图

2 – 13 题图 2 – 12 所示电路，已知 $I_1 = 1A$，$I_2 = 3A$，试求 R_1 和 R_2。

2 – 14 题图 2 – 13 所示电路，试用支路电流法求电流 I。

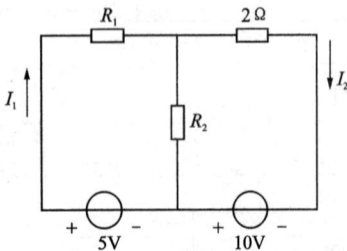

题图 2 – 12 题 2 – 13 附图

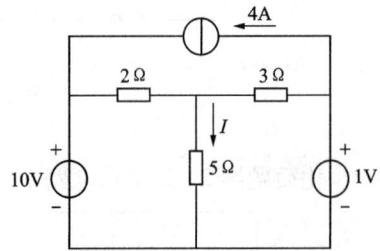

题图 2 – 13 题 2 – 14 附图

2 – 15 试用网孔电流法求解习题 2 – 12 和 2 – 14。

2 – 16 题图 2 – 14 所示电路，试用网孔电流法求电流 I_1、I_2。

2 – 17 试用节点电位法求解习题 2 – 12 和 2 – 14。

2 – 18 题图 2 – 15 所示电路，试用节点电位法求图中 1Ω 电阻流过的电流 I。

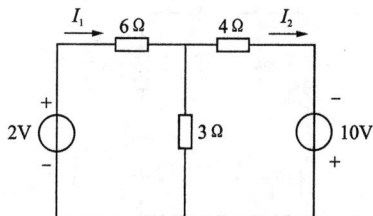

题图 2-14　题 2-16 附图

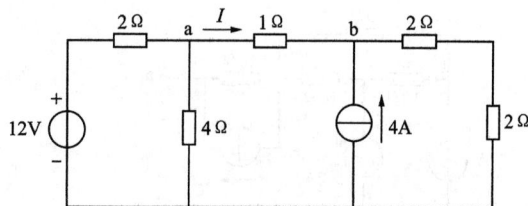

题图 2-15　题 2-18 附图

2-19　题图 2-16 所示电路,试用节点电位法求各节点电位。

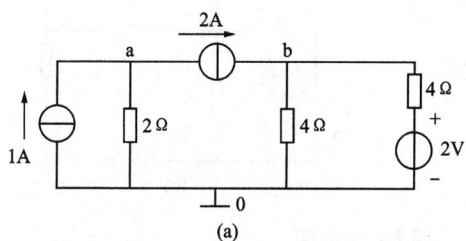

(a)

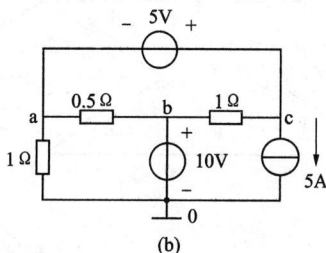

(b)

题图 2-16　题 2-19 附图

2-20　试用叠加定理分析习题 2-12 和 2-14。

2-21　题图 2-17 所示电路,试用叠加定理求电压 U。

2-22　题图 2-18 所示电路,如果将开关 S 闭合在 a 点,已知各电流为: $I_1 = 5A$, $I_2 = 10A$, $I_3 = 15A$,试求当开关 S 闭合在 b 点时各电流值。

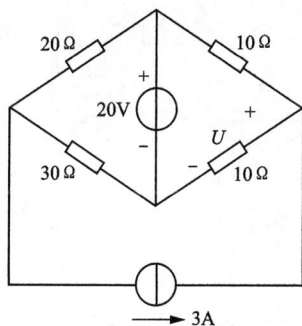

题图 2-17　题 2-21 附图

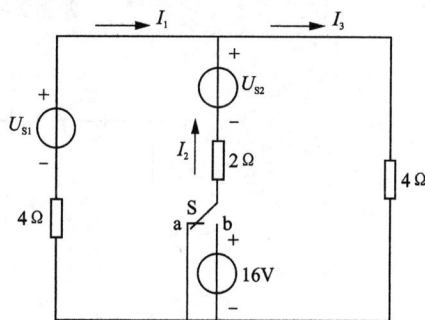

题图 2-18　题 2-22 附图

2-23　题图 2-19 所示电路,试求其戴维宁等效电路和诺顿等效电路。

2-24　题图 2-20 所示电路,试用戴维宁定理求电压 U 或电流 I。

2-25　题图 2-21 所示电路,当 R_L 为何值时,负载 R_L 能获得最大功率,并求此最大功率 P_m。

2-26　题图 2-22 所示电路,求电压 U 或电流 I。

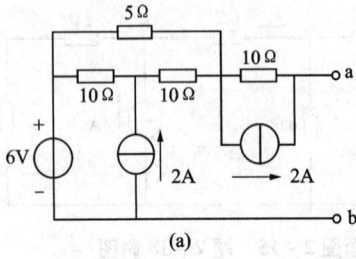

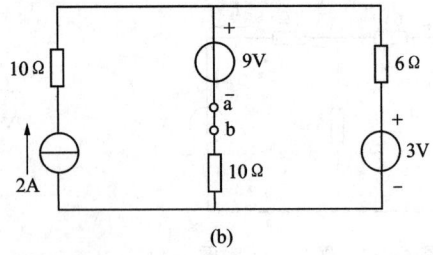

题图 2 - 19　题 2 - 23 附图

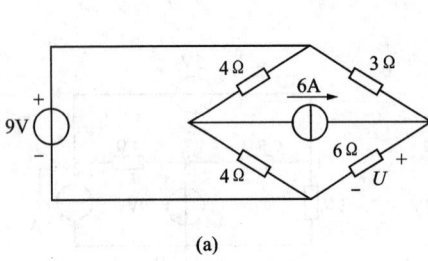

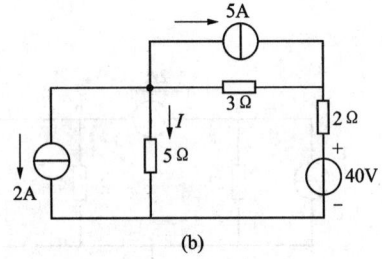

题图 2 - 20　题 2 - 24 附图

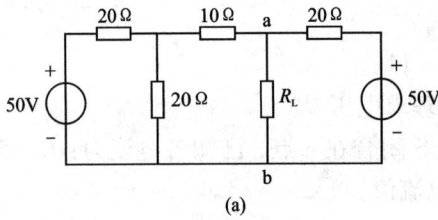

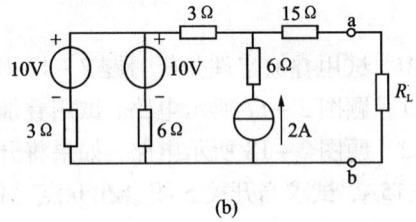

题图 2 - 21　题 2 - 25 附图

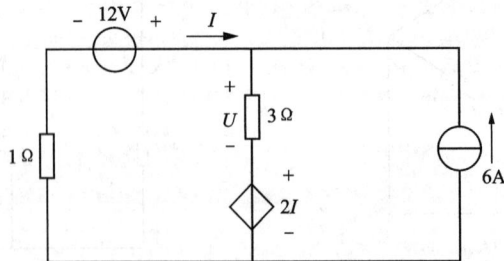

题图 2 - 22　题 2 - 26 附图

第 3 章　正弦交流电路

3.1　正弦量的基本概念

3.1.1　正弦量的三要素

按正弦规律变化的交流电动势、交流电压、交流电流等物理量统称为正弦量,如图 3 − 1 − 1所示,以正弦电流为例,对于给定的参考方向,正弦量的一般解析函数式为

$$i = I_m \sin(\omega t + \varphi) \tag{3 − 1}$$

1. 瞬时值和振幅值

交流量任一时刻的值称瞬时值。用 i、u 表示,瞬时值中的最大值(指绝对值)称为正弦量的振幅值,又称峰值。I_m、U_m 分别表示正弦电流、电压的振幅值。

2. 周期和频率

正弦量变化一周所需的时间称为周期。通常用"T"表示,单位为秒(s)。实用单位有毫秒(ms)、微秒(μs)、纳秒(ns)。正弦量每秒钟变化的周数称为频率,用"f"表示,单位为赫兹(Hz)。周期和频率互成倒数,即

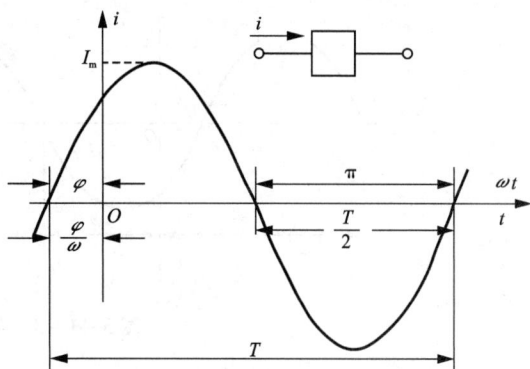

图 3 − 1 − 1　正弦量的波形图

$$f = \frac{1}{T}$$

3. 相位、角频率和初相

正弦量解析式中的 $(\omega t + \varphi)$ 称为相位角或电工角,简称相位或相角。正弦量在不同的瞬间,有着不同的相位,因而有着不同的状态(包括瞬时值和变化趋势)。相位的单位一般为弧度(rad)。

相位角变化的速度称为角频率,其单位为 rad/s。相位变化 2π rad,经历一个周期 T,那么

$$\omega = \frac{2\pi}{T} = 2\pi f \tag{3 − 2}$$

由式(3 − 2)可见,角频率是一个与频率成正比的常数。

$t = 0$ 时正弦量的相位称为正弦量的初相。此时的瞬时值 $i = I_m \sin\varphi$,称为初始值。如图 3 − 1 − 1 所示。解析函数式为

$$i(t) = I_m \sin(2\pi f t + \varphi) = I_m \sin(\omega t + \varphi)$$

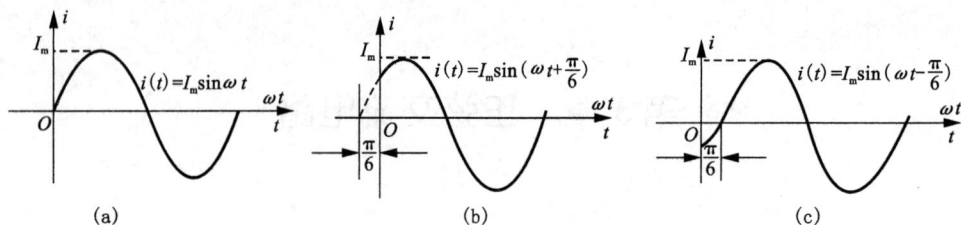

图 3 - 1 - 2　计时起点的选择

当 $\varphi = 0$ 时，正弦波的零点就是计时起点，如图 3 - 1 - 2(a)所示；当 $\varphi > 0$，正弦波零点在计时起点之左，其波形相对于 $\varphi = 0$ 的左移 φ 角，如图 3 - 1 - 2 (b)所示；当 $\varphi < 0$，正弦波零点在计时起点之右，其波形相对于 $\varphi = 0$ 的波形右移 φ 角，如图 3 - 1 - 2(c)所示。以上确定 φ 角正负的零点均指离计时起点最近的那个从负到正的零点。在图 3 - 1 - 3 中，确定 φ 角的零点是 A 点而不是 B 点，$\varphi = -120°$ 而不是 240°。

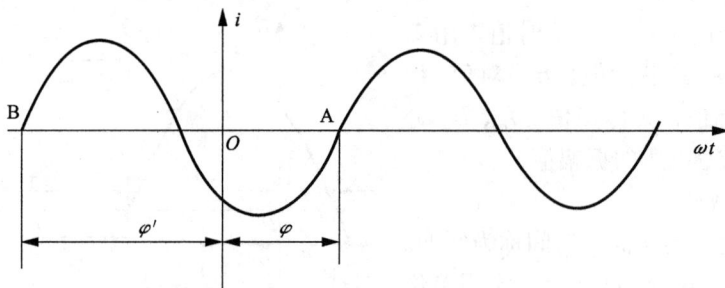

图 3 - 1 - 3　初相的规定

例 3 - 1　图 3 - 1 - 4 给出正弦电压 u_{ab} 和正弦电流 i_{ab} 的波形。(1)写出 u_{ab} 和 i_{ab} 的解析式并求出它们在 $t = 100\text{ms}$ 时的值；(2)写出 i_{ba} 的解析式并求出 $t = 100\text{ms}$ 时的值。

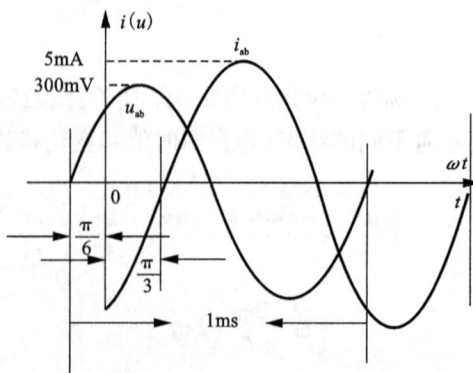

图 3 - 1 - 4

解： 由波形可知 u_{ab} 和 i_{ab} 的最大值分别为 300mV 和 5mA，频率都为 1kHz，角频率为

$2000\pi\,rad/s$，初相分别为 $\dfrac{\pi}{6}$ 和 $-\dfrac{\pi}{3}$，它们的解析式分别为

$$u_{ab}(t) = 300\sin\left(2000\pi t + \frac{\pi}{6}\right)mV，\quad i_{ab}(t) = 5\sin\left(2000\pi t - \frac{\pi}{3}\right)mA$$

（1）$t = 100\,ms$ 时，u_{ab}、i_{ab} 分别为

$$u_{ab}(0.1) = 300\sin\left(2000\pi \times 0.1 + \frac{\pi}{6}\right)mV = 300\sin\frac{\pi}{6}mV = 150mV$$

$$i_{ab}(0.1) = 5\sin\left(2000\pi \times 0.1 - \frac{\pi}{3}\right)mA = 5\sin\frac{-\pi}{3}mA = -4.33mA$$

（2）$t = 100\,ms$ 时：

$$i_{ba}(t) = -i_{ab} = 5\sin\left(2000\pi t - \frac{\pi}{3} + \pi\right)mA = 5\sin\left(2000\pi t + \frac{2\pi}{3}\right)mA$$

$$i_{ba}(0.1) = 5\sin\left(\frac{2\pi}{3}\right)mA = 4.33mA$$

3.1.2　相位差

1. 相位差

两个同频率的正弦量之间相位之差称为相位差，用 φ 或 φ_{12} 带双下标表示。

$u_1(t) = u_{1m}\sin(\omega t + \varphi_1)$，$u_2(t) = u_{2m}\sin(\omega t + \varphi_2)$ 则 $u_1(t)$ 与 $u_2(t)$ 的相位差为

$$\varphi = (\omega t + \varphi_1) - (\omega t + \varphi_2) = \varphi_1 - \varphi_2$$

对于　　$u(t) = U_m\sin(\omega t + \varphi_u)$

　　　　　$i(t) = I_m\sin(\omega t + \varphi_i)$

电压 u 与电流 i 的相位差

$$\varphi（或\ \varphi_{ui}） = \varphi_u - \varphi_i$$

当两个同频率正弦量的计时起点改变时，它们之间的初相也随之改变，但二者的相位差却保持不变。

2. 相位差的几种情况

如图 3-1-5(a) 所示，u 与 i 同相；图(b)中 u_1 超前 u_2 或 u_2 滞后 u_1，图(c)中 i_1 与 i_2 反相；图(d)中 u 与 i 正交。

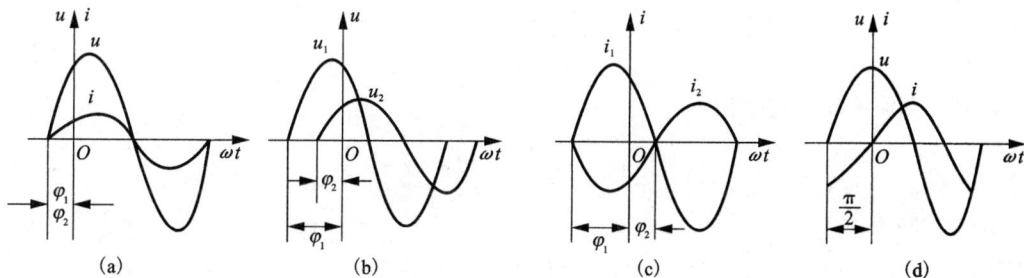

图 3-1-5　相位差的几种情况

例 3 - 2　求两个正弦电流 $i_1(t) = -14.1\sin(\omega t - 120°)$A，$i_2(t) = 7.07\cos(\omega t - 60°)$A 的相位差 φ_{12}。把 i_1 和 i_2 写成标准的解析式，求出二者的初相，再求出相位差。

$$i_1(t) = 14.1\sin(\omega t - 120° + 180°) = 14.1\sin(\omega t + 60°)\text{A}$$

$$i_2(t) = 7.07\sin(\omega t - 60° + 90°) = 7.07\sin(\omega t + 30°)\text{A}$$

则　$\varphi_1 = 60°$　　　$\varphi_2 = 30°$　　　$\varphi_{12} = \varphi_1 - \varphi_2 = 30°$

例 3 - 3　三个正弦电压 $u_A(t) = 311\sin 314t$V，$u_B(t) = 311\sin(314t - \dfrac{2\pi}{3})$V，$u_C(t) = 311\sin(314t + \dfrac{2\pi}{3})$V，若以 u_B 为参考正弦量，写出三个正弦电压的解析式。

解：先求出三个正弦量的相位差，由已知得

$$\varphi_{AB} = 0 - (-\frac{2\pi}{3}) = \frac{2\pi}{3}$$

$$\varphi_{BC} = (-\frac{2\pi}{3}) - \frac{2\pi}{3} = -\frac{4\pi}{3} + 2\pi = \frac{2\pi}{3}$$

$$\varphi_{CA} = \frac{2\pi}{3} - 0 = \frac{2\pi}{3}$$

以 u_B 为参考正弦量，它们的解析式为

$$u_B(t) = 311\sin 314t\text{V}$$

$$u_A(t) = 311\sin(314t + \frac{2\pi}{3})\text{V}$$

$$u_C(t) = 311\sin(314t - \frac{2\pi}{3})\text{V}$$

3.1.3　正弦量的有效值

交流电的有效值是根据它的热效应确定的。如某一交流电流和一直流电流分别通过同一电阻 R，在一个周期 T 内所产生的热量相等，那么这个直流电流 I 的数值叫做交流电流的有效值。

由此得出

$$RI^2 T = \int_0^T Ri^2(t)\,\mathrm{d}t$$

所以，交流电流的有效值为

$$I = \sqrt{\frac{1}{T}\int_0^T i^2(t)\,\mathrm{d}t} \tag{3-3}$$

同理，交流电压的有效值为

$$U = \sqrt{\frac{1}{T}\int_0^T u^2(t)\,\mathrm{d}t} \tag{3-4}$$

对于正弦交流电流

$$i(t) = I_m\sin(\omega t + \varphi)$$

代入式(3-3)，它的有效值为

$$I = \sqrt{\frac{1}{T}\int_0^T I_m^2\sin^2(\omega t + \varphi)\,\mathrm{d}t} = \sqrt{\frac{I_m^2}{T}\int_0^T \frac{1}{2}[1 - \cos^2(\omega t + \varphi)]\,\mathrm{d}t} = \frac{I_m}{\sqrt{2}}$$

同理
$$U = \frac{U_\mathrm{m}}{\sqrt{2}} \qquad\qquad (3-5)$$

例 3-4　一个正弦电流的初相角为 $60°$，在 $\frac{T}{4}$ 时电流的值为 $5\mathrm{A}$，试求该电流的有效值。

解：该正弦电流的解析式为
$$i(t) = I_\mathrm{m}\sin(\omega t + 60°)\mathrm{A}$$

由已知得
$$5\mathrm{A} = I_\mathrm{m}\sin\left(\frac{\omega T}{4} + 60°\right)$$

即：
$$5\mathrm{A} = I_\mathrm{m}\sin\left(\frac{\pi}{2} + \frac{\pi}{3}\right) = I_\mathrm{m}\sin\left(\frac{5\pi}{6}\right)$$

对应的有效值
$$I_\mathrm{m} = \frac{5}{\sin(5\pi/6)}\mathrm{A} = \frac{5}{1/2}\mathrm{A} = 10\mathrm{A}$$

$$I = \frac{I_\mathrm{m}}{\sqrt{2}} = \frac{10}{\sqrt{2}}\mathrm{A} = 7.07\mathrm{A}$$

3.2　正弦量的相量表示法

3.2.1　正弦量的相量表示

1. 正弦量的相量表示

设某正弦电流为：
$$i(t) = \sqrt{2}I_\mathrm{m}\sin(\omega t + \varphi_i)$$

根据欧拉公式可以把复指数 $\sqrt{2}Ie^{\mathrm{j}(\omega t + \varphi_i)}$ 展开成
$$\sqrt{2}Ie^{\mathrm{j}(\omega t + \varphi_i)} = \sqrt{2}I\cos(\omega t + \varphi_i) + \mathrm{j}\sqrt{2}I\sin(\omega t + \varphi_i)$$

上式的虚部恰好是正弦电流 i，用 $I_\mathrm{m}[\ ]$ 表示取复数虚部的运算符号，则
$$i = I_\mathrm{m}\left[\sqrt{2}Ie^{\mathrm{j}(\omega t + \varphi_i)}\right] = \sqrt{2}I_\mathrm{m}\left[Ie^{\mathrm{j}\varphi_i}e^{\mathrm{j}\omega t}\right] = \sqrt{2}I_\mathrm{m}[\dot{I}] \qquad (3-6)$$

式中 $\dot{I} = Ie^{\mathrm{j}(\omega t + \varphi_i)} = I\underline{/\varphi_i}$

它是一个与时间无关的复常数，它的模即正弦量有效值，它的辐角即正弦量的初相，$\dot{I} = I\underline{/\varphi_i}$ 就叫做正弦量有效值的相量。同样，正弦电压的相量为
$$\dot{U} = U\underline{/\varphi_u} \qquad\qquad (3-7)$$

相量是一个复数，它表示一个正弦量，所以在符号字母上加上一点，以与一般复数相区别。特别注意，相量只能表征或代表正弦量而并不等于正弦量。二者不能用等号表示相等的关系，只能用"←→"符号表示相对应的关系
$$i(t) \longleftrightarrow \dot{I}$$
$$u(t) \longleftrightarrow \dot{U}$$

相量也可以用振幅值来定义。即 $\dot{U}_\mathrm{m} = U_\mathrm{m}\underline{/\varphi_u}$

2. 相量图及参考相量

在复平面上可用一个矢量表示相量，该矢量称正弦量的相量图（也简称相量），其符号与

相量相同,如图 3-2-1(a)所示。画几个同频率正弦量的相量图时,可选择某一相量作为参考相量先画出,再根据其他正弦量与参考正弦量的相位差画出其他相量。参考相量的位置可根据需要任意选择。

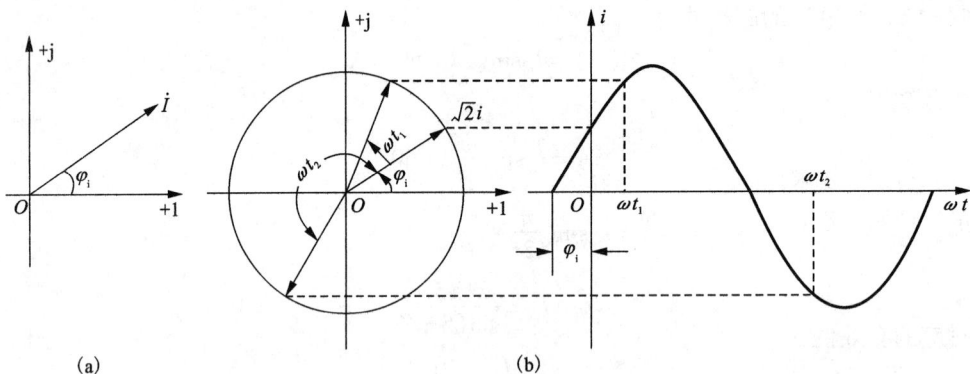

图 3-2-1 正弦量的相量图

3. 旋转因子及旋转相量

相量与 $e^{j\omega t}$ 相乘是一个随时间变化的函数,它随时间的推移而旋转,且旋转速度为 ω。我们把相量乘以 $e^{j\omega t}$ 再乘以常数 $\sqrt{2}$ 称为旋转相量,旋转相量在虚轴上的投影 $I_m\sin(\omega t+\varphi_i)$ 为正旋转量的瞬时值。$I_m\sin\varphi_i$ 为 $i(t)$ 的初始值,如图 3-2-1(b)所示。所以也可以用正弦相量来表示正旋量。其中 $e^{j\omega t}=\underline{/\omega t}$ 就是旋转因子。

例 3-5 已知正弦电压 $u_1(t)=141\sin(\omega t+\pi/3)\text{V}$,$u_2(t)=70.7\sin(\omega t-\pi/6)\text{V}$,写出 u_1 和 u_2 的相量,并画出相量图。

$$u_1 \longleftrightarrow \dot{U}_1 = \frac{141}{\sqrt{2}}\underline{/\frac{\pi}{3}}\text{V}$$

$$u_2 \longleftrightarrow \dot{U}_2 = \frac{70.7}{\sqrt{2}}\underline{/-\frac{\pi}{6}}\text{V}$$

相量图如图 3-2-2 所示

例 3-6 已知两个频率均为 50Hz 的正弦电压,它们的相量分别为 $\dot{U}_1=380\underline{/\pi/6}\text{V}$,$\dot{U}_2=220\underline{/-\pi/3}\text{V}$,试求这两个电压的解析式。

解: $\omega=2\pi f=2\pi\times50=314\text{rad/s}$

$$\dot{U}_1 \longleftrightarrow u_1=\sqrt{2}U_1\sin(\omega t+\varphi_1)=380\sqrt{2}\sin(314t+\pi/6)\text{V}$$

$$\dot{U}_2 \longleftrightarrow u_2=\sqrt{2}U_2\sin(\omega t+\varphi_2)=220\sqrt{2}\sin(314t-\pi/3)\text{V}$$

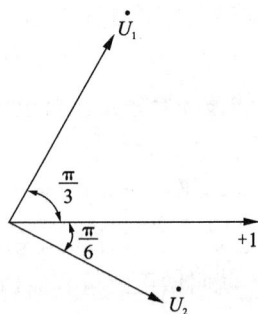

图 3-2-2 例 3-5 附图

3.2.2 两个同频率正弦量之和

1. 两个同频率正弦量的相量之和

设有两个同频率正弦量

$$i_1(t)=I_{1m}\sin(\omega t+\varphi_1)=\sqrt{2}I_1\sin(\omega t+\varphi_1)$$

$$i_2(t) = I_{2m}\sin(\omega t + \varphi_2) = \sqrt{2}I_2\sin(\omega t + \varphi_2)$$

利用三角函数，可以得出它们之和为同频率的正弦量，即

$$i(t) = i_1(t) + i_2(t) = \sqrt{2}I\sin(\omega t + \varphi)$$

其中

$$I = \sqrt{(I_1\cos\varphi_1 + I_2\cos\varphi_2)^2 + (I_1\sin\varphi_1 + I_2\sin\varphi_2)^2}$$

$$\varphi = \arctan\frac{I_1\sin\varphi_1 + I_2\sin\varphi_2}{I_1\cos\varphi_1 + I_2\cos\varphi_2}$$

可以看出，要求出同频率正弦量之和，关键是求出它的有效值和初相。

可以证明，若 $i = i_1 + i_2$，则有

$$\dot{I} = \dot{I}_1 + \dot{I}_2$$

如图 3 – 2 – 3(a)所示。同理 $\dot{I}_1 - \dot{I}_2 = \dot{I}_1 + (-\dot{I}_2)$，如图 3 – 2 – 3(b)所示。

2. 求相量和的步骤

（1）写出相应的相量，并表示为代数形式。

（2）按复数运算法则进行相量相加，求出和的相量。

（3）作相量图，按照矢量的运算法则求相量和。

图 3 – 2 – 4 表示多个相量加减的多边形法则。

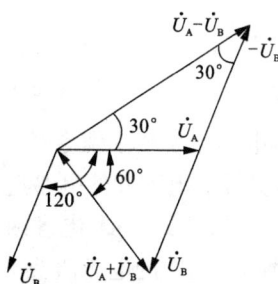

图 3 – 2 – 3　两相量的加减运算的方法

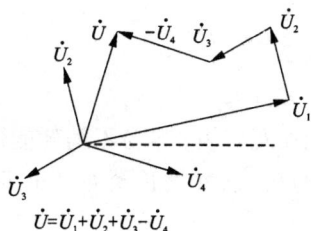

例 3 – 7　$u_A(t) = 220\sqrt{2}\sin\omega t$ V，$u_B(t) = 220\sqrt{2}\sin(\omega t - 120°)$V，求 $u_A + u_B$ 和 $u_A - u_B$。

解：（1）相量直接求和。

$$\dot{U}_A = 220\underline{/0°} = 220 + j0 \text{V}$$

$$\dot{U}_B = 220\underline{/-120°}\text{V} = 220(\cos(-120°) + j220\sin(-120°))\text{V} = (-110 - j110\sqrt{3})\text{V}$$

$$u_A + u_B = 220\sqrt{2}(\sin\omega t - 60°)\text{V}$$

$$u_A - u_B = 380\sqrt{2}(\sin\omega t + 30°)\text{V}$$

（2）作相量图求解。见图 3 – 2 – 5，根据等边三角形和顶角为 120°的等腰三角形的性质可以得出上述同样的结果，读者自行分析。

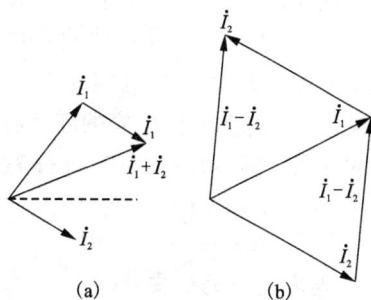

图 3 – 2 – 4　相量加减的多边形法则

图 3 – 2 – 5　例 3 – 7 附图

3.3 电容元件和电感元件

3.3.1 电容元件

1. 电容元件

电容元件是各种实际电容器的理想化模型,其符号如图 3 – 3 – 1(a)所示。

电荷量与端电压的比值叫做电容元件的电容,理想电容器的电容为一常数,电荷量 q 总是与端电压 u 成线性关系,在 SI 制中电容的单位为法拉,简称法,符号为 F。常用单位有:微法(μF),皮法(pF),式(3 – 8)表示的电容元件电荷量与电压之间的约束关系,称为线性电容的库伏特性,它是过坐标原点的一条直线,如图 3 – 3 – 1(b)所示。

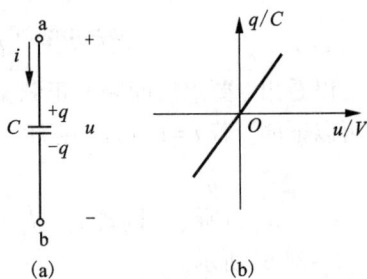

图 3 – 3 – 1 理想电容的符号和特性

$$C = \frac{q}{u} \tag{3 – 8}$$

2. 电容元件的伏安特性

对于图 3 – 3 – 1(a),当 u、i 取关联参考方向时,有 $i = C\dfrac{\mathrm{d}u}{\mathrm{d}t}$,当 u、i 为非关联参考方向时有

$$i = -C\frac{\mathrm{d}u}{\mathrm{d}t} \tag{3 – 9}$$

电容的伏安特性说明:任一瞬间,电容电流的大小与该瞬间电压变化率成正比,而与这一瞬间电压大小无关。

3. 电容元件的电场能

在关联参考方向下,电容吸收的功率

$$p = iu = Cu\frac{\mathrm{d}u}{\mathrm{d}t}$$

电容元件从 $u(0) = 0$(电场能为零)增大到 $u(t)$时,总共吸收的能量,即 t 时刻电容的电场能量:

$$w_{\mathrm{C}}(t) = \int_0^u p\mathrm{d}t = \int_0^t Cu\mathrm{d}u = \frac{1}{2}Cu^2(t) \tag{3 – 10}$$

当电容电压由 u 减小到零时,释放的电场能量也按上式计算。

动态电路中,电容和外电路进行着电场能和其他能的相互转换,本身不消耗能量。

例 3 – 8 (1) $C = 2\mu$F 电容两端的电压由 $t = 1\mu$s 时的 6V 线性增长至 $t = 5\mu$s 时的 50V,试求在该时间范围内的电流值及增加的电场能。

解:(1) 由式(3 – 9)得

$$i = C\frac{\mathrm{d}u}{\mathrm{d}t} = 2\times10^{-6}\times\frac{50-6}{(5-1)\times10^{-6}}\mathrm{A} = 22\mathrm{A}$$

增加的电场能量

$$\Delta w_{\mathrm{c}} = \frac{1}{2}Cu_2^2 - \frac{1}{2}Cu_1^2 = \frac{1}{2}\times 2\times 10^{-6}(2500-36)\mathrm{J} = 2.464\times 10^{-3}\mathrm{J}$$

4. 电容的串并联

(1) 电容的并联如图 3 - 3 - 2 所示。

对于线性电容元件有

$$q = q_1 + q_2 + q_3$$
$$q = Cu,\ q_1 = C_1 u$$
$$q_2 = C_2 u,\ q_3 = C_3 u$$

代入电荷量关系式得

$$Cu = (C_1 + C_2 + C_3)u$$
$$C = C_1 + C_2 + C_3 \tag{3-11}$$

当电容器的耐压值符合要求，但容量不够时，可将几个电容并联。

(2) 电容的串联如图 3 - 3 - 3 所示。

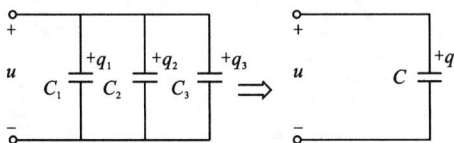

图 3 - 3 - 2　电容的并联

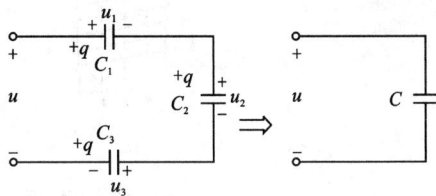

图 3 - 3 - 3　电容的串联

对于线性电容元件有　　　　$$u = u_1 + u_2 + u_3$$

代入电压关系式得

$$\frac{q}{C} = \left(\frac{1}{C_1} + \frac{1}{C_2} + \frac{1}{C_3}\right)q$$
$$\frac{1}{C} = \frac{1}{C_1} + \frac{1}{C_2} + \frac{1}{C_3} \tag{3-12}$$

电容串联的等效电容的倒数等于各电容倒数之和。电容的串联使总电容值减少。每个电容的电压为

$$u_1 = \frac{C}{C_1}u,\ u_2 = \frac{C}{C_2}u,\ u_3 = \frac{C}{C_3}u \tag{3-13}$$

当电容器的电容量足够而耐压值不够时，可将电容器串联使用，但对小电容分得的电压值大这一点应特别注意。

例 3 - 9　电容 C_1、C_2、C_3 都为 $0.3\mu\mathrm{F}$，耐压值同为 250V 的三个电容器的连接如图 3 - 3 - 4 所示。试求等效电容，并问端口电压值不能超过多少？

解：C_2、C_3 并联等效电容总的等效电容

$$C_{23} = C_2 + C_3 = 0.6\mu\mathrm{F}$$

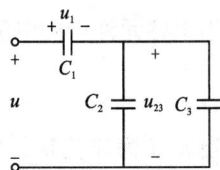

图 3 - 3 - 4　例 3 - 9 附图

$$C = \frac{C_1 C_{23}}{C_1 + C_{23}} = \frac{0.3 \times 0.6}{0.3 + 0.6} \mu F = 0.2 \mu F$$

C_1 小于 C_{23}，则应保证 $u_{23} = \frac{C_1}{C_{23}} u_1 = \frac{0.3}{0.6} \times 250 = 125V$，$u_1$ 不超过其耐压值 250V。当 $u_1 = 250V$ 时，端口电压不能超过

$$u = u_1 + u_{23} = 250 + 125 = 375V$$

3.3.2 电感元件

1. 电感元件

电感元件是实际电感线圈的理想化模型。其符号如图 3 - 3 - 5(b) 所示。

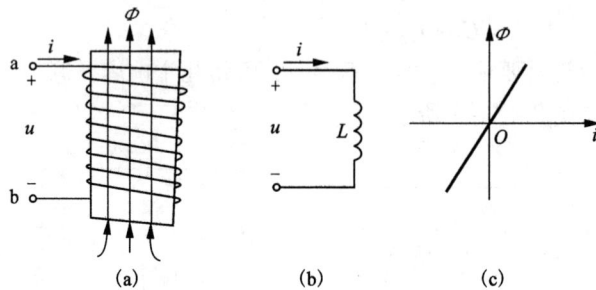

图 3 - 3 - 5   电感元件的符号和特性

如图 3 - 3 - 5(a) 所示。在 SI 制中，Φ 的单位与 Ψ 相同，为韦(伯)。磁链与产生它的电流的比值叫做电感元件的电感或自感。

电感元件的电感为一常数，磁链 Ψ 总是与产生它的电流 i 成线性关系，即

$$\Psi = Li \tag{3-14}$$

在 SI 制中，电感的单位为亨(利)，符号为 H，常用的单位有毫亨(mH)、微亨(μH)。式 (3-14) 所表示的电感元件磁链与产生它的电流之间的约束关系称为线性电感的韦安特性，是过坐标原点的一条直线。如图 3 - 3 - 5(c) 所示。

2. 电感元件的伏安特性

根据电磁感应定律，感应电压等于磁链的变化率。当电压的参考极性与磁通的参考方向符合右手螺旋定则时，可得

$$u = \frac{d\Psi}{dt}$$

当电感元件中的电流和电压取关联参考方向时，结合式(3-14)有

$$u = \frac{d\Psi}{dt} = \frac{dLi}{dt} = L \frac{di}{dt} \tag{3-15}$$

当 u、i 为非关联参考方向时，有

$$u = -L \frac{di}{dt} \tag{3-16}$$

电感元件的伏安特性说明：任一瞬间，电感元件端电压的大小与该瞬间电流的变化率成

正比，而与该瞬间的电流无关。电感元件也称为动态元件，它所在的电路称为动态电路。电感对直流起短路作用。

3. 电感元件的磁场能

在关联参考方向下，电感吸收的功率

$$p = ui = Li\frac{\mathrm{d}i}{\mathrm{d}t} \tag{3-17}$$

电感电流从 $i(0) = 0$ 增大到 $i(t)$ 时，总共吸收的能量，即 t 时刻电感的磁场能量

$$w_L(t) = \int_0^t p\mathrm{d}t = \int_0^i Li\mathrm{d}i = \frac{1}{2}Li^2(t) \tag{3-18}$$

当电感的电流从某一值减小到零时，释放的磁场能量也可按上式计算。在动态电路中，电感元件和外电路进行着磁场能与其他能相互转换，本身不消耗能量。

例 3 – 10　电感元件的电感 $L = 100\mathrm{mH}$，u 和 i 的参考方向一致，i 的波形如图 3 – 3 – 6(a)所示，试求各段时间元件两端的电压 u_L，并作出 u_L 的波形，计算电感吸收的最大能量。

解：(1) u_L 与 i 所给的参考方向为关联参考方向，各段感应电压为

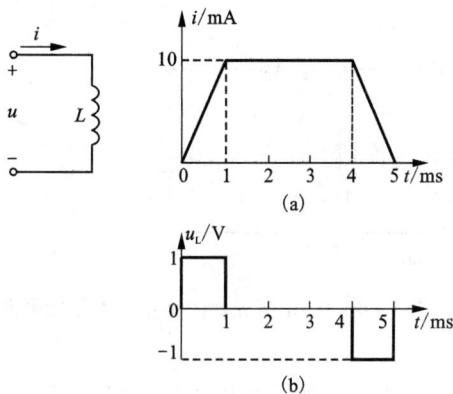

图 3 – 3 – 6　例 3 – 10 附图

$0 \sim 1\mathrm{ms}$ 间，

$$u_L = L\frac{\mathrm{d}i}{\mathrm{d}t} = L\frac{\Delta i}{\Delta t} = 100 \times 10^{-3} \times \frac{10 \times 10^{-3}}{1 \times 10^{-3}}\mathrm{V} = 1\mathrm{V}$$

(2) $1 \sim 4\mathrm{ms}$ 间，电流不变化，得 $u_L = 0$

(3) $4 \sim 5\mathrm{ms}$ 间，

$$u_L = L\frac{\mathrm{d}i}{\mathrm{d}t} = L\frac{\Delta i}{\Delta t} = 100 \times 10^{-3} \times \frac{0 - 10 \times 10^{-3}}{1 \times 10^{-3}}\mathrm{V} = -1\mathrm{V}$$

u_L 的波形如图 3 – 3 – 6(b)所示。

吸收的最大能量

$$W_{L\max} = \frac{1}{2}Li_\mathrm{m}^2 = \frac{1}{2} \times 100 \times 10^{-3} \times (10 \times 10^{-3})^2\mathrm{J} = 5 \times 10^{-6}\mathrm{J}$$

3.4　三种元件伏安特性的相量形式

3.4.1　电阻元件

1. 伏安特性

在图 3 – 4 – 1(a)中，设电流为

$$i(t) = \sqrt{2}I\sin(\omega t + \varphi_i)$$

则有
$$u(t) = Ri = \sqrt{2}RI\sin(\omega t + \varphi_i) = \sqrt{2}U\sin(\omega t + \varphi_u)$$
上式表明：电阻两端电压 u 和电流 i 为同频率、同相位的正弦量，它们之间关系如下：
$$\left. \begin{array}{l} U = RI \\ \varphi_i = \varphi_u \end{array} \right\} \qquad (3-19)$$
$\varphi_i = 0$ 时的 u 和 i 的波形如图 $3-4-2$ 所示。电阻上电压相量和电流相量的关系为
$$\frac{\dot{U}}{\dot{I}} = \frac{U \angle \varphi_u}{I \angle \varphi_i} = R \qquad \dot{U} = R\dot{I} \qquad (3-20)$$

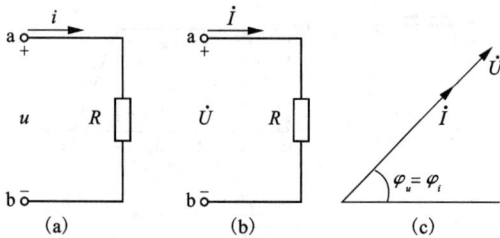

图 $3-4-1$　电阻元件的相量模型及相量图

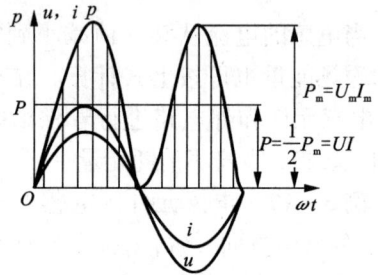

图 $3-4-2$　电阻元件 i、u、p 波形

根据式 $(3-20)$ 画出电阻的相量模型如图 $3-4-1(b)$ 所示，相量图如图 $3-4-1(c)$ 所示。

2. 功率

（1）瞬时功率

在关联参考方向下电阻元件吸收的瞬时功率 $p = ui$，为了计算方便设 $\varphi_i = 0$
$$p = \sqrt{2}U\sin\omega t \sqrt{2}I\sin\omega t = 2UI\sin^2\omega t = UI(1 - \cos2\omega t) > 0 \qquad (3-21)$$
其波形如图 $3-4-2$ 所示。

（2）平均功率

平均功率定义为瞬时功率 p 在一个周期 T 内的平均值，用大写字母 P 表示，即
$$P = \frac{1}{T}\int_0^T p\mathrm{d}t = \frac{1}{T}\int_0^T ui\mathrm{d}t = \frac{1}{T}\int_0^T UI(1 - \cos2\omega t) \cdot \mathrm{d}t = UI = RI^2 = \frac{U^2}{R} \qquad (3-22)$$
又称为有功功率，其单位是瓦（W）或千瓦（kW）。

例 $3-11$　一电阻 $R = 100\Omega$，通过的电流 $i(t) = 1.41\sin(\omega t - 30°)$A。试求：（1）$R$ 两端电压 U 和 u；（2）R 消耗的功率 P。

解：（1）电流
$$I = \frac{I_m}{\sqrt{2}} = \frac{1.41}{\sqrt{2}}\text{A} = 1\text{A}$$
电压
$$U = RI = 100 \times 1\text{V} = 100\text{V}$$
$$u(t) = Ri = 100 \times 1.41\sin(\omega t - 30°)\text{V} = 141\sin(\omega t - 30°)\text{V}$$
或利用相量关系求解，$u(t) = 100\sqrt{2}\sin(\omega t - 30°)\text{V} = 141\sin(\omega t - 30°)\text{V}$ 对应的相量为

$$\dot{I} = \frac{1.41\ \angle-30°}{\sqrt{2}}\ \text{A} = 1\ \angle-30°\ \text{A}$$

$$\dot{U} = R\dot{I} = 100\ \angle-30°\ \text{V}$$

有效值
$$U = 100\text{V},\ I = 1\text{A}$$

（2）R 消耗的功率

或
$$P = UI = 1 \times 100 = 100\text{W}$$

$$P = RI^2 = 1 \times 100 = 100\text{W}$$

3.4.2　电感元件

1. 伏安特性

在图 3-4-3(a)中，设通过电感元件的电流为

$$i(t) = \sqrt{2}I\sin(\omega t + \varphi_i)$$

则有

$$u(t) = L\frac{\mathrm{d}i}{\mathrm{d}t} = \sqrt{2}\omega LI\cos(\omega t + \varphi_i) = \sqrt{2}\omega LI\sin(\omega t + \varphi_i + \frac{\pi}{2}) = \sqrt{2}U\sin(\omega t + \varphi_u)$$

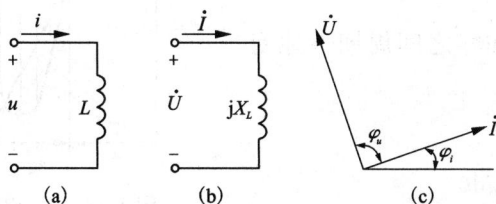

图 3-4-3　电感元件的相量模型及相量图

上式表明电感两端电压 u 和电流 i 是同频率的正弦量，电压超前电流90°。用 X_L 表示 ωL 后，电压和电流有效值关系为

$$U = X_L I (U_\mathrm{m} = X_L I_\mathrm{m})$$

即

$$\left.\begin{array}{l} U = X_L I \\ \varphi_u = \varphi_i + 90° \end{array}\right\}$$

而

$$X_L = \omega L = 2\pi f L = \frac{U}{I} = \frac{U_\mathrm{m}}{I_\mathrm{m}} \qquad (3-23)$$

称为感抗，单位为欧姆(Ω)。

感抗的倒数

$$B = \frac{1}{X_L} = \frac{1}{\omega L} \qquad (3-24)$$

称为感纳，单位为西门子(S)。

电感电流相量和电压相量的关系为

$$\frac{\dot{U}}{\dot{I}} = \frac{U \angle \varphi_u}{I \angle \varphi_i} = jX_L \tag{3-25}$$

即

$$\dot{U} = jX_L\dot{I}$$

由式(3-25)画出电感的相量模型如图3-4-3(b)，相量图如图3-4-3(c)所示。

2. 功率

(1)瞬时功率

在关联参考方向下，当 $\varphi_L = 0$ 时，电感吸收的瞬时功率为

$$p = ui = \sqrt{2}U\sin\left(\omega t + \frac{\pi}{2}\right) \cdot \sqrt{2}I\sin\omega t = 2UI\cos\omega t \cdot \sin\omega t = UI\sin2\omega t = X_L I^2\sin2\omega t$$

如图3-4-4所示。最大值为 UI 或 $X_L I^2$。

电感储存磁场能量

$$w_L = \frac{1}{2}Li^2 = \frac{1}{2}LI_m^2\sin^2\omega t = \frac{1}{2}LI^2(1 - \cos2\omega t)$$

磁场能量最大值

$$\frac{1}{2}LI_m^2(\text{或}\ LI^2)$$

磁场能量在最大值和零之间周期性地变化，总是大于零。

(2)平均功率

$$P = \frac{1}{T}\int_0^T p\,dt = \frac{1}{T}\int_0^T ui\,dt$$

$$= \frac{1}{T}\int_0^T UI\sin2\omega t\,dt = 0$$

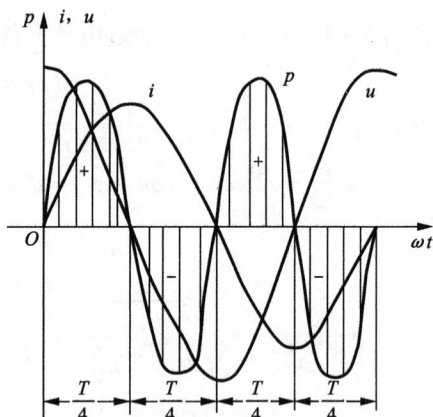

图3-4-4　电感元件 i, u, p 波形

为了衡量电感与外部交换能量的规模，引入无功功率 Q_L，

$$Q_L = UI = X_L I^2 = \frac{U^2}{X_L} \tag{3-26}$$

例3-12　流过0.1H电感的电流为 $i(t) = 15\sqrt{2}\sin(200t + 10°)$ A，试求关联参考方向下电感两端的电压 u 及无功功率、磁场能量的最大值。

解：用相量关系求解

$$\dot{I} = 15 \angle 10° \text{A}$$

$$\dot{U} = jX_L\dot{I} = j200 \times 0.1 \times 15 \angle 10° \text{V} = 300 \angle(90° + 10°) \text{V} = 300 \angle 100° \text{ V}$$

对应的正弦电压

$$u(t) = 300\sqrt{2}\sin(200t + 100°) \text{V}$$

无功功率

$$Q_L = UI = 300 \times 15 \text{var} = 4500 \text{var}$$

磁场能量的最大值

$$W_{L\max} = \frac{1}{2} \times 0.1 \times (\sqrt{2})^2 \times 15^2 \text{J} = 22.5 \text{J}$$

3.4.3 电容元件

1. 伏安特性

在图 3 - 4 - 5(a) 中，设加在电容两端的电压为

$$u(t) = \sqrt{2}U\sin(\omega t + \varphi_u)\,\text{V}$$

则 $i(t) = C\dfrac{du}{dt} = \sqrt{2}\omega CU\cos(\omega t + \varphi_u)\,\text{A} = \sqrt{2}\omega CU\sin(\omega t + \varphi_u + \dfrac{\pi}{2})\,\text{A} = \sqrt{2}I\sin(\omega t + \varphi_i)\,\text{A}$

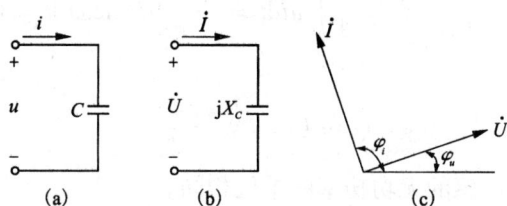

图 3 - 4 - 5　电容元件的相量模型及相量图

上式表明电容电流和端电压是同频率的正弦量，电流超前电压 90°。用 X_C 表示 $1/\omega C$ 后，电流和电压的关系为

$$I = \omega CU = \frac{U}{1/\omega C} = \frac{U}{X_C}$$

或

$$\begin{cases} U = X_C I \\ \varphi_i = \varphi_u + 90° \end{cases} \qquad (3-27)$$

而

$$X_C = \frac{1}{\omega C} = \frac{1}{2\pi f C} = \frac{U}{I} = \frac{U_m}{I_m} \qquad (3-28)$$

容抗的倒数

$$B_C = \frac{1}{X_C} = \omega C \qquad (3-29)$$

称为容纳，单位是西门子(S)，电容电流相量和电压相量的关系为

$$\frac{\dot{U}}{\dot{I}} = \frac{U\,\angle\,\varphi_u}{I\,\angle\,\varphi_i} = -jX_C \qquad \dot{U} = -jX_C\,\dot{I}$$

由式(3-29)画出电容元件的相量模型如图 3-4-5(b)所示，相量图如图 3-4-5(c)所示。

2. 功率

(1) 瞬时功率

$$p(t) = ui = \sqrt{2}U\sin\omega t \cdot \sqrt{2}I\sin(\omega t + \frac{\pi}{2})$$

$$= 2UI\sin\omega t \cdot \cos\omega t = UI\sin2\omega t = X_C I^2 \sin2\omega t$$

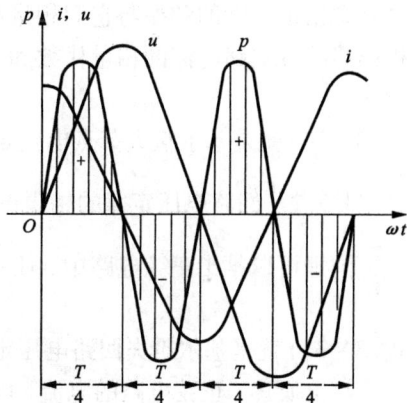

图 3 - 4 - 6　电容元件的 u、i、p 波形

如图 3 – 4 – 6 所示，最大值为 UI 或 $X_c I^2$。
电容储存电场能量

$$w_C = \frac{1}{2} Cu^2 = \frac{1}{2} CU_m^2 \sin^2 \omega t = \frac{1}{2} Cu^2 (1 - \cos 2\omega t)$$

电场能量在最大 $\frac{1}{2} CU_m^2$（或 CU^2）和 0 之间周期性地变化。

（2）平均功率

$$P = \frac{1}{T} \int_0^T p\,\mathrm{d}t = \frac{1}{T} \int_0^T ui\,\mathrm{d}t = \frac{1}{T} \int_0^T UI \sin 2\omega t\,\mathrm{d}t = 0$$

（3）无功功率

$$Q_C = UI = I^2 X_C = \frac{U^2}{X_C}$$

电容的无功功率的单位与电感的无功功率的单位相同。

例 3 – 13　流过 0.5F 电容的电流 $i(t) = \sqrt{2}\sin(100t - 30°)\,\mathrm{A}$，试求关联参考方向下，电容的电压 u、无功功率和电场能量的最大值。

解：用相量关系求解

$$\dot{I} = 1 \ \underline{/-30°}\ \mathrm{A}$$

$$\dot{U} = -\mathrm{j} X_C \dot{I} = -\mathrm{j}\frac{1}{\omega C}\dot{I} = -\mathrm{j}\frac{1}{100 \times 0.5} \times \underline{/-30°}\ \mathrm{V} = 2 \times 10^{-2}\ \underline{/-120°}\,\mathrm{V}$$

$$u(t) = 0.02\sqrt{2}\sin(100t - 120°)\,\mathrm{V}$$

$$Q_C = UI = 0.02 \times 1\,\mathrm{var} = 0.02\,\mathrm{var}$$

$$W_{C\max} = \frac{1}{2} CU_m^2 = \frac{1}{2} \times 0.5 \times (0.02\sqrt{2})^2\,\mathrm{J} = 0.0002\,\mathrm{J}$$

3.5　基尔霍夫定律的相量形式

3.5.1　基尔霍夫节点电流定律的相量形式

根据正弦量的和差与它们相量和差的对应关系，可以推出：正弦电路中任一节点，与它相连接的各支路电流的相量代数和为零，即

$$\sum \dot{I} = 0 \tag{3 – 30}$$

式（3 – 30）就是基尔霍夫节点电流定律的相量形式，简称 KCL 的相量形式。

3.5.2　回路电压定律的相量形式

同理可以推出正弦电路中，任一闭合回路，各段电压的相量代数和为零，即

$$\sum \dot{U} = 0 \tag{3 – 31}$$

式（3 – 31）就是基尔霍夫回路电压定律的相量形式，简称 KVL 的相量形式。

综上所述，正弦电路的电流、电压的瞬时值关系，相量关系都满足 KCL 和 KVL，而有效值的关系一般不满足，要由相量的关系决定。因此正弦电路的某些结论不能从直流电路的角度去考虑。

例 3 – 14　正弦电路中，与某一个节点相连的三个支路电流为 $\dot{I}_1$、$\dot{I}_2$、$\dot{I}_3$。已知 $\dot{I}_1$、$\dot{I}_2$ 流入，$i_1(t)=10\sqrt{2}\cos(\omega t+60°)\,\mathrm{A}$，$i_2(t)=5\sqrt{2}\sin\omega t\,\mathrm{A}$，$\dot{I}_3$ 流出求 i_3。

解：先写出 $\dot{I}_1$、$\dot{I}_2$ 的相量（注意：$\dot{I}_1$ 的初相应为 $60°+90°=150°$）

$$\dot{I}_1=10\ \underline{/150°}\ \mathrm{A},\ \dot{I}_2=5\ \underline{/0°}\ \mathrm{A}$$

i_3 的相量为 $\dot{I}_3$，由 KCL：

$$\dot{I}_1+\dot{I}_2-\dot{I}_3=0$$

则

$$\dot{I}_3=\dot{I}_1+\dot{I}_2=(10\ \underline{/150°}\ +5\ \underline{/0°}\ )\mathrm{A}=6.2\ \underline{/126.2°}\ \mathrm{A}$$

$$i_3(t)=6.2\sqrt{2}\sin(\omega t+126.2°)\,\mathrm{A}$$

3.6　*RLC* 串联的交流电路

3.6.1　电压与电流的关系

1. 电压三角形

R、L、C 串联电路的相量模型如图 3 – 6 – 1（b）所示。电流的相量为参考相量，作出相量图如图 3 – 6 – 2（a）所示，图中设 $U_L>U_C$。

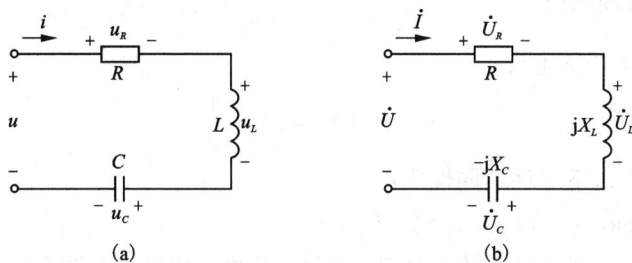

图 3 – 6 – 1　*RLC* 串联电路的相量

显然，$\dot{U}_R$，$\dot{U}_X$，$\dot{U}$ 组成一个直角三角形，称为电压三角形，如图 3 – 6 – 2（a）所示，由电压三角形可得

$$U=\sqrt{U_R^2+(U_L-U_C)^2}=\sqrt{U_R^2+U_X^2}$$

U 也可以写成相量形式，即

$$\dot{U}=\dot{U}_R+\dot{U}_X=[R+\mathrm{j}(X_L-X_C)]\dot{I}=Z\dot{I} \tag{3-32}$$

2. 阻抗三角形

$$Z=R+\mathrm{j}(X_L-X_C)=R+\mathrm{j}X=|Z|\ \underline{/\varphi} \tag{3-33}$$

其中 $X=X_L-X_C$ 称为电抗，$|Z|$ 和 φ 分别称为复阻抗的模和阻抗角，其关系为

$$\left.\begin{array}{l}|Z|=\sqrt{R^2+X^2}\\ \varphi=\arctan\dfrac{X}{R}\\ R=|Z|\cos\varphi\\ X=|Z|\sin\varphi\end{array}\right\} \tag{3-34}$$

显然|Z|、R、X 也组成一个直角三角形,称为阻抗三角形,与电压三角形相似。
由上式可得

$$\left.\begin{array}{l} |Z| = \dfrac{U}{I} \\[2mm] \varphi = \varphi_u - \varphi_i \end{array}\right\}$$

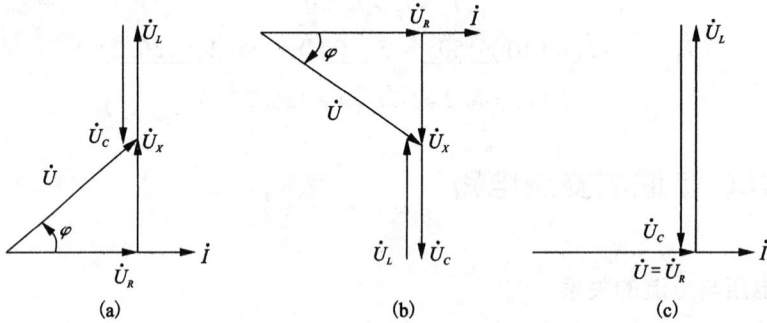

图 3 − 6 − 2 **RLC 串联电路的相量图**

3.6.2 电路的三种性质

根据 RLC 串联电路的电抗

$$X = X_L - X_C = \omega L - \frac{1}{\omega C}$$

RLC 串联电路有以下三种不同性质:

(1) 当 $\omega L > 1/\omega C$ 时,$X > 0$,$\varphi > 0$,$U_L > U_C$。

$\dot{U}_X$ 超前电流90°,端口电压超前电流;电路呈感性,相量图如图 3 − 6 − 2(a)所示。

(2) 当 $\omega L < 1/\omega C$ 时,$X < 0$,$\varphi < 0$,$U_L < U_C$,

$\dot{U}_X$ 滞后电流90°,端口电压滞后电流;电路呈容性,相量图如图 3 − 6 − 2(b)所示。

(3) 当 $\omega L = 1/\omega C$ 时,$X = 0$,$\varphi = 0$,$U_L = U_C$,$Z = R$。端口电压与电流同相,电路呈阻性。这是一种特殊状态,称为谐振,相量图如图 3 − 6 − 2(c)所示。

RL 串联电路、RC 串联电路、LC 串联电路、电阻元件、电感元件、电容元件都可以看成 RLC 串联电路的特例。

R、L、C 的复阻抗 Z 分别为 R、jX_L、$-jX_C$,φ 分别为 0、90°、−90°,

$$RL 串联 \quad \varphi = \arctan \frac{X_L}{R}, \quad Z = R + jX_L = \sqrt{R^2 + X_L^2}\ \underline{/\arctan \frac{X_L}{R}}$$

$$RC 串联 \quad \varphi = \arctan \frac{-X_C}{R}, \quad Z = R - jX_C = \sqrt{R^2 + X_C^2}\ \underline{/\arctan \frac{-X_C}{R}}$$

例 3 − 15 图 3 − 6 − 3(a)所示为 RC 串联移相电路,u 为输入正弦电压,以 U_C 为输出电压。已知,$C = 0.01\mu F$,u 的频率为 6000Hz,有效值为 1V。欲使输出电压比输入电压滞后 60°,试问应选配多大的电阻 R? 在此情况下,输出电压多大?

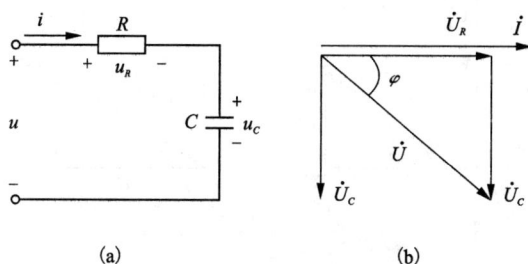

图 3 - 6 - 3　例 3 - 15 附图

解：作出相量图，如图 3 - 6 - 3(b)所示。容性电路的阻抗角为负值，根据已知有

$$\varphi = -30°$$

$$\varphi = \arctan\frac{-X_C}{R} = \arctan\frac{-1}{R\omega C} = -30°$$

$$R = \frac{X_C}{\tan 30°} = \frac{1}{\omega C\tan 30°} = \frac{1}{2\pi \times 6000 \times 0.01 \times 10^{-6} \times \frac{1}{\sqrt{3}}} = 4600\Omega = 4.6k\Omega$$

在此情况下，输出电压　　　　　$U_C = U\sin 30° = 1 \times 0.5 = 0.5V$

3.7　RLC 并联电路

3.7.1　电压和电流的关系

R、L、C 并联电路的相量模型如图 3 - 7 - 1(b)所示，由于是并联电路，电压相同，所以以电压相量为参考相量作出相量图如图 3 - 7 - 2(a)所示。

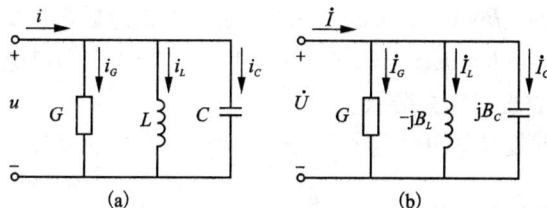

图 3 - 7 - 1　R、L、C 并联电路

1. 电流三角形

图 3 - 7 - 2 中设 $I_C > I_L$。显然，$\dot{I}_C$、$\dot{I}_B$、$\dot{I}$ 也组成一个直角三角形，称为电流三角形。

由电流三角形可得 $I = \sqrt{I_G^2 + I_B^2} = \sqrt{I_G^2 + (I_C - I_L)^2}$，$I$ 也可以写成相量形式，即

$$\dot{I}_G + \dot{I}_B = \dot{I} = [G + j(B_C - B_L)]\dot{U} = (G + jB)\dot{U} = Y\dot{U}$$

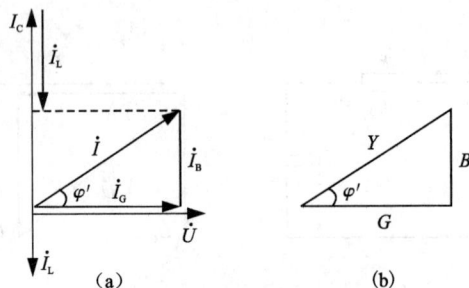

图 3 - 7 - 2　*RLC* 并联电路相量图与导纳 △

2. 导纳三角形

其中 $B = B_C - B_L$ 称为电纳，$|Y|$ 和 φ' 分别称为导纳的模和导纳角。其关系为

$$\left.\begin{array}{l} |Y| = \sqrt{G^2 + B^2} \\[2mm] \varphi' = \arctan \dfrac{B}{G} \end{array}\right\} \qquad (3-35)$$

$$\left.\begin{array}{l} |Y| = \dfrac{I}{U} = \dfrac{I_m}{U_m} \\[2mm] \varphi' = \varphi_i - \varphi_u \end{array}\right\} \qquad (3-36)$$

3.7.2　电路的三种性质

根据 *RLC* 并联电路的电纳

$$B = B_C - B_L = \omega C - \frac{1}{\omega L}$$

RLC 并联电路有以下三种不同性质：

（1）当 $\omega C > 1/\omega L$ 时，$B > 0$，$\varphi' > 0$，$I_C > I_L$，端口电流超前电压 φ'。电路呈容性，相量图如图 3 - 7 - 2(a)所示。

（2）当 $\omega C < 1/\omega L$ 时，$B < 0$，$\varphi' < 0$，$I_C < I_L$，端口电流滞后电压 φ'，电路呈感性。

（3）当 $\omega C = 1/\omega L$ 时，$B = 0$，$\varphi' = 0$，$I_C = I_L$。$Y = G$，$I = I_C$，端口电流与电压同相，电路呈阻性。这也是一种特殊情况，称为谐振。

R、L、C 三种元件的复导纳分别为 G、$-jB_L$、jB_C，φ' 分别为 $0°$、$-90°$、$90°$。

$$RL 并联电路　\varphi' = \arctan \frac{-B_L}{G}, \quad Y = G - jB_L = \sqrt{G^2 + B_L^2} \Big/\!\underline{\arctan \frac{-B_L}{G}}$$

$$RC 并联电路　\varphi' = \arctan \frac{B_C}{G}, \quad Y = G + jB_C = \sqrt{G^2 + B_C^2} \Big/\!\underline{\arctan \frac{B_C}{G}}$$

3.7.3　复阻抗和复导纳的等效互换

根据等效概念，在端口电压、电流相同的条件下，复阻抗与复导纳相互等效，则串联电路与并联电路也相互等效，其等效互换的关系为 $Z = 1/Y$ 或 $Y = 1/Z$。根据式(3-35)可以推导出两种等效电路参数间的关系。对于串联电路，有

$$Z = R + jX$$

则

$$Y = \frac{1}{Z} = \frac{1}{R + jX} = \frac{R - jX}{(R + jX)(R - jX)} = \frac{R}{R^2 + X^2} - j\frac{X}{R^2 + X^2} = G + jB$$

其中

$$G = \frac{R}{R^2 + X^2}, \ B = -\frac{X}{R^2 + X^2}$$

是把 R 和 X 串联电路等效变换为并联电路时电导和电纳的计算公式。

对于并联电路，有

$$Y = G + jB$$

$$Z = \frac{1}{Y} = \frac{1}{G + jB} = \frac{G}{G^2 + B^2} - j\frac{B}{G^2 + B^2} = R + jX$$

其中

$$R = \frac{G}{G^2 + B^2}, \ X = -\frac{B}{G^2 + B^2}$$

是把 G 和 B 并联电路等效变换为串联电路时电阻和电抗的计算公式。

从以上可以看出

$$G \neq \frac{1}{R}, \ R \neq \frac{1}{G}, \ B \neq \frac{1}{X}, \ X \neq \frac{1}{B}$$

例 3 – 16　R、L 串联电路图如图 3 – 7 – 3(a)所示。$R = 50\Omega$，$L = 0.06\text{mH}$，$\omega = 10^6\text{rad/s}$，把它等效为图(c)所示的 R'、L' 并联电路，试求 R' 和 L' 的大小。

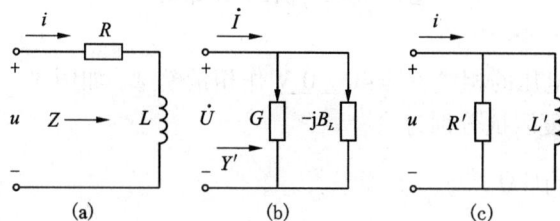

图 3 – 7 – 3　例 3 – 16 附图

解：图 3 – 7 – 3(a)所示电路的等效并联电路如图 3 – 7 – 3(c)所示，对于图 3 – 7 – 3(a)所示电路，有

$$X_L = \omega L = 10^6 \times 0.06 \times 10^{-3}\Omega = 60\Omega$$

$$Z = R + jX_L = (50 + j60)\Omega = 78\ \underline{/150.2°}\ \Omega$$

故有

$$Y = \frac{1}{Z} = \frac{1}{78.1\ \underline{/150.2°}}\text{S} = 0.0128\ \underline{/150.2°}\ \text{S} = (0.0082 - j0.0098)\text{S}$$

对于图 3 – 7 – 3(b)所示电路，有 $Y' = G - jB_L$，等效时应有 $Y = Y'$ 的关系，故

$$G = 0.0082\text{S}, \ B_L = \frac{1}{\omega L'} = 0.0098\text{S}$$

$$R' = \frac{1}{G} = 122\Omega, \quad L' = \frac{1}{\omega B_L} = 0.102\text{mH}$$

3.8　用相量法分析正弦交流电路

相量法一般步骤为:

(1) 作出相量模型图;

(2) 运用直流线性电路中所用的定律、定理、分析方法进行计算,直接计算的结果就是正弦量的相量值;

(3) 根据需要,写出正弦量的解析式或计算出其他量。

3.8.1　复阻抗混联电路的分析计算

例3－17　电路如图3－8－1(a)所示,$u_S(t) = \sqrt{2}40\sin 3000t\text{V}$,求 i、$\dot{I}_C$、$\dot{I}_L$。

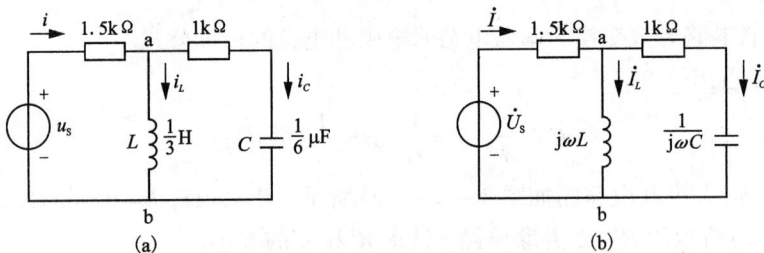

图3－8－1　例3－17附图

解:写出已知正弦电压的相量 $\dot{U}_S = 40\underline{/0}\,\text{V}$ 作相量模型,如图3－8－1(b)所示。其中,电感元件和电容元件的复阻抗分别为

$$j\omega L = j3000 \times \frac{1}{3}\Omega = j1\text{k}\Omega$$

$$\frac{1}{j\omega C} = -j\frac{1}{j3000 \times \frac{1}{6} \times 10^{-6}} = -j2\text{k}\Omega$$

$$Z = 1.5 + Z_{ab} = \left(1.5 + \frac{j1(1-j2)}{j1+1-j2}\right)\text{k}\Omega = \left(1.5 + \frac{2+j1}{1-j1}\right)\text{k}\Omega = 1.5 + \frac{(2+j1)(1+j1)}{(1-j1)(1+j1)}\text{k}\Omega$$

$$= \left(1.5 + \frac{1+j3}{2}\right)\text{k}\Omega = (2+j1.5)\text{k}\Omega = 2.5\underline{/37°}\text{k}\Omega$$

$$\dot{I} = \frac{\dot{U}_S}{Z} = \frac{40\underline{/0°}}{2.5\underline{/37°}}\text{mA} = 16\underline{/-37°}\,\text{mA}$$

$$\dot{I}_C = \frac{j1}{1+j1-j2}\dot{I} = \frac{j1}{1-j1}\dot{I} = \frac{(j1)(1+j1)}{2}\dot{I} = \frac{-1+j1}{2}\dot{I} = 0.707\underline{/135°}\,\dot{I}$$

$$= (0.707\underline{/135°} \times 16\underline{/-37°})\text{mA} = 11.3\underline{/98°}\text{mA}$$

$$\dot{I}_L = \frac{1-2j}{1+j1-j2}\dot{I} = \frac{1-j2}{1-j1}\dot{I} = \frac{3-j1}{2}\dot{I} = 25.3\underline{/-55.43°}\text{mA}$$

由各相量写出对应的正弦量

$$i(t) = 16\sqrt{2}\sin(3000t - 37°)\,\text{mA}$$

$$i_C(t) = 11.3\sqrt{2}\sin(3000t + 98°)\,\text{mA}$$

$$i_L(t) = 25.3\sqrt{2}\sin(3000t - 55.43°)\,\text{mA}$$

例 3 – 18　图 3 – 8 – 2(a)所示为电子电路中常用的 *RC* 选频网络，端口正弦电压 *u* 的频率可以调节变化。计算输出电压 u_2 与端口电压 u 同相时 u 的频率 ω_0，并计算 U_2/U。

图 3 – 8 – 2　例 3 – 18 附图

解：*RC* 串联部分和并联部分的复阻抗分别用 Z_1 和 Z_2 表示，且

$$Z_1 = R + \frac{1}{j\omega C} = \frac{1 + j\omega RC}{j\omega C}$$

$$Z_2 = \frac{R \times \dfrac{1}{j\omega C}}{R + \dfrac{1}{j\omega C}} = \frac{R}{1 + j\omega RC}$$

原电路的相量模型为 Z_1，Z_2 的串联，如图 3 – 8 – 2(b)，由分压关系得

$$\dot{U}_2 = \frac{Z_2}{Z_1 + Z_2}\dot{U} = \frac{1}{1 + Z_1/Z_2}\dot{U}$$

由题意知，$\dot{U}_2$ 与 $\dot{U}$ 同相时，$I_\text{m}\left[\dfrac{Z_1}{Z_2}\right] = 0$，而

$$\frac{Z_1}{Z_2} = \frac{(1 + j\omega RC)(1 + j\omega RC)}{j\omega RC} = -j\frac{1 - \omega^2 R^2 C^2 + j2\omega RC}{\omega RC} = \frac{2\omega RC + j(\omega^2 R^2 C^2 - 1)}{\omega RC}$$

则

$$\omega^2 R^2 C^2 - 1 = 0$$

$$\frac{Z_1}{Z_2} = \frac{2\omega_0 RC}{\omega_0 RC} = 2 \quad \frac{\dot{U}_2}{\dot{U}} = \frac{1}{1 + Z_1/Z_2} = \frac{1}{3}$$

且为最大值。

$$\dot{U}_2 = \frac{1}{3}\dot{U}$$

3.8.2　用网孔电流法分析正弦电路

例 3 – 19　图 3 – 8 – 3 所示电路中，$\dot{U}_{S1} = 100\angle 0$ V，$\dot{U}_{S2} = 100\angle -90°$，$R = 5\Omega$，$X_C = 2\Omega$，$X_L = 5\Omega$，求各支路的电流。

解：各支路电流 $\dot{I}_1$，$\dot{I}_2$，$\dot{I}_3$ 和网孔电流 a，b 的参考方向如图中所示，网孔方程为

$$\begin{cases} (5 - j2)\dot{I}_a - 5\dot{I}_b = 100 \\ -5\dot{I}_a + (5 + j5)\dot{I}_b = -j100 \end{cases}$$

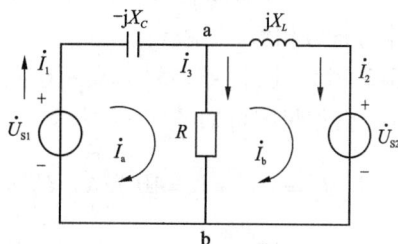

图 3 – 8 – 3　例 3 – 19 附图

$$\dot{I}_{\mathrm{b}} = \frac{-180-\mathrm{j}380}{13}\mathrm{A} \qquad \dot{I}_{\mathrm{a}} = \frac{200-\mathrm{j}300}{13}\mathrm{A}$$

则 $\dot{I}_1 = \dot{I}_{\mathrm{a}} = \dfrac{200-\mathrm{j}300}{13}\mathrm{A}$ $\qquad \dot{I}_{\mathrm{b}} = \dot{I}_2 = \dfrac{-180-\mathrm{j}380}{13}\mathrm{A}$ $\qquad \dot{I}_3 = \dot{I}_{\mathrm{a}} - \dot{I}_{\mathrm{b}} = \dfrac{380+\mathrm{j}80}{13}\mathrm{A}$

3.8.3　用戴维宁定理分析正弦电路

例 3 – 20　用戴维宁定理计算图 3 – 8 – 3 中 R 支路的电流 $\dot{I}_3$。

解：先将图 3 – 8 – 3 所示的电路改画为图 3 – 8 – 4(a)所示的电路，由 R 两端向左看进去，是一个有源两端网络。先求其开路电压

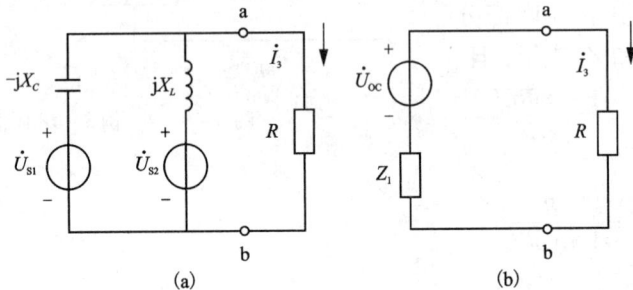

图 3 – 8 – 4　例 3 – 20 附图

$$\dot{U}_{\mathrm{OC}} = \frac{\dot{U}_{\mathrm{S1}}Y_1 + \dot{U}_{\mathrm{S2}}Y_2}{Y_1 + Y_2} = \frac{100\times\dfrac{\mathrm{j}}{2} + \mathrm{j}100\times\left(-\dfrac{\mathrm{j}}{5}\right)}{\dfrac{\mathrm{j}}{2} - \dfrac{\mathrm{j}}{5}}\mathrm{V} = \frac{20+\mathrm{j}50}{\mathrm{j}0.3}\mathrm{V} = \frac{53.9\ \underline{/68.2°}}{0.3\ \underline{/90°}}\mathrm{V} = 179.1\ \underline{/-21.8°}\ \mathrm{V}$$

再求输入复阻抗

$$Z_i = \mathrm{j}5 \mathbin{/\mkern-4mu/} (-\mathrm{j}2) = \frac{\mathrm{j}5(-\mathrm{j}2)}{\mathrm{j}5 - \mathrm{j}2}\Omega = \frac{10}{\mathrm{j}3}\Omega = -\mathrm{j}3.33\Omega$$

计算电流 $\dot{I}_3$ 的等效电路如图 3 – 8 – 4(b)所示，则

$$\dot{I}_3 = \frac{\dot{U}_{\mathrm{OC}}}{Z_i + R} = \frac{179\ \underline{/-21.8°}}{5 - \mathrm{j}3.33}\mathrm{A} = \frac{179\ \underline{/-21.8°}}{6\ \underline{/-33.6°}}\mathrm{A} = 29.9\ \underline{/11.8°}\mathrm{A}$$

3.8.4　相量图法

作相量图时，先确定参考相量。对并联的电路，可以电压为参考相量；对串联电路，可以电流为参考相量。

例 3 – 21　图 3 – 8 – 5(a)所示电路的相量模型中，$I_L = I = 10\mathrm{A}$，$U_1 = U_2 = 200\mathrm{V}$，求 X_C。

解：由相量图可知

$$I_C = \sqrt{I^2 + I_L^2} = 10\sqrt{2}\mathrm{A} \quad U_C = \sqrt{2}U_1 = 200\sqrt{2}\mathrm{V} \quad X_C = \frac{U_C}{I_C} = \frac{200\sqrt{2}}{10\sqrt{2}}\Omega = 20\Omega$$

例 3 – 22　图 3 – 8 – 6(a)所示的并联复阻抗电路中，$U = 20\mathrm{V}$，$Z_1 = 3 + \mathrm{j}4\Omega$。开关 S 合上前后 I 的有效值不变，开关合上后的 $\dot{I}$ 与 $\dot{U}$ 同相。试求 Z_2。

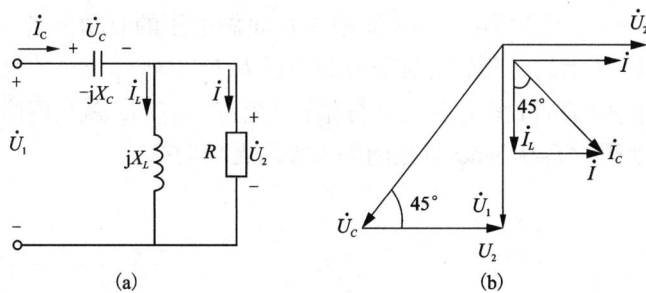

图 3 - 8 - 5　例 3 - 21 附图

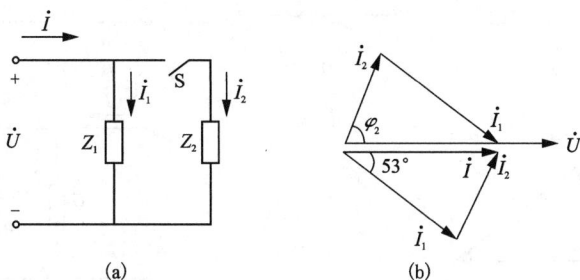

图 3 - 8 - 6　例 3 - 22 附图

解：根据题中所给条件，以电压 $\dot{U}$ 为参考相量，如图 3 - 8 - 6(b)所示。由 $Z_1 = 3 + j4\Omega$ 可知，负载 Z_1 为感性，$\varphi_1 = \arctan(4/3) = 53°$。由此确定出 $\dot{I}_1$ 的位置。S 合上前后，$|\dot{I}| = |\dot{I}_1|$，$\dot{I}$ 和 $\dot{U}$ 同相，且 $\dot{I} = \dot{I}_1 + \dot{I}_2$，所以 $\dot{I}_1$，$\dot{I}_2$ 及 $\dot{I}$ 组成一个等腰三角形，两个底角为 $(180° - 53°)/2 = 63.5°$。那么，复阻抗 Z_2 的阻抗角 $\varphi_2 = -63.5°$，由相量图可知

$$I = I_1 = \frac{U}{|Z_1|} = \frac{20}{\sqrt{3^2 + 4^2}}A = 4A$$

则

$$I_2 = 2I_1\cos63.5° = 8 \times 0.446A = 3.57A$$

而

$$|Z_2| = \frac{U}{I_2} = \frac{20}{3.57}\Omega = 5.61\Omega$$

$$Z_2 = |Z_2| \underline{/\varphi_2} = 5.61 \underline{/-63.5} = 2.5 - j5\Omega$$

3.9　正弦交流电路中的功率

3.9.1　有功分量和无功分量

1. 电压的有功分量和无功分量

对于图 3 - 9 - 1(a)所示的无源两端网络，定义出关联参考方向下的复阻抗为

$$Z = R + jX$$
$$\dot{U} = Z\dot{I} = (R + jX)\dot{I} = R\dot{I} + jX\dot{I} = \dot{U}_a + \dot{U}_r$$

相量图如图 3 – 9 – 1（b）所示。与 $\dot{I}$ 同相的 $\dot{U}$ 叫做电压的有功分量，其模 $U_a = U\cos\varphi$ 就是两端网络等效电阻 R 上的电压，它与电流的乘积 $U_a I = UI\cos\varphi = P$ 就是网络吸收的有功功率。另一个与 $\dot{I}$ 相差 90° 的叫做电压的无功分量；其模 $U_r = U\sin\varphi$ 就是网络的等效电抗 X 上的电压，它与电流的乘积 $U_r I = UI\sin\varphi$ 就是网络吸收的无功功率。

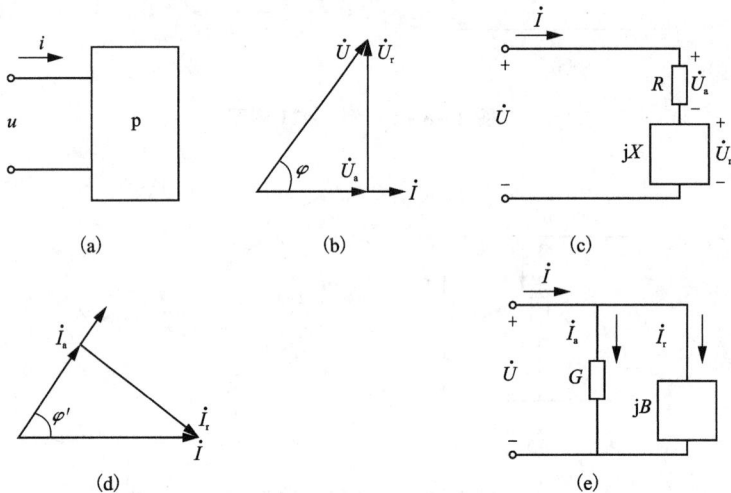

图 3 – 9 – 1　电压电流相量的分解

2. 电流的有功分量和无功分量

图 3 – 9 – 1（a）所示的无源网络，还可定义出关联参考方向下的导纳为

$$Y = G + jB$$
$$\dot{I} = Y\dot{U} = (G + jB)\dot{U} = G\dot{U} + jB\dot{U} = \dot{I}_a + \dot{I}_r$$

则相量图如图 3 – 9 – 1（d）所示。与 $\dot{U}$ 同相的 $\dot{I}_a$ 叫做电流的有功分量，它就是流经两端网络等效电导的电流，其模为 $I_a = I\cos\varphi$，它与电压的乘积 $UI_a = UI\cos\varphi$ 就是网络吸收的有功功率。

另一个与 $\dot{U}$ 相差 90° 的 $\dot{I}_r$ 叫做电流的无功分量，是流经网络等效电纳 B 的电流，其模 I_r 与电压的乘积 $UI_r = UI\sin\varphi = Q$ 就是网络吸收的无功功率。

3.9.2　有功功率、无功功率、视在功率

由 3.9.1 节的分析可知，二端网络端口电压、电流有效值分别为 U、I，关联参考方向下相位差为 φ 时，吸收的有功功率，即平均功率为

$$P = UI\cos\varphi \tag{3 – 37}$$

吸收的无功功率，即交换能量的最大速率 φ 值有正有负，所以 Q 是可正可负的代数量。在电压、电流关联参考方向下，按式（3 – 38）计算，感性的无源二端网络吸收的无功功率为正值。容性的无源二端网络吸收的无功功率为负值。

$$Q = UI\sin\varphi \tag{3 – 38}$$

正弦电路中的平均功率一般不等于电压、电流有效值之积。这个乘积 UI 表面上看起来虽然具有功率的形式，但它既不代表有功功率，也不代表无功功率。我们把它称为网络的视

在功率，即

$$S = UI = \sqrt{P^2 + Q^2} \qquad (3-39)$$

S 表示在电压 U 和电流 I 作用下，电源可能提供的最
大功率。为了与平均功率相区别，它的单位不用瓦，
而用伏安（VA），常用的单位还有千伏安（kVA）。式（3
-39）中的 P、Q、S 可组成一个直角三角形，它与电压
三角形相似称其为功率三角形，如图 3-9-2 所示。

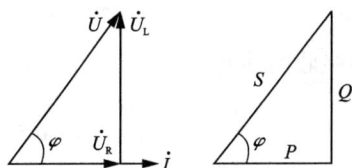

图 3-9-2　功率三角形

3.9.3　功率因数的提高

1. 功率因数的定义

式（3-35）中决定有功功率大小的参数 $\cos\varphi$ 称功率因数，用 λ 表示，其定义为

$$\lambda = \cos\varphi = \frac{P}{S} \qquad (3-40)$$

功率因数的大小取决于电压与电流的相位差，故把 φ 角也称为功率因数角。

2. 功率因数的意义

功率因数是电力系统很重要的经济指标，它关系到电源设备能否充分利用。为提高电源
设备的利用率，减小线路压降及功率损耗，应设法提高功率因数。

3. 提高功率因数的方法

提高感性负载功率因数的常用方
法之一是在其两端并联电容器。感性
负载并联电容器后，它们之间相互补
偿，进行一部分能量交换，减少了电源
和负载间的能量交换。感性负载提高
功率因数的原理可用图 3-9-3 来说
明。并电容前，$\dot{I} = \dot{I}_1$，$\dot{I}_1$ 与 $\dot{U}$ 的夹角
为 φ_1；并电容后，$\dot{I}$ 与 $\dot{U}$ 的夹角为 φ_2；
而 $\varphi_1 > \varphi_2$，所以 $\cos\varphi_2 > \cos\varphi_1$。说明
并联电容后整个电路的功率因数提高了。

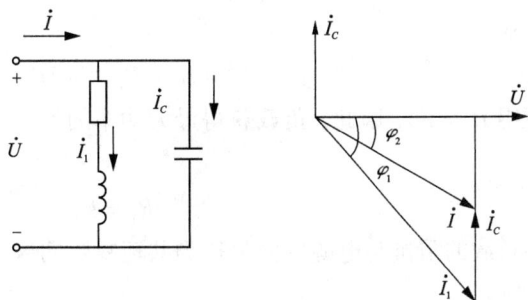

图 3-9-3　提高功率因数的原理

3.10　正弦交流电路中的最大功率

在如图 3-10-1 所示的电路相量模型中，在 U_S、
Z_S 给定的条件下，负载 Z_L 获得最大功率的条件推导
如下：

$$Z_L = R + jX_L$$

电路中电流相量为

$$\dot{I} = \frac{U_S}{Z_S + Z_L} = \frac{\dot{U}_S}{(R_S + R_L) + j(X_S + X_L)}$$

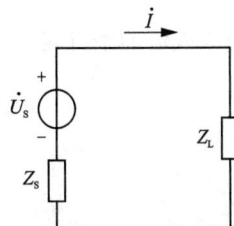

图 3-10-1　有内阻抗的交流电源

电流的有效值为

$$I = \frac{U_S}{\sqrt{(R_S + R_L)^2 + (X_S + X_L)^2}}$$

负载吸收的功率

$$P_L = R_L I^2 = \frac{U_S^2 R_L}{(R_S + R_L)^2 + (X_S + X_L)^2} \tag{3-41}$$

负载获得最大功率的条件与其调节参数的方式有关,下面分两种情况进行讨论。

1. 负载的电阻和电抗均可调节

从式(3-41)可见,若 R_L 保持不变,只改变 X_L,当 $X_S + X_L = 0$ 时,即 $X_L = -X_S$,P_L 可以获得最大值,这时

$$P_L = \frac{U_S^2 R_L}{(R_S + R_L)^2}$$

再改变 R_L,使 P_L 获得最大值的条件是

$$\frac{\mathrm{d}P_L}{\mathrm{d}R_L} = 0$$

即

$$\frac{\mathrm{d}P_L}{\mathrm{d}R_L} = U_S^2 \frac{(R_S + R_L)^2 - 2R_L(R_S + R_L)}{(R_S + R_L)^4} = 0$$

故

$$(R_S + R_L)^2 - 2R_L(R_S + R_L) = 0$$

得 $R_L = R_S$,因此,负载获得最大功率的条件为

$$\left.\begin{array}{c} X_L = -X_S \\ R_L = R_S \end{array}\right\} \Rightarrow Z_L = Z_S \tag{3-42}$$

负载的阻抗与电源的内阻抗为共轭复数的这种关系称为共轭匹配。此时最大功率为

$$P_{max} = \frac{U_S^2}{4R_S} \tag{3-43}$$

2. 负载为纯电阻

此时,$Z_L = R_L$,R_L 可变化。这时式(3-41)中的 $X_L = 0$,即

$$P_L = \frac{U_S^2}{(R_S + R_L)^2 + X_S^2} R_L \tag{3-44}$$

P_L 为最大值的条件是

$$\frac{\mathrm{d}P_L}{\mathrm{d}R_L} = 0$$

即

$$\frac{\mathrm{d}P_L}{\mathrm{d}R_L} = U_S^2 \frac{[(R_S + R_L)^2 + X_S^2] - 2(R_S + R_L)R_L}{[(R_S + R_L)^2 + X_S^2]^2} = 0$$

$$(R_S + R_L)^2 + X_S^2 = 2(R_S + R_L)R_L$$

$$R_L^2 = R_S^2 + X_S^2$$

即

$$R_L = \sqrt{R_S^2 + X_S^2} = |Z_S| \tag{3-45}$$

$$P_{Rmax} = \frac{U_S^2}{2|Z_S|(1 + R_S/|Z_S|)} = \frac{U_S^2}{2|Z_S|(1 + \cos\varphi_S)} \qquad (3-46)$$

例 3 – 23　在图 3 – 10 – 2 所示的正弦电路中，R 和 L 为电源内阻参数。已知 $u_S(t) = 10\sqrt{2} \cdot \sin 10^5 t\,\text{V}$，$R = 5\Omega$，$L = 50\mu\text{H}$，$R_L = 5\Omega$，试求其获得的功率。当 R_L 为多大时，能获得最大功率？最大功率等于多少？

解：电源内阻抗为已知

$$Z_S = R + jX_S = 5 + j10^5 \times 50 \times 10^{-6}\Omega = 5 + j5\Omega = 5\sqrt{2}\underline{/45°}\,\Omega$$

$u_S(t) = 10\sqrt{2}\sin 10^5 t\,\text{V}$，设电压源的相量为

$$\dot{U}_S = 10\underline{/0°}\,\text{V}$$

电路中的电流为

$$\dot{I} = \frac{\dot{U}_S}{Z_S + R_L} = \frac{10\underline{/0°}}{5 + j5 + 5}\text{A} = \frac{10}{10 + j5}\text{A} = \frac{10\underline{/0°}}{11.8\underline{/26.6°}}\text{A} = 0.89\underline{/-26.6°}\,\text{A}$$

负载获得的功率为

$$P_L = I^2 R_L = 0.89^2 \times 5 = 4\text{W}$$

当 $R_L = |Z_S| = \sqrt{R^2 + X_L^2}$ 时，模匹配，能获得最大功率，即

$$R_L = \sqrt{5^2 + 5^2}\,\Omega = 7.07\Omega$$

$$I = \frac{\dot{U}_S}{Z_S + R_L} = \frac{10\underline{/0°}}{5 + j5 + 7.07}\text{A} = \frac{10\underline{/0°}}{13.06\underline{/22.5°}}\text{A} = 0.766\underline{/-22.5°}\text{A}$$

$$P_{Rmax} = I^2 R_L = 4.15\text{W}$$

或

$$P_{Rmax} = \frac{U_S^2}{2|Z_S|(1 + \cos\varphi_S)} = \frac{100^2}{2 \times 5\sqrt{2}(1 + \cos 45°)}\text{W} = 4.15\text{W}$$

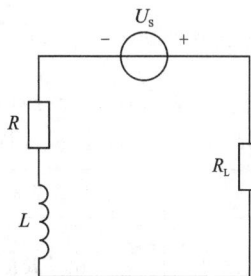

图 3 – 10 – 2　例 3 – 23 附图

本章小结

1. **正弦交流量的基本概念**

（1）正弦交流量的三要素 $i = I_m \sin(\omega t + \varphi)$。

正弦交流量可由最大值 I_m、角频率 $\omega\left(\text{或频率} f \text{或周期} T, T = \frac{1}{f}, \omega = 2\pi f\right)$ 和初相位 φ 来描述它的大小、变化快慢及 $t = 0$ 时初始时刻的大小和变化进程。

（2）正弦交流量的有效值与最大值之间有 $I = \frac{I_m}{\sqrt{2}}$ 的关系。

（3）两个同频率正弦量的初相位角之差，称为相位差。两同频率的正弦量有同相、反相、超前和滞后的关系。

2. **正弦交流量的相量表示法**

正弦交流量除了可用解析式、波形图表示，还可以用相量图（相量复数式）的方法来表示。只有同频率的正弦交流电才能在同一相量图上加以分析。

3. **电容元件和电感元件**

（1）电容元件：$q = cu$，$i = c\dfrac{\mathrm{d}u}{\mathrm{d}t}$，$w_C(t) = \dfrac{1}{2}cu_C^2(t)$

（2）电感元件：$\varphi = Li$，$u = L\dfrac{\mathrm{d}i}{\mathrm{d}t}$，$w_L(t) = \dfrac{1}{2}Li_L^2(t)$

4. 三个元件伏安特性的相量形式。

R、L、C 元件上电压与电流之间的相量关系、有效值关系和相位关系如下表所示：

元件名称	相量关系	有效值关系	相位关系	相量图
电阻 R	$\dot{U}_R = R\dot{I}$	$U_R = RI$	$\varphi_u = \varphi_i$	
电感 L	$\dot{U}_L = \mathrm{j}X_L\dot{I}$	$U_L = X_LI$	$\varphi_u = \varphi_i + 90°$	
电容 C	$\dot{U}_C = -\mathrm{j}X_C\dot{I}$	$U_C = X_CI$	$\varphi_u = \varphi_i - 90°$	

5. 基尔霍夫定律的相量形式 $\sum\dot{I} = 0$　　$\sum\dot{U} = 0$

6. RLC 串联的交流电路

电压电流相量关系：$\dot{U} = \left[R + \mathrm{j}(X_L - X_C)\right]\dot{I}$

复阻抗：$Z = \dfrac{\dot{U}}{\dot{I}} = R + \mathrm{j}(X_L - X_C) = |Z|\angle\varphi$

阻抗模：$|Z| = \sqrt{R^2 + (X_L - X_C)^2}$

阻抗角：$\varphi = \arctan\dfrac{X_L - X_C}{R}$

7. RLC 并联电路

电压电流的关系：$\dot{I} = \left[G + \mathrm{j}(B_C - B_L)\right]\dot{U}$

复导纳：$Y = G + \mathrm{j}(B_C - B_L) = G + \mathrm{j}B$

导纳模：$|Y| = \sqrt{G^2 + B^2}$

导纳角：$\varphi' = \arctan\dfrac{B}{G}$

8. 用相量法分析正弦交流电路

一般步骤为：

（1）作出相量模型图；

（2）运用直流线性电路中所用的定律，定理，分析方法进行计算，求出相量值；

（3）写出正弦量的解析式。

9. 正弦交流电路中的功率

（1）有功功率：$P = UI\cos\varphi$；

（2）无功功率：$Q = UI\sin\varphi$；

（3）视在功率：$S = UI = \sqrt{P^2 + Q^2}$。

10. 正弦交流电路中的最大功率

（1）负载的电阻和电抗可调节时负载获得最大功率的条件是：$Z_L = Z_S$；

最大功率是：$P_{\max} = \dfrac{U_S^2}{4R_S}$。

（2）负载为纯电阻时，负载获得最大功率的条件为 $R_L = |Z_S|$；

最大功率是：$P_{\max} = \dfrac{U_S^2}{2|Z_S|(1 + \cos\varphi_S)}$。

11. 功率因数的提高

提高电路的功率因数对提高设备利用率和节约电能有着重要意义。一般采用在感性负载两端并联电容器的方法来提高电路的功率因数。

复习思考题

3-1 已知一正弦电压的振幅为 310V，频率为 50Hz，初相为 $-\dfrac{\pi}{6}$，试写出其解析式，并绘出波形图。

3-2 写出题图 3-1 所示电压曲线的解析式。

3-3 一工频正弦电压的最大值为 310V，初始值为 -155V，试求它的解析式。

3-4 已知 $u = 220\sqrt{2}\sin(314t + 60°)$V，当纵坐标向左移 $\dfrac{\pi}{6}$ 或右移 $\dfrac{\pi}{6}$ 时，初相各为多少？

3-5 题图 3-2 中给出了 u_1、u_2 的波形图，试确定 u_1 和 u_2 的初相各为多少？相位差为多少？哪个超前，哪个滞后？

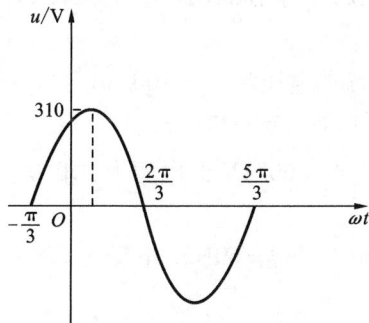

题图 3-1 题 3-2 附图

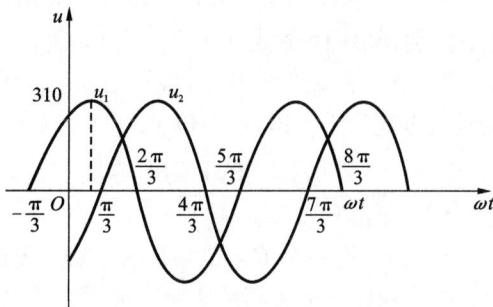

题图 3-2 题 3-5 附图

3-6 三个正弦电流 i_1、i_2 和 i_3 的最大值分别为 1A、2A、3A，已知 i_2 的初相为 30°，i_1 较 i_2 超前 60°较 i_3 滞后 150°，试分别写出三个电流的解析式。

3-7 已知两复数 $Z_1 = 8 + j6$，$Z_2 = 10\angle{-60°}$，求 $Z_1 + Z_2$、$Z_1 - Z_2$、$Z_1 \div Z_2$。

3-8 写出下列各正弦量对应的相量。

(1) $u_1 = 220\sqrt{2}\sin(\omega t + 120°)$ V   (2) $i_1 = 10\sqrt{2}\sin(\omega t + 60°)$ A

(3) $u_2 = 311\sqrt{2}\sin(\omega t - 200°)$ V   (4) $i_2 = 7.07\sqrt{2}\sin(\omega t)$ A

3 - 9 写出下列相量对应的正弦量($f = 50$Hz)。

(1) $\dot{U}_1 = 220\angle\dfrac{\pi}{6}$ V   (2) $\dot{I}_1 = 10\angle{-50°}$ A

(3) $\dot{U} = -\text{j}110$ V   (4) $\dot{I}_1 = 6 + \text{j}8$ A

3 - 10   电路如题图 3 - 3 所示，已知：$i_1 = 20$ $\sin(\omega t)$A，$i_2 = 20\sin(\omega t + 90°)$A，试求：(1) $\dot{I}_1$、$\dot{I}_2$、$\dot{I}$；(2)各电流表的读数；(3)绘电流相量图。

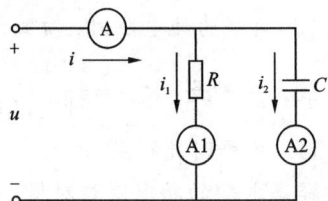

3 - 11 已知 $u_1 = 220\sin(\omega t + 60°)$ V，$u_2 = 220\sqrt{2}\sin(\omega t + 30°)$ V，试作 u_1 和 u_2 的相量图，并求 $u_1 + u_2$，$u_1 - u_2$。

题图 3 - 3   题 3 - 10 附图

3 - 12   两个同频率的正弦电压的有效值分别为 30V 和 40V，试问：(1)什么情况下，$u_1 + u_2$ 的有效值为 70V？(2)什么情况下，$u_1 + u_2$ 的有效值为 50V？(3)什么情况下，$u_1 + u_2$ 的有效值为 10V？

3 - 13   电压 $u = 100\sin(314t - 60°)$ V 施加于电感，若电阻 $R = 20\Omega$，试写出其上电流的解析式，并作电压和电流的相量图。

3 - 14   有一"220V、1000W"的电炉，接在 220V 的交流电压上，试求通过电炉的电流和正常工作时的电阻。

3 - 15   已知在 10Ω 的电阻上通过的电流为 $i_1 = 5\sin(314t - \dfrac{\pi}{6})$A，试求电阻上电压的有效值，并求电阻吸收的功率为多少？

3 - 16   电压 $u = 220\sin(100t + 30°)$ V 施加于电感，若电感 $L = 0.2$H，选定 u、i 参考方向一致，试求通过电感的电流 i，并绘出电流和电压的相量图。

3 - 17   一个 $L = 0.15$H 的电感，先后接在 $f = 50$Hz 和 $f = 1000$Hz，电压为 220V 的电压上，分别算出两种情况下的 X_L、I_L 和 Q_L。

3 - 18   在关联参考方向下，已知加于电感元件两端的电压为 $u_L = 100\sin(100t + 30°)$ V，通过的电流为 $i_L = 10\sin(100t + \varphi_i)$A，试求电感的参数 L 及电流的初相 φ_i。

3 - 19   一个 $C = 50\mu$F 的电容接于 $u = 220\sqrt{2}\sin(314t + 60°)$ V 的电源上，求 i_C、Q_C，绘电流和电压的相量图。

3 - 20   把一个 $C = 100\mu$F 的电容，先后接于 $f = 50$Hz 和 $f = 60$Hz，电压为 220V 的电源上，试分别计算上述两种情况下 X_C、I_C 和 Q_C。

3 - 21   电路如题图 3 - 4 所示，$R_1 = 6\Omega$，$R_2 = 8\Omega$，$R_3 = 8\Omega$，$C = 0.4$F，$I_S = 2$A，电路已经稳定。求电容元件的电压及储能。

3 - 22   电压为 250V、容量为 0.5μF 的三个电容器 C_1、C_2、C_3 连接如题图 3 - 5 所示。求等效电容，并问端口电压不能超过多少？

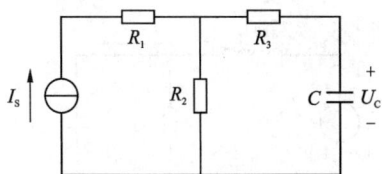

题图 3 - 4 题 3 - 21 附图

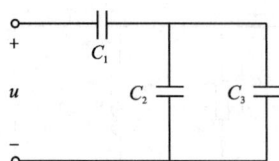

题图 3 - 5 题 3 - 22 附图

3 - 23 电路如题图 3 - 6 所示 $R_1 = 9\Omega$, $R_2 = R_3 = 8\Omega$, $L_1 = 0.3H$, $L_2 = 0.6H$, $I_S = 4A$, 电路已经稳定。求电感元件的电流及储能。

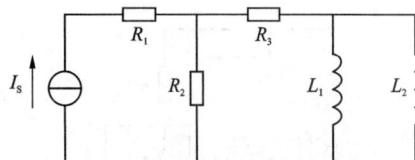

3 - 24 题图 3 - 7 所示电路中, 已知电流表Ⓐ1、Ⓐ2的读数均为 20A, 求电路中电流表Ⓐ的读数。

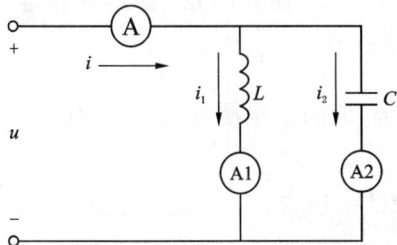

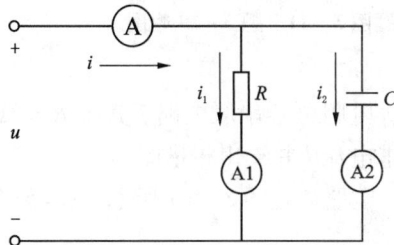

题图 3 - 6 题 3 - 23 附图

题图 3 - 7 题 3 - 24 附图

3 - 25 题图 3 - 8 所示电路中, 已知电压表Ⓥ1、Ⓥ2的读数为 50V, 求电路中电压表Ⓥ的读数。

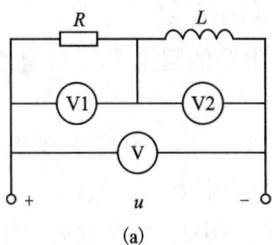

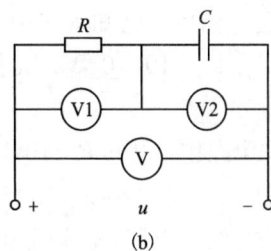

题图 3 - 8 题 3 - 25 附图

3 - 26 电路如题图 3 - 9 所示 $R = 3\Omega$, $X_L = 4\Omega$, $X_C = 8\Omega$, $\dot{I}_C = 10 \angle 0°$ A, 求 $\dot{U}$、$\dot{I}_R$、$\dot{I}_L$ 及总电流 $\dot{I}_0$。

3 - 27 电路如题图 3 - 10 所示, 已知电流 $\dot{I}_C = 3 \angle 0°$, 求电压源 $\dot{U}_S$。

3 - 28 题图 3 - 11 所示, 已知 $X_C = 50\Omega$, $X_L = 100\Omega$, $I = 2A$, 求 I_R 和 U。

3 - 29 电阻 R 与一线圈串联电路如题图 3 - 12 所示, 已知 $R = 28\Omega$, 测得 $I = 4.4A$, $U = 220V$, 电路总功率 $P = 580W$, 频率 $f = 50Hz$, 求线圈的参数 r 和 L。

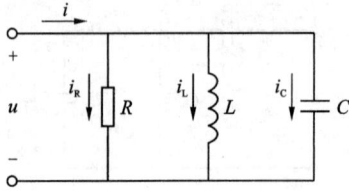

题图 3-9 题 3-26 附图

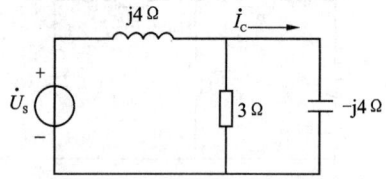

题图 3-10 题 3-27 附图

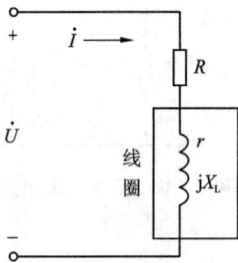

题图 3-11 题 3-28 附图

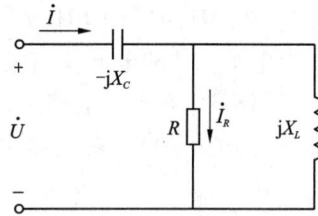

题图 3-12 题 3-29 附图

3-30 电阻电容串联电路,其中 $R = 8\Omega$, $C = 167\mu F$,电源电压 $u = 100\sqrt{2}\sin(1000t + 30°)V$,试求电流 I 并绘出相量图。

3-31 电路如题图 3-13 所示,$Z = 5\underline{/36.9°}\Omega$,$U_1 = U_2$,试求 X_C。

3-32 RLC 串联电路中,已知 $R = 10\Omega$,$X_L = 5\Omega$,$X_C = 15\Omega$,电源电压 $u = 200\sqrt{2}\sin(\omega t + 30°)V$,试求:(1)电路的复阻抗 Z,并说明电路的性质;(2)电流 $\dot{I}$ 和 $\dot{U}_R$、$\dot{U}_L$ 及 $\dot{U}_C$;(3)绘电压、电流相量图。

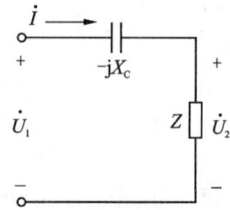

题图 3-13 题 3-31 附图

3-33 RLC 串联电路中,已知 $R = 30\Omega$,$L = 40mH$,$C = 40\mu F$,$\omega = 1000rad/s$,$\dot{U}_L = 10\underline{/0°}V$,试求:(1)电路的阻抗 Z;(2)电路的 $\dot{I}$ 和 $\dot{U}_R$、及 $\dot{U}_C$;(3)绘电压、电流相量图。

3-34 RLC 串联电路中,已知 $R = 10\Omega$,$X_L = 15\Omega$,$X_C = 5\Omega$,其中电流 $\dot{I} = 2\underline{/30°}A$,试求:(1)总电压 $\dot{U}$;(2)功率因数 $\cos\varphi$;(3)该电路的功率 P、Q、S。

3-35 用三表法测线圈电路,已知电源频率 $f = 50Hz$,测得数据分别是 $P = 120W$,$U = 100V$,$I = 2A$,试求:(1)该线圈的参数 R、L;(2)线圈的无功功率 Q、视在功率 S 及功率因数 $\cos\varphi$。

3-36 已知某一无源网络的等效阻抗 $Z = 10\underline{/60°}\Omega$,外加电压 $\dot{U} = 220\underline{/15°}V$,求该网络的功率 P、Q、S 及功率因数 $\cos\varphi$。

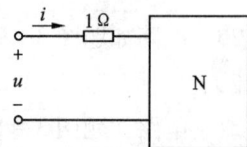

题图 3-14 题 3-37 附图

3-37 电路如题图 3-14 所示,已知 $u = \sqrt{2}\sin\omega t V$,$i = \sin(\omega t + 45°)A$,试求两端电路 N 的等效元件参数。

3-38 已知一复阻抗上的电压电流分别为 $u = 220\sqrt{2}\sin(\omega t - 60°)V$,$\dot{I} = 10\underline{/15°}A$,试

求(1) $|Z|$、$|Y|$；(2)阻抗角 φ 及导纳角 φ'。

3 – 39　已知某阻抗 $Z_1 = 100 \underline{/30°}\,\Omega$，求与之等效的复导纳 Y_1。

3 – 40　电路如题图 3 – 9 所示(3 – 26 题)，已知 $R = X_C = 10\Omega$，$X_L = 5\Omega$，$U = 220 \underline{/0°}$ V，试求：(1)复导纳 Y，并说明电路的性质；(2) $\dot I$、$\dot I_R$、$\dot I_L$、$\dot I_C$；(3)绘出相量图。

3 – 41　电路如题图 3 – 15 所示，$\dot U = 100 \underline{/-30°}$ V，$R = 4\Omega$，$X_L = 5\Omega$，$X_C = 15\Omega$，试求：(1) $\dot I_1$、$\dot I_2$ 和 $\dot I_3$；(2)绘出相量图。

3 – 42　电路如题图 3 – 16 所示，已知 $\dot U_C = 10 \underline{/0°}$ V，$R = 3\Omega$，$X_C = X_C = 4\Omega$，求电路的功率 P、Q、S 及功率因数 $\cos\varphi$。

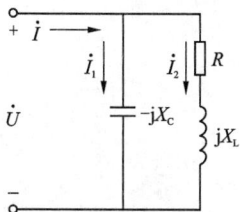

题图 3 – 15　题 3 – 41 附图　　　　题图 3 – 16　题 3 – 42 附图　　　　题图 3 – 17　题 3 – 43 附图

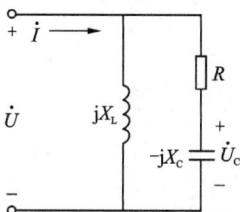

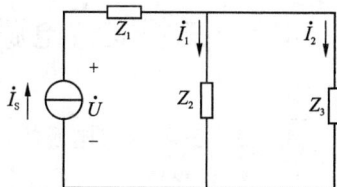

3 – 43　电路如题图 3 – 17 所示，已知 $\dot I_S = 2 \underline{/0°}$ A，$Z_1 = 1 + j1\,\Omega$，$Z_2 = 6 - j8\,\Omega$，$Z_3 = 10 + j10\,\Omega$，试求：$\dot I_1$、$\dot I_2$ 和 $\dot U$。

3 – 44　电路如题图 3 – 18 所示，列出结点 a 的结点电位方程。

3 – 45　电路如题图 3 – 19 所示，已知 $\dot U_{S1} = \dot U_{S3} = 10 \underline{/0°}$ V，$\dot U_{S2} = j10$V，试求：(1)列出结点 1、2 的电位方程；(2)求结点电位 V_1 和 V_2。

3 – 46　电路如题图 3 – 20 所示，利用戴维宁定理求解电容支路的电流 $\dot I_1$。

3 – 47　电路如题图 3 – 21 所示，求二端网络 a、b 端的戴维宁等效电路。

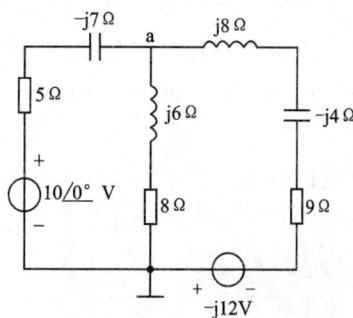

题图 3 – 18　题 3 – 44 附图

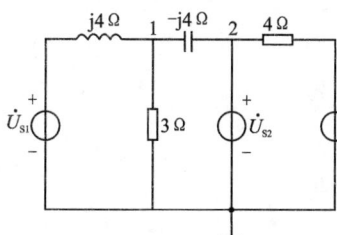

题图 3 – 19　题 3 – 45 附图　　　　题图 3 – 20　题 3 – 46 附图　　　　题图 3 – 21　题 3 – 47 附图

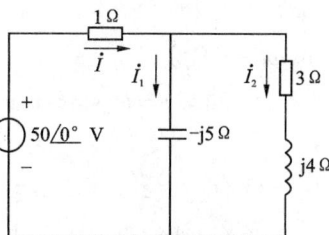

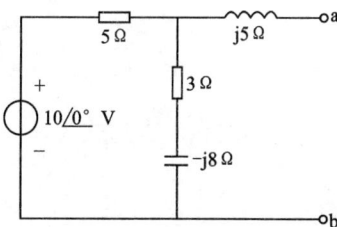

第4章　三相交流电路

目前世界上电力工业中，电能的生产、输送和分配绝大部分采用三相制。它是由三相交流电源、三相负载和导线按一定方式组成的三相供电系统，称之为三相交流电路。与单相交流电路比较，三相交流电路具有许多优点。就负载而言，三相交流电动机结构简单，工作稳定可靠；就电源而言，输出功率大；在电力传输上还可节省输电材料。

4.1　三相交流电源

4.1.1　三相交流电源的产生

　　三相交流电源是由三相交流发电机产生的。在三相交流发电机中，有三个独立的匝数相同的绕组：U1 – U2、V1 – V2、W1 – W2，其中 U1、V1、W1 分别是绕组的始端，U2、V2、W2 分别是绕组的末端，这三个绕组在空间位置上彼此相隔，图 4 – 1 – 1 所示为三相绕组的示意图，三相绕组对称地分布在定子上，而三相交流发电机电枢表面的磁感应强度按正弦规律分布。当转子(磁极)以均匀角速度旋转时，在三个绕组中将产生感应正弦电动势 $\dot{E}_U$、$\dot{E}_V$、$\dot{E}_W$，即感应电压 $\dot{U}_U$、$\dot{U}_V$、$\dot{U}_W$。

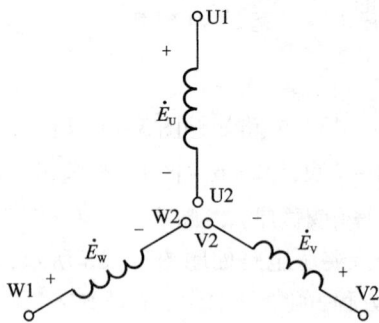

图 4 – 1 – 1　三相发电机绕组示意图

　　由于转子(磁极)以均匀角速度 ω 旋转，则三相电源的频率相同；而三相绕组参数相同，产生的感应电压(感应电动势)的最大值相等；只是三个绕组的空间位置相互间隔，则三个绕组中的感应电压(感应电动势)最大值出现的时间不同，它们相互有着相位差。如以一相绕组中的感应电压为参考，则各相绕组感应电压的瞬时值可表示为

$$\left.\begin{aligned} u_U &= U_m \sin\omega t \\ u_V &= U_m \sin(\omega t - 120°) \\ u_W &= U_m \sin(\omega t - 240°) = U_m \sin(\omega t + 120°) \end{aligned}\right\} \tag{4-1}$$

它们的相量表达式为

$$\left.\begin{aligned} \dot{U}_U &= U \underline{/0°} \\ \dot{U}_V &= U \underline{/-120°} \\ \dot{U}_W &= U \underline{/-240°} = U \underline{/120°} \end{aligned}\right\} \tag{4-2}$$

它们的波形图如图 4 – 1 –2(a)，相量图如图 4 – 1 –2(b)所示。

上述的三个正弦交流电源，最大值和频率都相同，彼此之间的相位差为 120°，这样的电

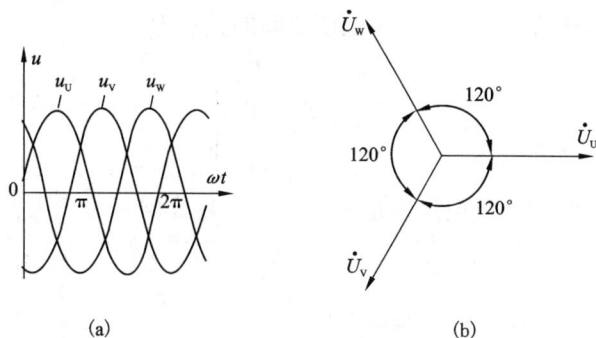

图 4 - 1 - 2　对称三相交流电源的波形图和相量图

源称为对称三相交流电源。以后所说的三相交流电源,如
不特别说明,都是指对称三相交流电源。它们的电路符号
如图 4 - 1 - 3 所示。

凡是对称三相交流电源电压的瞬时值或相量之和都为
零,即

$$u_U + u_V + u_W = 0 \qquad (4 - 3)$$
$$\dot{U}_U + \dot{U}_V + \dot{U}_W = 0 \qquad (4 - 4)$$

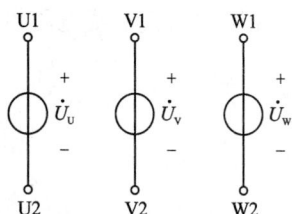

图 4 - 1 - 3　三相电源电路符号

三相电源依次达到最大值的先后次序叫做相序,上述三相电源相位的次序为 U、V、W,
称为顺序(或正序)。与此相反,若 V 相超前 U 相 120°,W 相超前 V 相 120°,这样的相序称
为反序(或负序)。通常,如无特别说明,三相电源均指顺序而言。采用三相电源的用电设备
应完全遵从这一相序,为了在应用中避免相序错乱,在供电系统中,分别用"黄"、"绿"、
"红"三种颜色分别代表 U 相、V 相、W 相电源。

4.1.2　三相交流电源的连接

对称三相电源的连接方式有两种:星形联结和三角形联结。

1. 星形联结(Y)

如果把三相电源的三个末端 U2、V2、W2 接在一起,成为一个公共点 N,引出一条传输
线;由始端 U1、V1、W1 引出三条传输线,如图 4 - 1 - 4 所示,这一种连接方法称为三相四线
制的星形联结,用符号"Y"表示。

从三相电源的正极性端引出的三根输出线,称为端线或相线(俗称火线)。从公共点引出
的传输线称为中性线或零线,如中性线接地又称为地线,零线通常用黑色和白色表示。

在星形联结电源中,每根端线与中性线之间的电压就
是每一相的相电压。从图 4 - 1 - 4 可知

$$\dot{U}_{UN} = \dot{U}_U \qquad \dot{U}_{VN} = \dot{U}_V \qquad \dot{U}_{WN} = \dot{U}_W$$

对称的三个相电压的有效值常用 U_P 表示。端线与端
线之间的电压称为线电压。对线电压而言,习惯上采用的
参考方向为 U 指向 V,V 指向 W,W 指向 U。从图 4 - 1 -
4 可知线电压有 $\dot{U}_{UV}$、$\dot{U}_{VW}$、$\dot{U}_{WU}$。对称三相线电压的有效

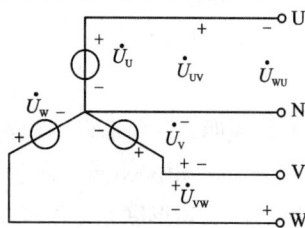

图 4 - 1 - 4　星形联结的三相电源

值常用 U_L 表示。星形联结的线电压与相电压之间的关系为

$$\left.\begin{array}{l}\dot{U}_{\mathrm{UV}}=\dot{U}_{\mathrm{U}}-\dot{U}_{\mathrm{V}}\\\dot{U}_{\mathrm{VW}}=\dot{U}_{\mathrm{V}}-\dot{U}_{\mathrm{W}}\\\dot{U}_{\mathrm{WU}}=\dot{U}_{\mathrm{W}}-\dot{U}_{\mathrm{U}}\end{array}\right\}\qquad(4-5)$$

在对称三相电源中，三个相电压满足式(4-2)。将式(4-2)代入上三式中可得

$$\left.\begin{array}{l}\dot{U}_{\mathrm{UV}}=U\angle 0°-U\angle-120°=\sqrt{3}\dot{U}_{\mathrm{U}}\angle 30°\\\dot{U}_{\mathrm{VW}}=U\angle-120°-U\angle 120°=\sqrt{3}\dot{U}_{\mathrm{V}}\angle 30°\\\dot{U}_{\mathrm{WU}}=U\angle 120°-U\angle 0°=\sqrt{3}\dot{U}_{\mathrm{W}}\angle 30°\end{array}\right\}\qquad(4-6)$$

由式(4-6)可知，对称三相电源星形联结时，线电压和相电压的有效值关系为：$U_\mathrm{L}=\sqrt{3}U_\mathrm{P}$；相位关系为：线电压超前相应的相电压30°。

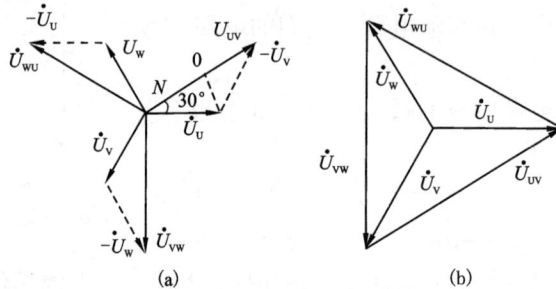

(a)　　　　　　　　(b)

图4-1-5　电源星形联结的线电压和相电压的相量关系

上述线电压与相电压的关系用相量图表示，如图4-1-5。上述线电压和相电压的关系也可以在图4-1-5(a)所示的相量图上利用等腰三角形的几何关系来求得。

2. **三角形联结(Δ)**

如果把对称三相电源依次连接，即 U2 与 V1，V2 与 W1，W2 与 U1 相接形成一个回路，再从三个连接点引出三根端线，如图4-1-6所示，则称为三相电源的三角形联结。这种连结方式的电源又称为三角形联结电源，用符号"Δ"表示。

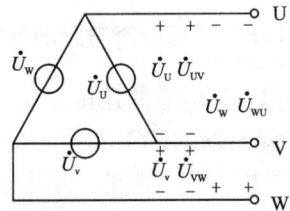

图4-1-6　三角形联结的三相电源

从图4-1-6中可以得到三角形联结电源的线电压和相电压的关系是

$$\left.\begin{array}{l}\dot{U}_{\mathrm{UV}}=\dot{U}_{\mathrm{U}}\\\dot{U}_{\mathrm{VW}}=\dot{U}_{\mathrm{V}}\\\dot{U}_{\mathrm{WU}}=\dot{U}_{\mathrm{W}}\end{array}\right\}\qquad(4-7)$$

上式说明，三角形联结电源的线电压和相电压的关系是：线电压和对应的相电压有效值相等 $U_\mathrm{L}=U_\mathrm{P}$，相位相同。即三角形联结电源对负载只能提供一种电压。

当对称三角形联结电源正确连接时，$\dot{U}_\mathrm{U}+\dot{U}_\mathrm{V}+\dot{U}_\mathrm{W}=0$，所以电源内部无环流。若接错，将形成很大的环流，造成事故。在实际操作中，为了避免这一点，三相电源的绕组连接成三角形时，先不要完全闭合，留下一个开口，在开口处接上一只交流电压表，测量一下回路中

总的电压是否为零。如果测量的电压等于零，说明连接正确，这时再把电压表拆除，把开口处接在一起。在大容量的三相交流发电机中很少采用三角形联结。

以上提到的三相电源是指对称三相电源，在工程中也会出现三相电源不对称的情况，例如三相电源故障的情况，如一相电源短路或开路等。三相电源电压不对称组成星形或三角形的三相电源，属于不对称三相电源。

目前，我国市网低压供电线路大多采用三相四线制供电方式，相线与中性线之间的相电压有效值为220V，相线与相线之间的线电压有效值为380V。

4.2　三相负载的连接

实际中的负载可看作无源网络，即可以用阻抗表示负载。三组负载可分别用三个阻抗等效代替。当这三个阻抗相等时，称为对称三相负载，否则为不对称三相负载。三相负载的连接方式有两种：星形(Y)联结和三角形(△)联结。

4.2.1　三相负载的星形联结(Y)

三相负载的星形联结，是把各相负载的一端连接到一起，另一端分别接电源的三根端线。各相负载的公共节点称为负载中点，用N′表示。当电源也是星形联结时，负载中点与电源中点间的电压$\dot{U}_{N'N}$称为中点电压。若电源有中性线引出，则可通过中性线将负载中点和电源中点相连，而成为三相四线制电路，如图4-2-1所示。

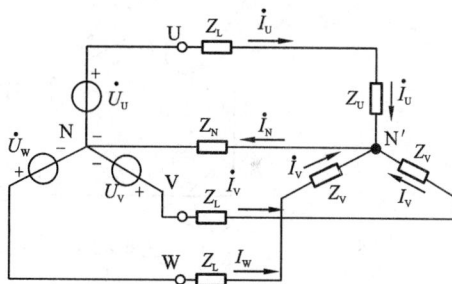

图 4-2-1　三相四线制星形联结负载

在图4-2-1中三相负载为星形联结。Z_L为线路阻抗，Z_N为中性线阻抗。Z_U、Z_V、Z_W为负载。

在三相电路中，流过端线的电流称为线电流I_L，如图中的$\dot{I}_U$、$\dot{I}_V$、$\dot{I}_W$，流过中性线的电流称为中线电流，如图中的$\dot{I}_N$，流过每相负载的电流为相电流I_P，如图中的$\dot{I}_U$、$\dot{I}_V$、$\dot{I}_W$。习惯上选定电流的参考方向是从电源流向负载。负载相电压、相电流的参考方向是由负载端头指向负载中性点。中线电流的参考方向为由负载中性点指向电源中性点。在图4-2-1所示星形联结的三相负载中，线电流和相电流为同一个电流，因此线电流等于相电流

即
$$I_L = I_P \tag{4-8}$$

三相四线制中的中性线电流：
$$\dot{I}_N = \dot{I}_U + \dot{I}_V + \dot{I}_W \tag{4-9}$$

例4-1　三相四线制电路中，星形联结负载各相阻抗分别为$Z_U = (8+j6)\Omega$、$Z_V = (3-j4)\Omega$、$Z_W = 10\Omega$，电源的线电压为380V，线路阻抗忽略不计，求各相电流及中线电流。

解： 因线电压为380V，所以相电压为220V。设U相电源电压$\dot{U}_U = 220\underline{/0°}$ V，则U相负载电流

$$\dot{I}_U = \dot{I}_U = \frac{\dot{U}_U}{Z_U} = \frac{220\underline{/0°}}{8+j6}A = \frac{220\underline{/0°}}{10\underline{/36.9°}}A = 22\underline{/-36.9°}A$$

那么
$$\dot{I}_V = \dot{i}_V = \frac{\dot{U}_V}{Z_V} = \frac{220\ \angle -120°}{3-j4}A = \frac{220\ \angle -120°}{5\ \angle -53.1°}A = 44\ \angle -66.9°\ A$$

$$\dot{I}_W = \dot{i}_W = \frac{\dot{U}_W}{Z_C} = \frac{220\ \angle 120°}{10\ \angle 0°}A = 22\ \angle 120°\ A$$

$$\dot{I}_N = \dot{I}_U + \dot{i}_V + \dot{i}_W = (22\ \angle -36.9° + 44\ \angle -66.9° + 22\ \angle 120°)A$$
$$= (17.6 - j13.2 + 17.3 - j40.5 - 11 + j19.1)A$$
$$= (23.9 - j34.6)A$$
$$= 42\ \angle -55.4°\ A$$

如果三相负载为对称负载，即 $Z_U = Z_V = Z_W = Z$，则三相电流 $\dot{I}_U$、$\dot{U}_V$、$\dot{i}_W$ 对称，那么中性线电流 $\dot{I}_N = 0$。此时可将中性线省去，得到图 4-2-2 所示电路。在这个电路中三根导线将三相电源和三相负载连接起来，称为三相三线制。

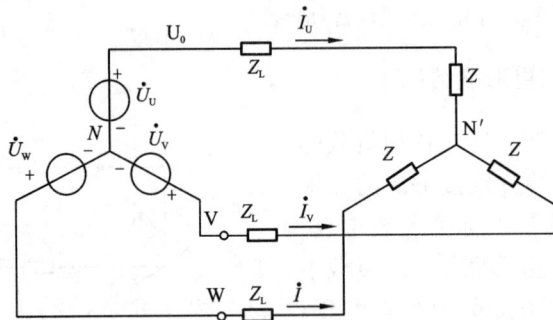

图 4-2-2　三相三线制星形联结负载

4.2.2　三相负载的三角形联结(△)

负载三角形(△)联结，如图 4-2-3(a)所示。三相负载中每相的末端依次与另一相负载的首端连接在一起，并将三个连接点分别接到三相电源的三根端线上。

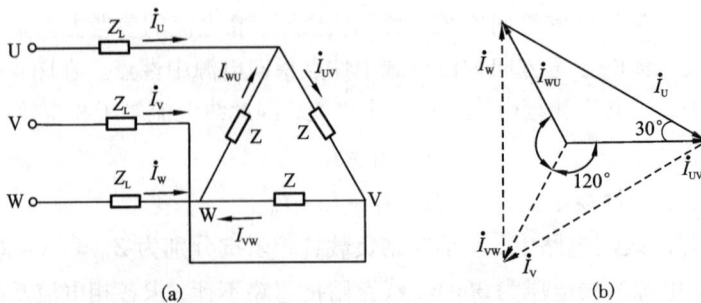

(a)　　　　　(b)

图 4-2-3　三相负载的三角形联结

图中负载相电流的参考方向是按习惯选定的。从此电路中可看出，负载的线电压与相电压是相等的。线电流和相电流的关系可由 KCL 得到

$$\left. \begin{aligned} \dot{I}_{\mathrm{U}} &= \dot{I}_{\mathrm{UV}} - \dot{I}_{\mathrm{WU}} \\ \dot{I}_{\mathrm{V}} &= \dot{I}_{\mathrm{VW}} - \dot{I}_{\mathrm{UV}} \\ \dot{I}_{\mathrm{W}} &= \dot{I}_{\mathrm{WU}} - \dot{I}_{\mathrm{VW}} \end{aligned} \right\} \tag{4-10}$$

如果三个相电流对称，且设：

$$\left. \begin{aligned} \dot{I}_{\mathrm{UV}} &= \dot{I}_{\mathrm{P}} \underline{/0^\circ} \\ \dot{I}_{\mathrm{VW}} &= \dot{I}_{\mathrm{P}} \underline{/-120^\circ} \\ \dot{I}_{\mathrm{WU}} &= \dot{I}_{\mathrm{P}} \underline{/120^\circ} \end{aligned} \right\} \tag{4-11}$$

将以上关系式代入式(4-11)中可得

$$\left. \begin{aligned} \dot{I}_{\mathrm{U}} &= \dot{I}_{\mathrm{P}} \underline{/0^\circ} - \dot{I}_{\mathrm{P}} \underline{/120^\circ} = \sqrt{3} \dot{I}_{\mathrm{UV}} \underline{/-30^\circ} \\ \dot{I}_{\mathrm{V}} &= \dot{I}_{\mathrm{P}} \underline{/-120^\circ} - \dot{I}_{\mathrm{P}} \underline{/0^\circ} = \sqrt{3} \dot{I}_{\mathrm{VW}} \underline{/-30^\circ} \\ \dot{I}_{\mathrm{W}} &= \dot{I}_{\mathrm{P}} \underline{/120^\circ} - \dot{I}_{\mathrm{P}} \underline{/-120^\circ} = \sqrt{3} \dot{I}_{\mathrm{WU}} \underline{/-30^\circ} \end{aligned} \right\} \tag{4-12}$$

即三相负载为三角形联结时，线电流的有效值是相电流有效值的$\sqrt{3}$倍，即 $I_{\mathrm{L}} = \sqrt{3} I_{\mathrm{P}}$。线电流在相位上比相应的相电流滞后30°。它们的相量关系如图4-2-3(b)所示。

例4-2 对称三相负载接成三角形联结如图4-2-3(a)所示，接到线电压为380V的三相电源上，若每相负载阻抗为 $Z = 6 + \mathrm{j}8(\Omega)$，线路阻抗忽略不计，求负载各相电流及各线电流。

解：设线电压 $\dot{U}_{\mathrm{UV}} = 380 \underline{/0^\circ}$ V，负载阻抗 $Z = (6 + \mathrm{j}8)\Omega = 10 \underline{/53.1^\circ}\Omega$。

则负载各相电流为：$\dot{I}_{\mathrm{UV}} = \dfrac{\dot{U}_{\mathrm{UV}}}{Z} = \dfrac{380 \underline{/0^\circ}}{10 \underline{/53.1^\circ}}\mathrm{A} = 38 \underline{/-53.1^\circ} \mathrm{A}$

$$\dot{I}_{\mathrm{VW}} = \dot{I}_{\mathrm{UV}} \underline{/-120^\circ} = 38 \underline{/(-53.1^\circ - 120^\circ)} \mathrm{A} = 38 \underline{/-173.1^\circ}\mathrm{A}$$

$$\dot{I}_{\mathrm{WU}} = \dot{I}_{\mathrm{UV}} \underline{/120^\circ} = 38\sqrt{3} \underline{/(-53.1^\circ + 120^\circ)} \mathrm{A} = 38 \underline{/66.9^\circ}\mathrm{A}$$

各线电流为：$\dot{I}_{\mathrm{U}} = \sqrt{3} \dot{I}_{\mathrm{UV}} \underline{/-30^\circ} = 38\sqrt{3} \underline{/(-53.1^\circ - 30^\circ)} \mathrm{A} = 38\sqrt{3} \underline{/-83.1^\circ} \mathrm{A}$

$$\dot{I}_{\mathrm{V}} = \dot{I}_{\mathrm{U}} \underline{/-120^\circ} = 38\sqrt{3} \underline{/(-83.1^\circ - 120^\circ)} \mathrm{A} = 38\sqrt{3} \underline{/-203.1^\circ}\mathrm{A}$$

$$\dot{I}_{\mathrm{W}} = \dot{I}_{\mathrm{U}} \underline{/120^\circ} = 38\sqrt{3} \underline{/(-83.1^\circ + 120^\circ)} \mathrm{A} = 38\sqrt{3} \underline{/36.9^\circ}\mathrm{A}$$

综上所述，三相负载既可以作星形联结，也可以作三角形联结，究竟如何连接，应根据各相负载的额定电压和电源线电压的关系而定。当各相负载的额定电压等于线电压的 $1/\sqrt{3}$ 时，负载应作星形联结；而当各相负载的额定电压等于电源线电压时，负载就必须作三角形联结。

4.3 对称三相电路的计算

三相电路按电源和负载接成 Y 形还是 Δ 形，可分为 Y/Y、Y_N/Y_N、Y/Δ、Δ/Y 和 Δ/Δ 五种连接方式。其中，"/"左边表示电源的连接，右边表示负载的连接；有下标"N"表示有中线，否则表示无中线。

对称三相电路则是指三相电源对称、三相负载对称、三相输电线也对称（即三根输电线的阻抗相等）的三相电路。以上的五种接法的三相电路都可以是对称三相电路。

由于电路的对称性而具有一些特殊规律性，在分析对称三相电路时，利用这些规律性可以简化三相电路的分析计算。

现在，我们先来分析对称的三相四线制的 Y_N/Y_N 系统，如图 4-3-1 所示。对于这种结构的电路，一般可用节点法先求出中性点 N′ 与 N 之间的电压。以 N 为参考节点，可得

$$\left(\frac{1}{Z_N}+\frac{3}{Z+Z_L}\right)\dot{U}_{N'N}=\frac{1}{Z+Z_L}(\dot{U}_U+\dot{U}_V+\dot{U}_W)$$

因为 $\dot{U}_U+\dot{U}_V+\dot{U}_W=0$，所以有

图 4-3-1 对称三相四线制 Y_N/Y_N 联结

$$\dot{U}_{N'N}=0 \qquad\qquad (4-13)$$

即 N′ 点与 N 点等电位。各线(或相)电流为

$$\dot{I}_U=\dot{I}_U$$

$$\dot{I}_V=\dot{I}_V=\frac{\dot{U}_V-\dot{U}_{N'N}}{Z+Z_L}=\frac{\dot{U}_V}{Z+Z_L}=\dot{I}_U\underline{/-120^\circ}$$

$$\dot{I}_W=\dot{I}_W=\frac{\dot{U}_W-\dot{U}_{N'N}}{Z+Z_L}=\frac{\dot{U}_W}{Z+Z_L}=\dot{I}_U\underline{/120^\circ}$$

从以上三式可以看出，由于 $\dot{U}_{N'N}=0$，使得各线电流彼此独立，且构成了一组对称正弦量。因此利用此电路对称的特点，只要计算出其中一相的参数，就可以写出其他两相的参数。另外，中性线电流

$$\dot{I}_N=\frac{\dot{U}_{N'N}}{Z_N}=0$$

所以，负载对称时，将中性线断开或者短路对电路都没有影响。

负载端的相电压分别为

$$\left.\begin{array}{l}\dot{U}_{UN'}=Z\dot{I}_U\\[4pt]\dot{U}_{VN'}=Z\dot{I}_V=\dot{U}_{UN'}\underline{/-120^\circ}\\[4pt]\dot{U}_{WN'}=Z\dot{I}_W=\dot{U}_{UN'}\underline{/120^\circ}\end{array}\right\}$$

相电压亦是对称的。显然，负载线电压也是对称的。

通过上述分析可知：

(1)由于 Y_N/Y_N 对称电路 $\dot{U}_{N'N}=0$，$\dot{I}_N=0$，因此中性线不起作用。即有无中性线对电路的各电压电流均无影响。

(2)对称三相电路中各绕组电压、电流均对称。

(3)凡是对称三相电路都可以使用归结为一相的计算方法。对于三角形联结的对称负载可等效变换为星形联结，成为 Y_N/Y_N 三相电路再进行计算。

例 4-3 某变电站经线路阻抗 $Z_1=(1+j4)\,\Omega$ 的配电线与 $\dot{U}_{UV}=10\sqrt{3}\underline{/30^\circ}\,\text{kV}$ 电网连接。变电站变压器一次侧为星形联结，每相等效阻抗 $Z=(20+j40)\,\Omega$。求变压器一次侧的各相电流、端电压相量。

解： 此电路具有对称性，根据式(4-6)可得

$$\dot{U}_U=\frac{\dot{U}_{UV}}{\sqrt{3}}\underline{/-30^\circ}=10000\underline{/0^\circ}\,\text{V}$$

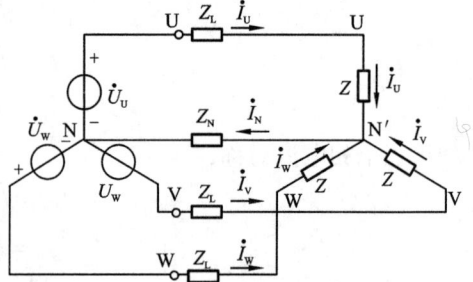

据此画出一相计算电路，如图 4 - 3 - 2(b)所示。可求得

$$\dot{I}_{U} = \frac{\dot{U}_{U}}{Z + Z_{1}} = \frac{10000 \underline{/0°}}{1 + j4 + 20 + j40} = 118.4 \sqrt{3} \underline{/-64.49°} A$$

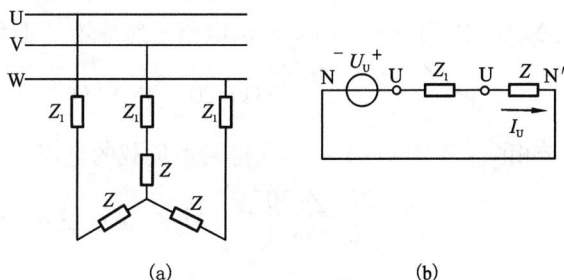

图 4 - 3 - 2　例 4 - 3 附图

根据对称性可以写出

$$\dot{I}_{V} = \dot{I}_{U} \underline{/-120°} = 118.4 \sqrt{3} \underline{/-64.49° + (-120°)} A = 118.4 \sqrt{3} \underline{/175.51°} A$$

$$\dot{I}_{W} = \dot{I}_{U} \underline{/120°} A = 118.4 \sqrt{3} \underline{/-64.49° + 120°} A = 118.4 \sqrt{3} \underline{/55.51°} A$$

变压器一次侧相电压

$$\dot{U}_{UN'} = \dot{I}_{U} Z = 118.4 \sqrt{3} \underline{/-64.49°} \times (20 + j40) = 5294.8 \sqrt{3} \underline{/-1.06°} V$$

变压器一次侧线电压

$$\dot{U}_{UV} = \sqrt{3} \dot{U}_{UN} \underline{/30°} = 9170.9 \sqrt{3} \underline{/28.94°} V$$

根据对称性可得

$$\dot{U}_{VW} = \dot{U}_{UV} \underline{/-120°} = 9170.9 \sqrt{3} \underline{/-91.06°} V$$

$$\dot{U}_{WU} = \dot{U}_{UV} \underline{/120°} = 9170.9 \sqrt{3} \underline{/148.94°} V$$

例 4 - 4　两台三相电动机由线电压为 380V 的同一三相电源供电，其中一台每相绕组的等效阻抗 $Z_{1} = (12 + j16) \Omega$，额定电压为 220V；另一台每相绕组的等效阻抗为 $Z_{2} = (48 + j36) \Omega$，额定电压为 380V。两台电动机应分别作何种连接？若不计线路阻抗，求各线电流和负载各相电流？

解：(1)设电源为 Y 形联结，因其线电压为 380V，所以相电压为 220V。若以电源线电压 $\dot{U}_{UV}$ 为参考相量，则 U 相电源电压 $\dot{U}_{U}$ = 220 $\underline{/-30°}$ V。

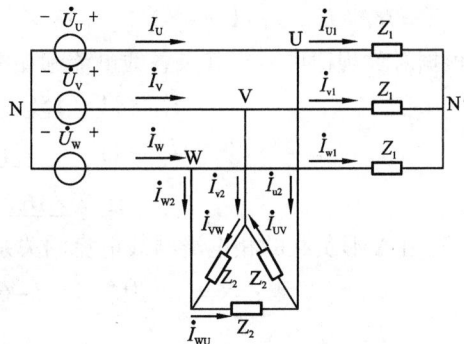

图 4 - 3 - 3　例 4 - 4 附图

绕组额定电压为 220V 的电动机应接成 Y 形，使负载相电压等于电源相电压，即等于 220V；而绕组额定电压为 380V 的电动机应接成 Δ 形，使负载相电压等于电源线电压，即等于 380V。两台电动机的接线如图 4 - 3 - 3 所示。

其中，Y 形负载每相阻抗

$$Z_1 = (12 + j16)\Omega = 20\ \underline{/53.1°}\,\Omega$$

Δ 形负载每相阻抗

$$Z_2 = (48 + j36)\Omega = 60\ \underline{/36.9°}\,\Omega$$

将 Δ 形负载等效变换成 Y 形，得到图 4 - 3 - 4 所示电路，其等效 Y 形负载每相阻抗

$$Z'_2 = \frac{Z_2}{3} = \frac{60\ \underline{/36.9°}}{3}\Omega = 20\ \underline{/36.9°}\,\Omega$$

（2）取 U 相电路作单相图，见图 4 - 3 - 5，求得两组负载的电流

$$\dot{I}_{U1} = \frac{\dot{U}_U}{Z_1} = \frac{220\ \underline{/-30°}}{20\ \underline{/53.1°}}A = 11\ \underline{/-83.1°}\ A$$

$$\dot{I}_{U2} = \frac{\dot{U}_U}{Z'_2} = \frac{220\ \underline{/-30°}}{20\ \underline{/36.9°}}A = 11\ \underline{/-66.9°}\ A$$

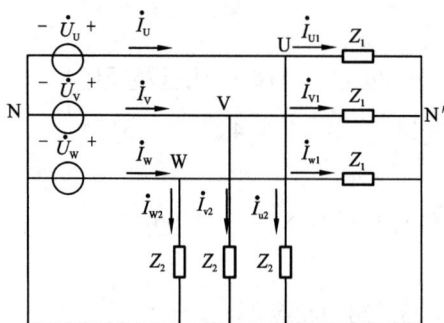

图 4 - 3 - 4　例 4 - 4 等效电路　　　　图 4 - 3 - 5　例 4 - 4 的 U 相电路

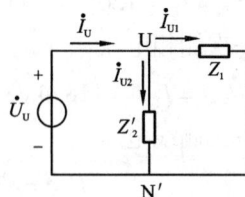

U 相线电流

$$\dot{I}_U = \dot{I}_{U1} + \dot{U}_{U2} = (11\ \underline{/-83.1°} + 11\ \underline{/-66.9°})A = (5.6 - j21)A = 21.7\ \underline{/-75°}\ A$$

根据对称规律可写出其余各线电流和相电流分别为

$$\dot{I}_{V1} = 11\ \underline{/156.9°}\ A,\ \dot{I}_{W1} = 11\ \underline{/36.9°}A$$

$$\dot{I}_{V2} = 11\ \underline{/173.1°}\ A,\ \dot{I}_{W2} = 11\ \underline{/53.1°}A$$

$$\dot{I}_V = 21.7\ \underline{/165°}\ A,\ \dot{I}_W = 21.7\ \underline{/45°}\ A$$

（3）由 Δ 形负载的相电流与线电流的关系得

$$\dot{I}_{UV} = \frac{\dot{I}_{U2}\underline{/30°}}{\sqrt{3}} = \frac{11\ \underline{/-66.9°+30°}}{\sqrt{3}}A \approx 6.3\ \underline{/-36.9°}\ A$$

$$\dot{I}_{VW} = 6.3\ \underline{/-156.9°}A$$

$$\dot{I}_{WU} = 6.3\ \underline{/83.1°}A$$

4.4　不对称三相电路的分析

在三相电路中，只要有一部分不对称就称为不对称电路，如图 4 - 4 - 1 所示三相电路中，

$Z_U \neq Z_V \neq Z_W$。实际工作中不对称三相电路大量存在，首先有许多单相负载，且开和关又很频繁，很难把它们配成对称情况；其次对称三相电路发生故障时，如断线、短路等，也就成为不对称三相电路。一般情况下，这种电路就不再具有对称三相电路的那些特点，例如：

（1）当电源和负载都作星形联结时，电源中性点 N 和负载中性点 N′一般不是等电位点。如果用中性线把两点连接起来，中性线中就会出现电流。

（2）各相电压与电流之间不再存在对称关系，因而不可能由一相直接写出其余两相的结果。也就是说，对于不对称三相电路不能应用归结为单独一相的计算方法。

实际上，只能把不对称三相电路作为一个复杂电路，应用以前学过的方法来处理。在这里，我们只初步分析一下由于负载不对称而引起的一些特点，因为三相电源通常都是比较接近于对称的，可以近似地作为对称处理，而负载的不对称则是经常出现的。

图 4 - 4 - 1　不对称三相电路

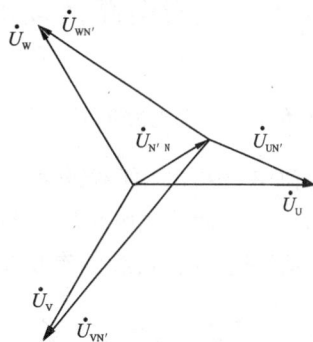

在图 4 - 4 - 1 所示电路中，两个中点之间用阻抗为 Z_N 的中性线连接起来。它只有两个节点，因此运用节点电压法进行分析，以节点 N 为参考点，则

$$\left(\frac{1}{Z_U} + \frac{1}{Z_V} + \frac{1}{Z_W} + \frac{1}{Z_N}\right)\dot{U}_{N'N} = \frac{\dot{U}_U}{Z_U} + \frac{\dot{U}_V}{Z_V} + \frac{\dot{U}_W}{Z_W}$$

将阻抗用导纳表示，得

$$\dot{U}_{N'N} = \frac{\dot{U}_U Y_U + \dot{U}_V Y_V + \dot{Y}_W Y_W}{Y_U + Y_V + Y_W + Y_N} \tag{4-14}$$

由于负载不对称，显然

$$\dot{U}_{N'N} \neq 0 \tag{4-15}$$

说明电源中性点与负载中性点电位不相同。如果电源对称，负载不对称，这时各电压为

$$\left.\begin{array}{l} \dot{U}_U = \dot{U}_{UN'} + \dot{U}_{N'N} \\ \dot{U}_V = \dot{U}_{VN'} + \dot{U}_{N'N} \\ \dot{U}_W = \dot{U}_{WN'} + \dot{U}_{N'N} \end{array}\right\} \tag{4-16}$$

各电压的相量图如图 4 - 4 - 2 所示。从图中的相量关系可得，N′点和 N 点在相量图上不重合，这一现象称为中性点位移。在电源对称的情况下，可以根据中性点位移的情况来判断负载端不对称的程度。当中性点的位移较大时，会造成负载端的相电压严重的不对称，从而可能使负载的工作状态不正常。另一方面，如果负载变动时，由于各相的工作状况相互关联，因此彼此都互有影响。

为了使负载得到对称的电压，可以人为地使 $\dot{U}_{N'N} = 0$，即用 $Z_N = 0$ 的导线将 N′点与 N 点相连。尽管电路是不对称的，但在这个条件下，可使各相保持独立性，各相

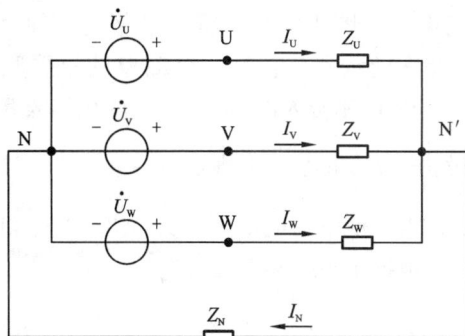

图 4 - 4 - 2　中性点位移

工作状况互不影响，此时各相电路的参数只取决于本相的电源和负载，因而各相可以分别独立计算。这就克服了无中性线时所引起的缺点。因此，中性线的存在是非常重要的，实际工程中，中性线上不允许接入熔断器和开关，有时还用机械强度较高的导线作为中性线。

由于相电流的不对称，中性线电流一般不为零，即

$$\dot{I}_N = \dot{I}_U + \dot{I}_V + \dot{I}_W \neq 0$$

例 4-5　图 4-4-3 所示电路是一种决定相序的仪器，叫相序指示器。它是一个简单的星形联结的不对称电路。其中 U 相接入电容，V、W 两相接入瓦数相同的灯泡。设 $\frac{1}{\omega C} = R$（也可以不满足这一关系）。且电源线电压对称，试求灯泡承受的电压，从而决定哪个灯泡较亮。

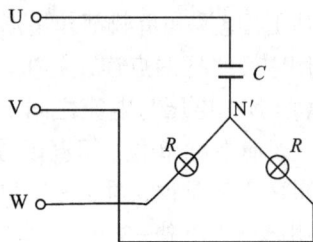

图 4-4-3　相序测定电路

解： 根据中点位移公式，有

$$U_{N'N} = \frac{\dot{U}_U j\omega C + \dot{U}_V \dfrac{1}{R} + \dot{U}_W \dfrac{1}{R}}{j\omega C + \dfrac{1}{R} + \dfrac{1}{R}}$$

设以 $\dot{U}_U$ 为参考相量，即令

$$U_U = \dot{U}_P \underline{/0}\ ；$$

则

$$\dot{U}_{N'N} = (-0.2 + j0.6)U_P = 0.63 U_P \underline{/108.4°}$$

故 B 相灯泡承受的电压为

$$\dot{U}_{VN'} = \dot{U}_{VN} - \dot{U}_{N'N} = U_P \underline{/-120°} - (-0.2 + j0.6)U_P = 1.5 U_P \underline{/-101.5°}$$

所以

$$\dot{U}_{VN'} = 1.5 U_P$$

经类似的计算可求得

$$\dot{U}_{WN'} = \dot{U}_{WN} - \dot{U}_{N'N} = U_P \underline{/120°} - (-0.2 + j0.6)U_P = 0.4 U_P \underline{/138.4°}$$

$$U_{WN'} = 0.4 U_P$$

根据上述结果可以判断：电容器所在的那一相如为 U 相，则灯泡比较亮的为 V 相，较暗的则为 W 相。其实，根据中性点电压 $\dot{U}_{N'N}$ 即可判定 $\dot{U}_{VN'} > \dot{U}_{WN'}$。

4.5　三相电路的功率

4.5.1　三相电路的功率计算

前面曾经指出：任意线性无源二端网络的平均功率(有功功率)等于该网络内所有电阻的平均功率之和。而无功功率等于该网络内所有电感和电容的无功功率之和。类似地，三相负载的有功功率等于各相负载的有功功率之和，三相负载的无功功率也等于各相负载的无功功率之和。

1. 三相负载的有功功率

三相负载所吸收的平均功率

$$P = P_U + P_V + P_W \tag{4-17}$$

如图 4 – 5 – 1 所示电路有

$$P = U_{\text{UN}'}I_{\text{U}}\cos\varphi_{\text{U}} + U_{\text{VN}'}I_{\text{V}}\cos\varphi_{\text{V}} + U_{\text{WN}'}I_{\text{W}}\cos\varphi_{\text{W}}$$

$$(4 – 18)$$

其中各电压、电流分别为 U、V、W 三相负载的相电压和相电流，φ_{U}、φ_{V}、φ_{W} 为 U、V、W 三相的阻抗角。

在对称三相电路中，各相负载吸收的平均功率相等，则

$$P = 3U_{\text{P}}I_{\text{P}}\cos\varphi \qquad (4 – 19)$$

因为负载在任何一种接法的情况下，总有 $3U_{\text{P}}I_{\text{P}} = \sqrt{3}U_{\text{L}}I_{\text{L}}$，那么

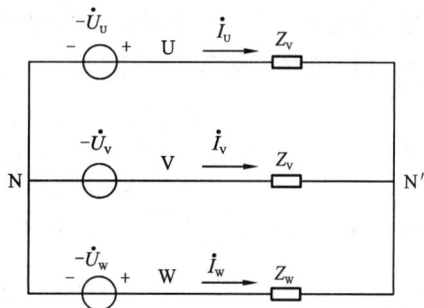

图 4 – 5 – 1　三相电路

$$P = \sqrt{3}U_{\text{L}}I_{\text{L}}\cos\varphi \qquad (4 – 20)$$

2. 三相负载的无功功率

与三相有功功率类似，三相无功功率为

$$Q = Q_{\text{U}} + Q_{\text{V}} + Q_{\text{W}}$$

那么图 4 – 5 – 1 所示电路有

$$Q = U_{\text{UN}'}I_{\text{U}}\sin\varphi_{\text{U}} + U_{\text{VN}'}I_{\text{V}}\sin\varphi_{\text{V}} + U_{\text{WN}'}I_{\text{W}}\sin\varphi_{\text{W}} \qquad (4 – 21)$$

在对称三相电路中，则

$$P = 3U_{\text{P}}I_{\text{P}}\sin\varphi = \sqrt{3}U_{\text{L}}I_{\text{L}}\sin\varphi \qquad (4 – 22)$$

3. 三相负载的视在功率

三相视在功率为

$$S = \sqrt{P^2 + Q^2} \qquad (4 – 23)$$

在对称三相电路中，则

$$S = 3U_{\text{P}}I_{\text{P}} = \sqrt{3}U_{\text{L}}I_{\text{L}} \qquad (4 – 24)$$

4. 三相负载的功率因数

$$\cos\varphi = \frac{P}{S} \qquad (4 – 25)$$

5. 对称三相电路的瞬时功率

各相的功率可写为

$$p_{\text{U}} = u_{\text{UN}}i_{\text{U}} = \sqrt{2}U_{\text{UN}}\sin\omega t \times \sqrt{2}I_{\text{U}}\sin(\omega t - \varphi) = U_{\text{UN}}I_{\text{U}}\left[\cos\varphi - \cos(2\omega t - \varphi)\right]$$

$$p_{\text{V}} = u_{\text{VN}}i_{\text{V}} = \sqrt{2}U_{\text{VN}}\sin(\omega t - 120°) \times \sqrt{2}I_{\text{V}}\sin(\omega t - \varphi - 120°) = U_{\text{VN}}I_{\text{V}}\left[\cos\varphi - \cos(2\omega t - \varphi - 240°)\right]$$

$$p_{\text{W}} = u_{\text{WN}}i_{\text{W}} = \sqrt{2}U_{\text{WN}}\sin(\omega t + 120°) \times \sqrt{2}I_{\text{W}}\sin(\omega t - \varphi + 120°) = U_{\text{WN}}I_{\text{W}}\left[\cos\varphi - \cos(2\omega t - \varphi + 240°)\right]$$

显然，它们的和为

$$p = p_{\text{U}} + p_{\text{V}} + p_{\text{W}} = 3U_{\text{P}}I_{\text{P}}\cos\varphi$$

此式表明，对称三相制的瞬时功率是一个常量，其值等于平均功率。这是对称三相制的一个优越的性能，习惯上把这一性能称为瞬时功率平衡，或平衡制。

例 4 – 6 有一个三相对称负载，每相的电阻 $R = 6\Omega$，容抗 $X_C = 8\Omega$，接在线电压为 380V 的三相对称电源上，当负载为三角形联结时，计算负载的有功功率、无功功率和视在功率，若三相负载星形联结时，各功率又如何？并比较其结果。

解：（1）负载三角形联结时，每相负载的阻抗模

$$|Z| = \sqrt{R^2 + X_C^2} = 10\Omega$$

相电压

$$U_P = U_L = 380V$$

相电流

$$I_P = \frac{U_P}{|Z|} = \frac{380}{10}A = 38A$$

线电流

$$I_L = \sqrt{3}I_P = \sqrt{3} \times 38A = 66A$$

功率因数

$$\cos\varphi = \frac{R}{|Z|} = \frac{6}{10} = 0.6$$

有功功率

$$P_\Delta = \sqrt{3}U_LI_L\cos\varphi = \sqrt{3} \times 380 \times 66 \times 0.6W = 26kW$$

无功功率

$$Q_\Delta = \sqrt{3}U_LI_L\sin\varphi = \sqrt{3} \times 380 \times 66 \times 0.8var = 34.7kvar$$

视在功率

$$S_\Delta = \sqrt{3}U_LI_L = \sqrt{3} \times 380 \times 66VA = 43.4kVA$$

（2）负载星形联结时

$$U_P = \frac{U_L}{\sqrt{3}} = \frac{380}{\sqrt{3}} = 220V$$

$$I_P = I_L = \frac{U_P}{|Z|} = \frac{220}{10} = 22A$$

各功率为

$$P_Y = \sqrt{3}U_LI_L\cos\varphi = \sqrt{3} \times 380 \times 22 \times 0.6W = 8.7kW$$

$$Q_Y = \sqrt{3}U_LI_L\sin\varphi = \sqrt{3} \times 380 \times 22 \times 0.8var = 11.6kvar$$

$$S_Y = \sqrt{3}U_LI_L = \sqrt{3} \times 380 \times 22 = 14.5kVA$$

比较两种联结所得结果

$$\frac{P_\Delta}{P_Y} = \frac{26}{8.7} \approx 3$$

$$\frac{Q_\Delta}{Q_Y} = \frac{34.7}{11.6} \approx 3$$

$$\frac{S_\Delta}{S_Y} = \frac{43.3}{14.5} \approx 3$$

三角形联结时的相电压是星形联结时的 $\sqrt{3}$ 倍，而其他各种功率为星形联结时的 3 倍。

4.5.2 三相电路的功率测量

测量三相功率要使用功率表，功率表有两个线圈：电流线圈和电压线圈，电流线圈是固定的，电压线圈是活动的。当电流线圈中通入电流 i、电压线圈两端加以电压 u 时，活动线圈发生偏转，偏转角与 $ui = p$ 在一个周期内的平均值，即与平均功率成正比，故能测量功率。功率表电流线圈的一个端钮标有记号（ * 或 ± ），电压线圈的一个端钮有同样的记号。标有记

号的这一端叫做同名端。接线时，必须连接得使电流都从同名端流入（或流出）。如果接错了，指针就会反转，这就无法取得读数，并可能把指针打弯。

1. 三瓦计法

对于三相四线制的星形联结电路，无论对称或不对称，一般可用三只单相功率表进行测量，它们的连接方式如图 4-5-2 所示，这种方法称为三瓦计法。功率表 W1 的电流线圈流过的电流是 U 相的电流 i_U，电压线圈上的电压是 U 相的电压 u_{UN}。因此，功率表 W1 指示的读数正好是 U 相的平均功率 P_U。同样地，功率表 W2、W3 的读数代表了 V 相和 W 相负载所吸收的功率 P_V 和 P_W。因此，将三只表的读数相加，就得到三相负载吸收的功率，即

$$P = P_U + P_V + P_W$$

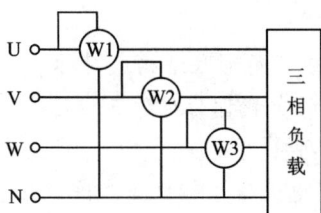

图 4-5-2　三瓦计法　　　　　　　图 4-5-3　二瓦计法

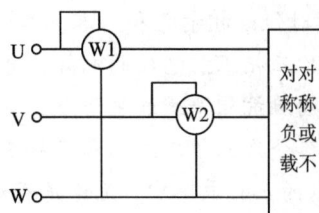

2. 二瓦计法

在三相三线制电路中，不论对称与否，可使用两个功率表的方法来测量三相功率。它们的连接方式图 4-5-3 所示。两个功率表的电流线圈分别串入任意两端线中（图中为 U、V 线），它们的电压线圈的非电源端钮（即无星号＊端）共同接到第三条端线上（图示为 W 线）。两个功率表读数的代数和等于要测的三相功率。这种方法称为二瓦计法。

上述两种方法可以看出，测量中电表的接线只触及端线而不触及负载和电源，并与两者的连接方式无关。

不管负载如何连接，计算时总可以化为星形负载，因此三相瞬时功率可以写成

$$p = p_U + p_V + p_W = u_{UN'}i_U + u_{VN'}i_V + u_{WN'}i_W$$

根据 KCL，有

$$i_U + i_V + i_W = 0$$

所以，可以将线电流 i_W 用其他两个线电流来替代，即

$$i_W = -(i_U + i_V)$$

将这个关系代入上式得

$$p = (u_{UN'} - u_{WN'})i_U + (u_{VN'} - u_{WN'})i_V = u_{UW}i_U + u_{VW}i_V$$

则三相平均功率为

$$P = U_{UW}I_U\cos\varphi_1 + U_{VW}I_V\cos\varphi_2$$

式中 φ_1 为电压相量 $\dot{U}_{UW}$ 与电流相量 $\dot{I}_U$ 之间的相位差，φ_2 为电压相量 $\dot{U}_{VW}$ 与电流相量 $\dot{I}_V$ 之间的相位差。上式中的第一项就是图 4-5-3 中功率表 W1 的读数 P_1，而第二项就是图 4-5-3 中功率表 W2 的读数 P_2。可见，两个功率表读数的代数和就是三相电路的总平均功率，即有

$$P = P_1 + P_2$$

可以证明，在对称三相制中有

$$P_1 = U_{UW}I_U\cos(30° - \varphi)$$

$$P_2 = U_{VW}I_V\cos(30° + \varphi)$$

式中 φ 为负载的阻抗角。应当注意，在一定的条件下，两个功率表之一的读数可能为负，求代数和时该读数亦应取负值。

本章小结

1. 三相交流电路的基本概念

（1）三个同频率、有效值相等、相位依次互差 $120°$ 的正弦量称为对称三相正弦量。对称三相正弦量的瞬时值或相量之和为零。

（2）具有对称三相正弦电压的电源，通过星形或三角形联结构成对称三相电源。

（3）三相等效阻抗相等通过星形或三角形联结的负载称为对称三相负载。

（4）三相电路分为三相四线制和三相三线制两种。

2. 星形联结的三相电路中，无论是否对称，线电流等于相电流。线电压和相电压的关系满足式（4-5），如果电压对称则满足式（4-6）。

3. 三角形联结的三相电路中，无论是否对称，线电压等于相电压。线电流和相电流的关系满足式（4-12），如果电流对称则满足（4-13）。

4. 在对称的三相电路中，由于电源和负载的对称性，各相的电压和电流都是对称的，而且电源中点和负载中点的电位相等，故各相的电流仅由各相的电压和各相的阻抗所决定，因而各相的计算具有独立性，所以只要计算一相的电压和电流，其他两相的电压和电流就可以直接写出。

5. 对于不对称三相电路，不能化为单相计算，只能利用复杂电路的计算方法。当已知外加电压而要求不对称星形负载各相电压和电流时，利用中点位移公式比较方便。

6. 不论是星形还是三角形联结，对称三相制中的有功功率等于线电压、线电流和功率因数三者乘积的 $\sqrt{3}$ 倍，即 $P = \sqrt{3}U_L I_L\cos\varphi$，式中，$\varphi$ 是相电压超前于相电流的角度。

7. 三相功率的测量可采取二瓦计法和三瓦计法。

复习思考题

4-1　已知对称星形联结负载的每相电阻为 10Ω，感抗为 12Ω，对称线电压的有效值为 $380V$。试求此负载的相电流。

4-2　已知对称三相电路的星形联结负载 $Z = 165 + j84\Omega$，端线阻抗 $Z_L = 2 + j1\Omega$，中线阻抗 $Z_N = 1 + j\Omega$，线电压 $U_L = 380V$。求负载端的电流和线电压，并作出电路的相量图。

4-3　电路如题图 4-1 所示，电源电压为 $380V$，$50Hz$。已知对称星形和三角形联结负载每相阻抗分别为 $7\underline{/30°}\Omega$ 和 $15\underline{/-20°}\ \Omega$，求：每个三相负载吸收的有功功率和无功功率；电路的总视在功率和总功率因数。

4-4　已知三角形联结的对称负载，$Z = 3 + j4\Omega$，其对称线电压 $\dot{U}_{UV} = 380\underline{/30°}V$，求其他两相线电压、相电压、线电流、相电流。

4 – 5 已知对称三相负载 $Z = 100$ $\underline{/45°}\Omega$，线电压 $U_L = 380V$，求将负载分别接成星形联结、三角形联结时的负载相电压 U_P，线电流 I_L 及三相负载总功率 P。

4 – 6 三相对称星形联结电源的相电压 $U_P = 380V$，经输电线供电到星形联结的对称负载：负载每相阻抗 $Z = 35 + j20\Omega$，每根导线的阻抗 $Z_L = 1 + j2\Omega$。试求线电流、电源输出功率、负载的线电压和负载吸收的功率。

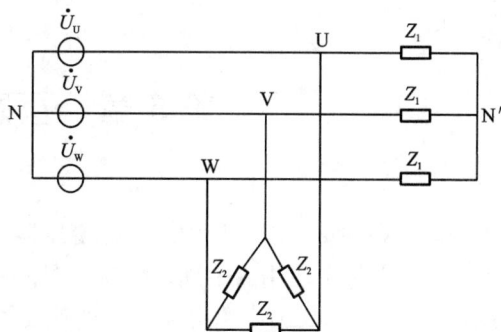

题图 4 – 1 题 4 – 3 附图

4 – 7 已知不对称三相四线制中的对称三相电源的线电压 $U_L = 380V$，不对称的星形联结负载分别是 $Z_U = 3 + j2\Omega$，$Z_V = 4 + j4\Omega$，$Z_W = 2 + j1\Omega$。试求：(1) 当中性线阻抗 $Z_N = 4 + j3\Omega$ 时的中性点电压，线电流和负载吸收的总功率；(2) 当 $Z_N = 0\Omega$ 时 U 相开路时的线电流。如果无中线 (即 $Z_N = \infty$) 又会怎样？

4 – 8 如题图 4 – 2 所示电路，已知 $U_{UV} = 200V$，$U_{VW} = 210V$，$U_{WU} = 180V$，$Z_L = 20 + j40\Omega$，$Z_{ab} = 120 + j40\Omega$。求两个电压表的读数 (设电压表的内阻抗为无限大)。

4 – 9 已知某三相感应电动机的额定参数如下：输出功率 $P = 7.5kW$，$\cos\varphi = 0.88$，$\eta = 0.875$，$U_L = 380V$。求该电动机在额定负载下的电流。又如果用两个功率表测量该电动机的功率，如题图 4 – 3 所示，问两个功率表的读数各是多少？

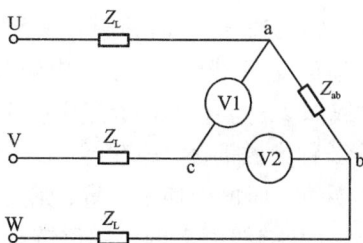

题图 4 – 2 题 4 – 8 附图

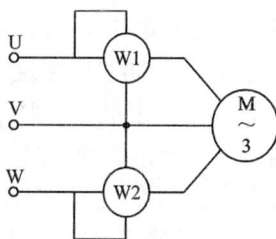

题图 4 – 3 题 4 – 9 附图

4 – 10 一台星形联结三相电动机的总功率、线电压、线电流分别为 3.3kW，380V，6.1A，试求它的功率因数和每相阻抗。

第 5 章　互感耦合电路

耦合电感和理想变压器是构成实际变压器电路模型的必不可少的元件。在实际电路中，如收音机、电视机中使用的中周、振荡线圈，在整流电源里使用的变压器等，都是耦合电感与变压器元件。在本章中，将介绍它们的伏安关系和含此类元件的电路的分析方法。

5.1　互感

5.1.1　互感现象

在交流电路中，如果在一个线圈的附近还有另一个线圈，当其中一个线圈中的电流变化时，不仅在本线圈中产生感应电压，而且在另一个线圈中也要产生感应电压，这种现象称为互感现象，由此而产生的感应电压称为互感电压。这样的两个线圈称为互感线圈。

5.1.2　互感系数

图 5 − 1 − 1 是两个相距很近的线圈（电感），匝数分别为 N_1 和 N_2，为讨论方便，规定每个线圈的电压、电流取关联参考方向，且每个线圈的电流的参考方向和该电流所产生的磁通的参考方向符合右手螺旋定则。

当线圈 1 中通入电流 i_1 时，在线圈 1 中就会产生自感磁通 ϕ_{11}，而其中有一部分磁通 ϕ_{21}，不仅穿过线圈 1，同时也穿过线圈 2，ϕ_{21} 且 $\leqslant \phi_{11}$。同样，若在线圈 2 中通入电流 i_2，它产生的自感磁通 ϕ_{22}，其中也有一部分磁通 ϕ_{12}，不仅穿过线圈 2，同时也穿过线圈 1，且 $\phi_{12} \leqslant \phi_{22}$。像这样一个线圈的磁通与另一个线圈相交链的现象，称为磁耦合，即互感。ϕ_{21} 和 ϕ_{12} 称为耦合磁通或互感磁通。为讨论方便起见，假定穿过线圈每一匝的磁通都相等，则交链线圈 1 的自感磁链与互感磁链分别为 $\varPsi_{11} = N_1 \phi_{11}$，$\varPsi_{12} = N_1 \phi_{12}$；交链线圈 2 的自感磁链与互感磁链分别为 $\varPsi_{22} = N_1 \phi_{22}$，$\varPsi_{21} = N_1 \phi_{21}$。类似于自感系数的定义，互感系数的定义为

$$M_{21} = \frac{\varPsi_{21}}{i_1} \tag{5 − 1a}$$

$$M_{12} = \frac{\varPsi_{12}}{i_2} \tag{5 − 1b}$$

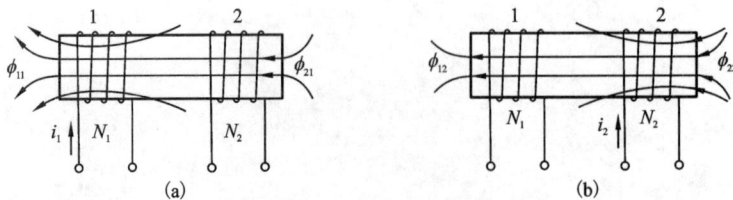

图 5 − 1 − 1　磁通互助的耦合电感

式(5-1a)表明线圈 1 对线圈 2 的互感系数 M_{21}，等于穿过线圈 2 的互感磁链与激发该磁链的线圈 1 中的电流之比。式(5-1b)表明线圈 2 对线圈 1 的互感系数 M_{12}，等于穿过线圈 1 的互感磁链与激发该磁链线圈 2 中的电流之比，可以证明

$$M_{21} = M_{12} = M$$

所以，我们以后不再加下标，一律用 M 表示两线圈的互感系数，简称互感。互感的单位与自感相同，也是亨利(H)。

两个互感线圈的构成和相对位置确定时，线圈间的互感 M 是线圈的固有参数。M 的大小取决于两个线圈的匝数、几何尺寸、相对位置和磁介质。当磁介质为非铁磁性介质时，M 是常数，本章讨论的互感 M 均为常数。

5.1.3　耦合系数

一般情况下，两个耦合线圈的电流所产生的磁通，只有部分磁通相互交链，彼此不交链的那部分磁通称为漏磁通。两耦合线圈相互交链的磁通越大，说明两个线圈耦合得越紧密。为了表征两个线圈耦合的紧密程度，通常用耦合系数 K 来表示。因为 $\phi_{21} \leqslant \phi_{11}$，$\phi_{12} \leqslant \phi_{22}$，所以

$$M^2 = M_{21}M_{12} = \frac{\Psi_{21}}{i_1} \frac{\Psi_{12}}{i_2} = \frac{N_2\phi_{21}}{i_1} \frac{N_1\phi_{12}}{i_2} \leqslant \frac{N_1\phi_{11}}{i_1} \frac{N_2\phi_{22}}{i_2} = L_1 L_2$$

故可得

$$M \leqslant \sqrt{L_1 L_2}$$

两线圈的互感系数不大于两线圈自感系数的几何平均值，即 $M \leqslant \sqrt{L_1 L_2}$。

上式仅说明互感 M 比 $\sqrt{L_1 L_2}$ 小(最多相等)，但并不能说明 M 比 $\sqrt{L_1 L_2}$ 小到什么程度。为此，工程上常用耦合系数 K 来表示两线圈的耦合松紧程度，其定义式为

$$K = \frac{M}{\sqrt{L_1 L_2}} \tag{5-2}$$

由式(5-2)可知，$0 \leqslant K \leqslant 1$，$K$ 值越大，说明两个线圈之间耦合越紧。当 $K = 1$ 称全耦合；$K = 0$ 时，说明两线圈没有耦合。

耦合系数 K 的大小与两线圈的结构、相互位置以及周围磁介质有关。如图 5-1-2(a)所示的两线圈绕在一起，其 K 值可能接近 1。相反，如图 5-1-2(b)所示，两线圈相互垂直，其 K 值可能接近零。由此可见，改变或调整两线圈的相互位置，可以改变耦合系数 K 的大小。在工程上有时为了避免线圈之间的相互干扰，应尽量减小互感的作用，除了采用磁屏蔽方法外，还可以合理布置线圈的相互位置。在电子技术和电力变压器中，为了更好地传输功率和信号，往往采用极紧密的耦合，使 K 值尽可能接近 1，一般都采用铁磁材料制成芯子以达到这一目的。

5.1.4　互感电压

如果选择互感电压的参考方向与互感磁通的参考方向符合右手螺旋法则，则根据电磁感应定律，结合式(5-2)，有

$$u_{21} = \frac{\mathrm{d}\Psi_{21}}{\mathrm{d}t} = M\frac{\mathrm{d}i_1}{\mathrm{d}t}$$

$$u_{12} = \frac{\mathrm{d}\Psi_{12}}{\mathrm{d}t} = M\frac{\mathrm{d}i_2}{\mathrm{d}t} \tag{5-3}$$

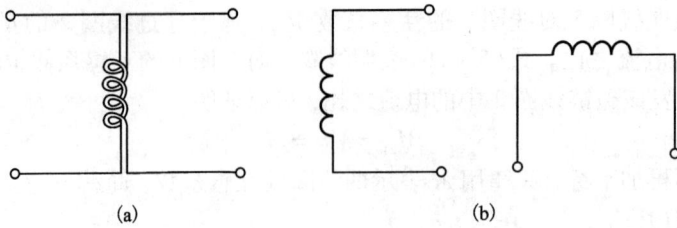

图 5-1-2　耦合系数 K 与线圈相互位置的关系

当线圈中的电流为正弦交流时,则

$$i_1 = I_{1m}\sin\omega t, \ i_2 = I_{2m}\sin\omega t$$

$$u_{21} = M\frac{\mathrm{d}i_1}{\mathrm{d}t} = \omega M I_{1m}\cos\omega t = \omega M I_{1m}\sin\left(\omega t + \frac{\pi}{2}\right)$$

$$u_{12} = \omega M I_{2m}\sin\left(\omega t + \frac{\pi}{2}\right)$$

$$\left.\begin{aligned}\dot{U}_{21} &= \mathrm{j}\omega M \dot{I}_1 = \mathrm{j}X_M \dot{I}_1 \\ \dot{U}_{12} &= \mathrm{j}\omega M \dot{I}_2 = \mathrm{j}X_M \dot{I}_2\end{aligned}\right\} \tag{5-4}$$

5.1.5　互感线圈的同名端

1. 同名端

由上述分析可知,要确定互感电压前的正负号,必须知道互感磁通与自感磁通是相助还是相消,如果象图 5-1-1 和图 5-1-4 那样,知道线圈的相对位置和各线圈绕向,标出线圈上电流 i_1 和 i_2 的参考方向,就可根据右手螺旋定则判断出自感磁通与互感磁通是相助还是相消。但在实际中,互感线圈往往是密封的,看不到其绕向和相对位置,况且在电路中将线圈的绕向和空间位置画出来既麻烦又不易表示清晰,于是人们规定了一种标志,即同名端,由同名端与电流参考方向就可以判定磁通相助还是相消。

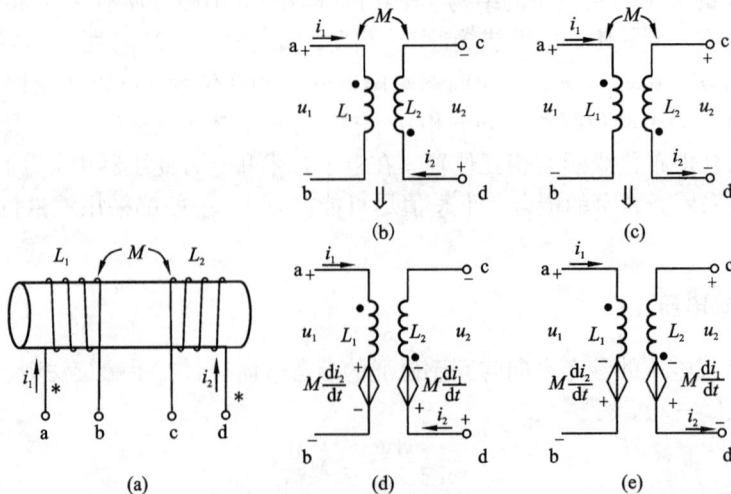

图 5-1-3　互感线圈同名端

　　线圈的同名端是这样规定的：具有磁耦合的两线圈，当电流分别从两线圈各自的某端同时流入（或流出）时，若两者产生的磁通相助，则这两端叫作互感线圈的同名端，用黑点"·"或星号"＊"作标记，未用黑点或星号作标记的两个端子也是同名端。

　　同名端总是成对出现的，如是有两个以上的线圈彼此间都存在磁耦合时，同名端应一对一对地加以标记，每一对须用不同的符号标出，如图 5－1－4(b)所示。

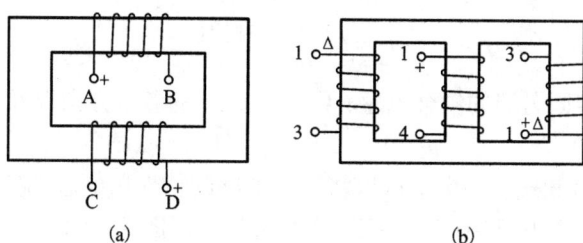

图 5－1－4　几种互感线圈的同名端

2. 同名端的测定

　　如果给定一对不知绕向的互感线圈，可采用如图 5－1－5 所示的实验装置来判断出它们的同名端。把一个线圈通过开关 S 接到一直流电源上，再将一个直流电压表（或电流表）接到另一个线圈上，当开关 S 迅速闭合时，就有随时间增长的电流 i_1 从电源正极流入 L_1 的端钮 1，这时 di/dt 大于零。如果电压表指针正向偏转，而且电压表正极接端钮 2，这说明端钮 2 为高电位端，由此可以判定端钮 1 和端钮 2 是同名端；反之，若电压表指针反向偏转，则说明端钮 2' 为高电位，由此可以判定端钮 1 和端钮 2' 是同名端。

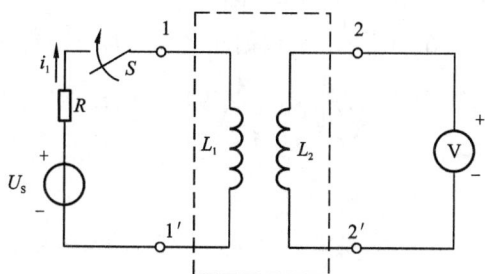

图 5－1－5　同名端实验测定法　　　　　　　图 5－1－6　例 5－1 附图

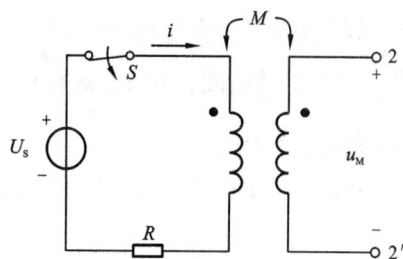

3. 同名端的应用

　　在图 5－1－3(a)中，当 i_1、i_2 分别由端钮 a 和 d 流入（或流出）时，它们各自产生的磁通相助。因此 a 端和 d 端是同名端（当然 b 端和 c 端也是同名端）；a 端与 c 端（或 b 端与 d 端）称异名端。有了同名端规定后，像图 5－1－3(b)所示的互感线圈在电路中可以用图 5－1－3(d)所示的模型表示。在图 5－1－3(b)中，设电流 i_1、i_2 分别从 a、d 端流入，就认为磁通相助，如果再设各线圈的 u、i 为关联参考方向，那么两线圈上的电压分别为

$$u_1 = L_1 \frac{di_1}{dt} + M \frac{di_2}{dt}$$

$$u_2 = L_2 \frac{\mathrm{d}i_2}{\mathrm{d}t} + M \frac{\mathrm{d}i_1}{\mathrm{d}t} \qquad (5-5)$$

如果像图 5-1-3(c)所示,设 i_1 仍从 a 端流出,而 i_2 从 d 端流出,可以判定磁通相消,那么两线圈上的电压分别为

$$u_1 = L_1 \frac{\mathrm{d}i_1}{\mathrm{d}t} - M \frac{\mathrm{d}i_2}{\mathrm{d}t}$$

$$u_2 = L_2 \frac{\mathrm{d}i_2}{\mathrm{d}t} - M \frac{\mathrm{d}i_1}{\mathrm{d}t} \qquad (5-6)$$

这样,对于已标定同名端的耦合电感,可根据 u、i 的参考方向以及同名端的位置写出其 $u-i$ 关系方程。

另外,由式(5-5)和式(5-6),可以将耦合电感的特性用电感元件和电流控制电压电源来模拟,例如图 5-1-3(b)和图 5-1-3(c)电路分别用图 5-1-3(d)和 5-1-3(e)电路来代替。可以看出:受控电源(互感电压)的极性与产生它的变化电流的参考方向对同名端是一致的。例如图 5-1-3(c)中,由于 i_1 是从 L_1 打"·"的 a 端流入的,故它在 L_2 中产生的互感电压 $M \frac{\mathrm{d}i_1}{\mathrm{d}t}$ 的参考方向应由其打"·"的(d)端指向另一端,i_2 由不打"·"的 c 端流入的,则它在 L_1 中产生的互感电压 $M \frac{\mathrm{d}i_2}{\mathrm{d}t}$ 的参考方向应由其不打"·"的 b 端指向另一端。这样,将互感电压模拟成受控电压源后,可直接由图 5-1-3(e)写出两线圈上的电压,其结果与式(5-6)相同。使用这种方法,在列写互感线圈 $u-i$ 关系方程时,会感到非常方便。

对于已标出同名端的互感线圈模型图,如图 5-1-3(b)、(c),可根据各线圈上 u、i 的参考方向及同名端写出互感线圈上的 $u-i$ 关系方程式。

例 5-1 电路如图 5-1-6 所示,试确定开关 S 断开瞬间,2-2'间电压的真实极性。

解:假定 i 及互感电压 u_M 的参考方向如图 5-1-6 中所示,则根据同名端的含义可得 $u_M = M \frac{\mathrm{d}i}{\mathrm{d}t}$。当 S 断开瞬间,正值电流减小,$\frac{\mathrm{d}i}{\mathrm{d}t} < 0$,故知,$u_M = M \frac{\mathrm{d}i}{\mathrm{d}t} < 0$,其极性与假设相反,即 2'为高电位端,2 为低电位端。

例 5-2 求图 5-1-7(a)电路的开路电压 u_0。

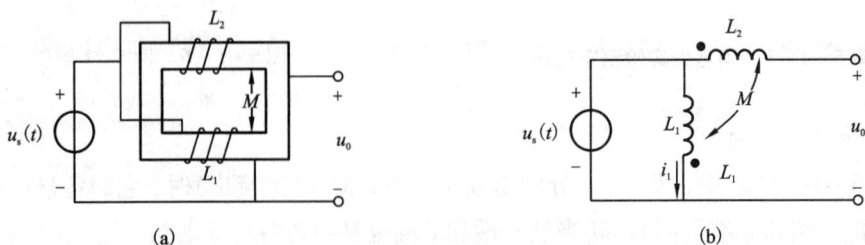

图 5-1-7 例 5-2 电路附图

解:由同名端的判别方法,可判定图 5-1-7(a)中 L_2 的左端钮与 L_1 的右端钮是同名端,作出标有同名端标记的电路模型,如图 5-1-7(b)所示。由于 L_2 开路,其电流为零,所

以 L_2 上自感电压为零，L_2 上仅有电流 i_1 对它产生的互感电压。L_1 上仅有自感电压。

$$u_S = L_1 \frac{di_1}{dt} \ 即 \ \frac{di_1}{dt} = \frac{u_S}{L_1}$$

$$u_0 = M \frac{di_1}{dt} + u_S = M \frac{u_S}{L_1} + u_S = u_S \left(1 + \frac{M}{L_1}\right)$$

例 5 - 3　在图 5 - 1 - 8(a)所示电路中，已知两线圈的互感 $M = 1H$，电流源 $i_1(t)$ 的波形如图 5 - 1 - 8(b)所示，试求开路电压 U_{CD} 的波形。

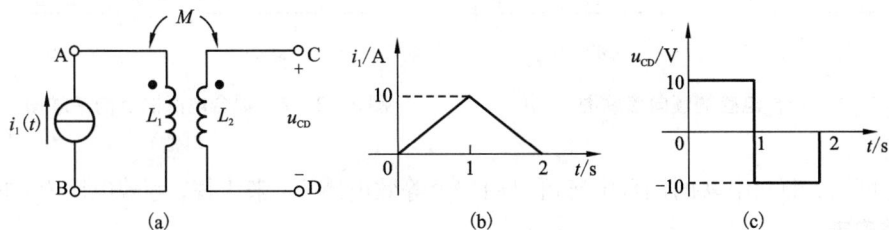

图 5 - 1 - 8　例 5 - 3 附图

解：由于 L_2 线圈开路，其电流为零，因而 L_2 上自感电压为零，L_2 上仅有电流 i_1 产生的互感电压。根据 i_1 的参考方向和同名端位置，则有

$$u_{CD} = M \frac{di_1}{dt}$$

由图 5 - 1 - 8(b)可知 $0 \leqslant t \leqslant 1s$ 时，$i_1 = 10t \text{A}$，则

$$u_{CD} = M \frac{d(10t)}{dt} = 10V$$

$1 \leqslant t \leqslant 2s$ 时，$i_1 = (-10t + 20) \text{A}$，则

$$u_{CD} = M \frac{d(-10t + 20)}{dt} = -10V$$

$t \geqslant 2s$ 时，$i_1 = 0$，则 $u_{CD} = 0$。

开路电压 u_{CD} 的波形如图 5 - 1 - 8(c)所示。

5.2　互感线圈的串联、并联

5.2.1　耦合电感的串联

两个具有互感的线圈串联时有两种接法——顺向串联和反向串联。

1. 互感线圈的顺向串联

顺向串联就是异名端相接。如图 5 - 2 - 1(a)所示。把互感电压看作受控电压源后得电路如图 5 - 2 - 1(b)所示，由该图可得

$$u = L_1 \frac{di_1}{dt} + M \frac{di}{dt} + L_2 \frac{di}{dt} + M \frac{di}{dt} = L_正 \frac{di}{dt}$$

其中

$$L_{正} = L_1 + L_2 + 2M \tag{5-7}$$

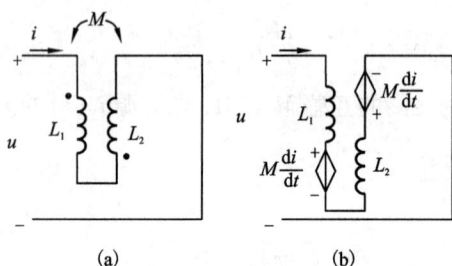

图 5-2-1 耦合电感的顺向串联图

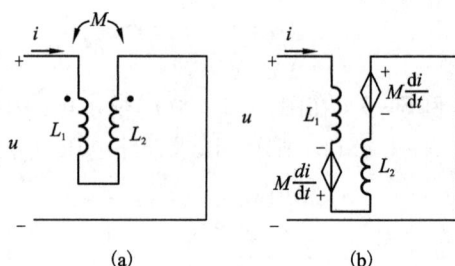

图 5-2-2 耦合电感的反向串联图

由此可知,顺向串联的耦合电感可以用一个等效电感 $L_{正}$ 来代替,等效电感 $L_{正}$ 的值由(5-7)式来确定。

2. 互感线圈的反向串联

反向串联是同名端相接。如图 5-2-2(a)所示。

把互感电压看作受控电压源后得电路如图 5-2-2(b)所示,由图 5-2-2(b)可得

$$u = L_1 \frac{di}{dt} - M \frac{di}{dt} + L_2 \frac{di}{dt} - M \frac{di}{dt} = (L_1 + L_2 - 2M) \frac{di}{dt} = L_{反} \frac{di}{dt}$$

其中

$$L_{反} = (L_1 + L_2 - 2M) \tag{5-8}$$

由此可知,反向串联的耦合电感可以用一个等效电感 L 来代替,等效电感 L 的值由式(5-8)来确定。

显然,顺向串联连接时比反向串联的等效电感较大。因此,将耦合电感串联时,必须注意同名端。

比较式(5-7)和式(5-8)两式可知,顺向串联的等效电感比反向串联的等效电感大 $4M$。

$$M = \frac{1}{4} (L_{正} - L_{反})$$

据此结论可以用交流实验方法判断同名端和进行 M 值的测定。

5.2.2 互感线圈的并联

互感线圈的并联也有两种接法:一种是两个线圈的同名端相连,称为同侧并联,如图 5-2-3(a)所示;另一种是两个线圈的异名端相连,称为异侧并联,如图 5-2-3(b)所示。

当两线圈同侧并联时,在图 5-2-3(a)所示的电压、电流参考方向下,由 KVL 定律有

$$\dot{U} = j\omega L_1 \dot{I}_1 + j\omega M \dot{I}_2$$

$$\dot{U} = j\omega L_2 \dot{I}_2 + j\omega M \dot{I}_1$$

$$\dot{I} = \dot{I}_1 + \dot{I}_2$$

由电流方程可得 $\dot{I}_2 = \dot{I} - \dot{I}_1$, $\dot{I}_1 = \dot{I} - \dot{I}_2$,将其分别代入电压方程中,则有

$$\left.\begin{array}{l}\dot{U}=\mathrm{j}\omega L_1 \dot{I}_1+\mathrm{j}\omega M(\dot{I}-\dot{I}_1)=\mathrm{j}\omega(L_1-M)\dot{I}_1+\mathrm{j}\omega M\dot{I}\\\dot{U}=\mathrm{j}\omega L_2 \dot{I}_2+\mathrm{j}\omega M(\dot{I}-\dot{I}_2)=\mathrm{j}\omega(L_2-M)\dot{I}_2+\mathrm{j}\omega M\dot{I}\end{array}\right\}\qquad(5-9)$$

根据上述电压、电流关系,按照等效的概念,图 5-2-3(a)所示具有互感的电路就可以用图 5-2-3(b)所示无互感的电路来等效,这种处理互感电路的方法称为互感消去法。图 5-2-3(b)称为图 5-2-3(a)的去耦等效电路。由图 5-2-3(a)可以直接求出两个互感线圈同侧并联时的等效电感为

$$L=\frac{L_1 L_2 - M^2}{L_1+L_2+2M}\qquad(5-10)$$

同理,根据图 5-2-3(c)、(d)可以推出互感线圈异侧并联的等效电感为

$$L=\frac{L_1 L_2 - M^2}{L_1+L_2-2M}\qquad(5-11)$$

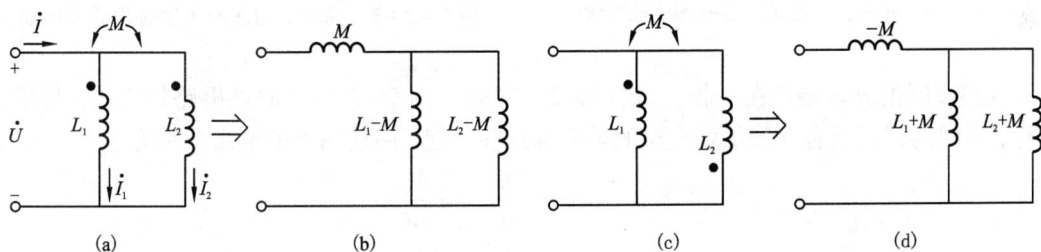

图 5-2-3 耦合电感并联时的等效电感

显然,同名端连接时,耦合电感并联的等效电感较大。因此,将耦合电感并联时,必须注意同名端。

5.2.3 耦合电感的 T 型等效

耦合电感的串联去耦等效属于两端电路等效,而下面讨论的三个支路共一个节点,其中两支路存在互感的电路等效,即 T 型去耦等效属于多端等效。下面分两种情况进行讨论。

互感线圈的同名端连在一起。图 5-2-4(a)为三支路共一节点,其中有两条支路存在互感的电路,由图可知,L_1 的 1 端与 L_2 的 2 端是同名端,同名端且连接在一起时,两线圈上的电压分别为

$$u_1=L_1\frac{\mathrm{d}i_1}{\mathrm{d}t}+M\frac{\mathrm{d}i_2}{\mathrm{d}t}$$

$$u_2=L_2\frac{\mathrm{d}i_2}{\mathrm{d}t}+M\frac{\mathrm{d}i_1}{\mathrm{d}t}$$

将以上两式经数学变换,可得

$$u_1=L_1\frac{\mathrm{d}i}{\mathrm{d}t}-M\frac{\mathrm{d}i_1}{\mathrm{d}t}+M\frac{\mathrm{d}i_1}{\mathrm{d}t}+M\frac{\mathrm{d}i_2}{\mathrm{d}t}=(L_1-M)\frac{\mathrm{d}i_1}{\mathrm{d}t}+M\frac{\mathrm{d}(i_1+i_2)}{\mathrm{d}t}\qquad(5-12\mathrm{a})$$

$$u_2=L_2\frac{\mathrm{d}i_2}{\mathrm{d}t}-M\frac{\mathrm{d}i_2}{\mathrm{d}t}+M\frac{\mathrm{d}i_2}{\mathrm{d}t}+M\frac{\mathrm{d}i_1}{\mathrm{d}t}=(L_2-M)\frac{\mathrm{d}i_2}{\mathrm{d}t}+M\frac{\mathrm{d}(i_1+i_2)}{\mathrm{d}t}\qquad(5-12\mathrm{b})$$

由式(5-12a)和式(5-12b)两式画得 T 型等效电路如图 5-2-4(b)所示,连接成 T 型

结构形式，所以称之为互感线圈的 T 型去耦等效电路。

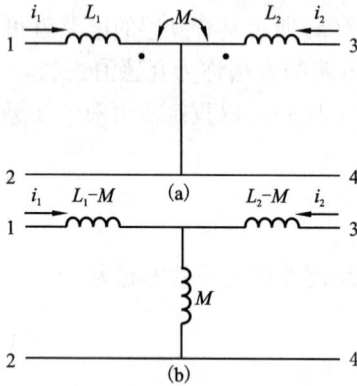

图 5 - 2 - 4　同名端相连的 T 型去耦等效电路

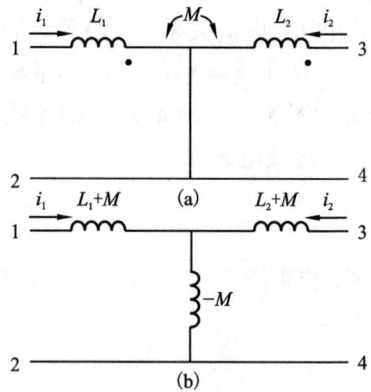

图 5 - 2 - 5　异名端相连的 T 型去耦等效电路

互感线圈的异名端连在一起。如图 5 - 2 - 5(a)与图 5 - 2 - 4 (a)两电路相比较，其结构一样，不同的只是具有互感的两支路的异名端连在一起，两线圈上的电压分别为

$$u_1 = L_1 \frac{di_1}{dt} - M \frac{di_2}{dt}$$

$$u_2 = L_2 \frac{di_2}{dt} - M \frac{di_1}{dt}$$

将以上两式经数学变换，可得

$$u_1 = L_1 \frac{di_1}{dt} + M \frac{di_1}{dt} - M \frac{di_1}{dt} - M \frac{di_2}{dt} = (L_1 + M) \frac{di_1}{dt} - M \frac{d(i_1 + i_2)}{dt} \qquad (5-13a)$$

$$u_2 = L_2 \frac{di_2}{dt} + M \frac{di_2}{dt} - M \frac{di_2}{dt} - M \frac{di_1}{dt} = (L_2 + M) \frac{di_2}{dt} - M \frac{d(i_1 + i_2)}{dt} \qquad (5-13b)$$

由式(5 - 13a)和式(5 - 13b)两式画得 T 型等效电路如图 5 - 2 - 5(b)所示，其中一 M 为一等效的负电感。

以上讨论的两种主要的去耦等效方法，它们适用于任何变动电压、电流情况，自然也适用于正弦稳态交流电路。

例 5 - 4　在如图 5 - 2 - 6(a)所示电路中，$L_1 = 10 \text{mH}$，$L_2 = 22.5 \text{mH}$，耦合电感的耦合系数 $K = 0.8$。当线圈 2 短接，试求线圈 1 端口的等效电感 L。

解：两线圈的互感

$$M = K \sqrt{L_1 L_2} = 0.8 \sqrt{10 \times 22.5} \text{mH} = 12 \text{mH}$$

解法 1：设 u_1、i_2 为关联参考方向如图 5 - 2 - 6(b)所示，则

$$\begin{cases} u_1 = L_1 \dfrac{di_1}{dt} + M \dfrac{di_2}{dt} & \text{(a)} \\[2mm] u_2 = L_2 \dfrac{di_2}{dt} + M \dfrac{di_1}{dt} & \text{(b)} \end{cases}$$

由(b)式得 $\dfrac{di_2}{dt} = -\dfrac{M}{L_2} \dfrac{di_1}{dt}$，代入(a)式，得出

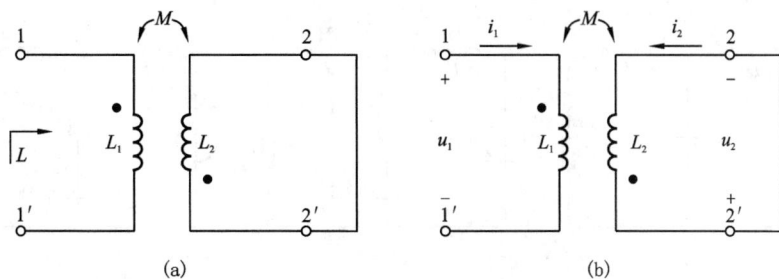

图 5 - 2 - 6　例 5 - 4 附图

$$u_1 = L_1 \frac{di_1}{dt} - \frac{M^2}{L_2} \frac{di_1}{dt} = \left(L_1 - \frac{M^2}{L_2}\right)\frac{di_1}{dt}$$

所以线圈 1 端口的等效电感为

$$L = L_1 - \frac{M^2}{L_2} = \left(10 - \frac{12^2}{22.5}\right) \text{mH} = 3.6 \text{mH}$$

解法 2：将图 5 - 2 - 6(a)中的 1′和 2′短接(短接后两线圈的电压、电流关系不会改变)，得到图 5 - 2 - 7(a)所示电路，然后去耦，变成图 5 - 2 - 7(b)所示电路。

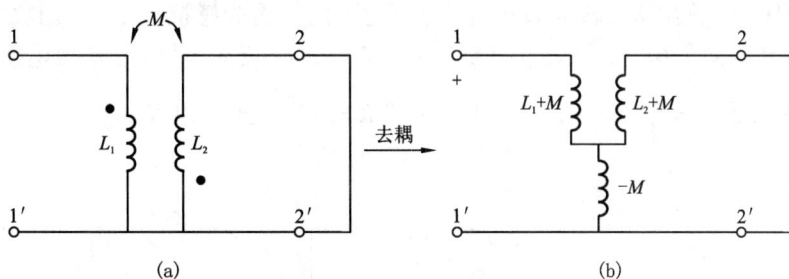

图 5 - 2 - 7　例 5 - 4 附图

对图 5 - 2 - 7(b)，由电感的串、并联，得出线圈 1 端口的等效电感为

$$L = L_1 + M + \frac{(L_2 + M)(-M)}{(L_2 + M) + (-M)} = L_1 + M - \frac{L_2 M + M^2}{L_2} = L_1 - \frac{M^2}{L_2} = \left(10 - \frac{12^2}{22.5}\right)\text{mH} = 3.6 \text{mH}$$

例 5 - 5　图 5 - 2 - 8(a)正弦稳态电路含有互感线圈，已知 $u_S(t) = 2\cos(2t + 45°)$ V，$L_1 = L_2 = 1.5$H，$M = 0.5$H，求负载电流及功率。

解：应用 T 型去耦等效将图 5 - 2 - 8(a)等效为图 5 - 2 - 8(b)，再画相量模型电路图 5 - 2 - 8(c)。对图 5 - 2 - 8(c)，由阻抗串并联求得

$$\dot{I}_m = \frac{\dot{U}_m}{(1 + j2)//[j1 + (-j2)] + j2} = \frac{2\angle 45°}{\frac{1}{\sqrt{2}}\angle 45°}\text{A} = 2\sqrt{2}\angle 0° \text{ A}$$

由分流公式，得

$$\dot{I}_{Lm} = \frac{j1 - j2}{1 + j2 + j1 - j2} \times \dot{I}_m = \frac{-j1}{1 + j1} \times 2\sqrt{2}\angle 0° = 2\angle -135° \text{A}$$

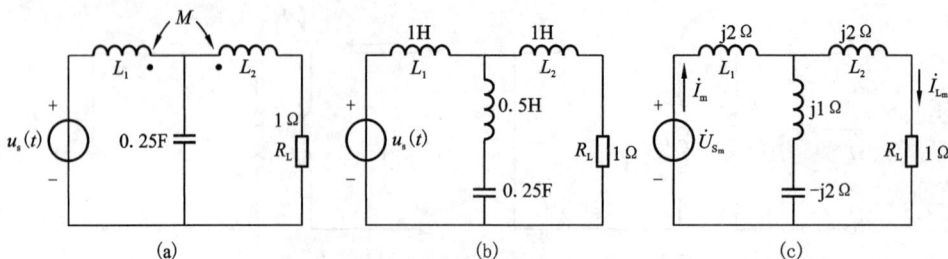

图 5 – 2 – 8   例 5 – 5 附图

所以
$$P_L = \frac{1}{2}I_{Lm}^2 R_L = \frac{1}{2} \times 2^2 \times 1W = 2W$$

5.2.4   互感系数 M 和耦合系数 K 的测定

对于没有直接电联系的，但存在磁耦合的两线圈，在相对位置和周围媒质一定时，其互感系数 M 和耦合系数 K 的测定可依照下列方法进行。

(1)等值电感法互感系数 M 和耦合系数 K。用此方法测互感系数 M 和耦合系数 K，先要用万用表测出 L_1、L_2 的电阻，再把 L_1、L_2 接入低压交流电压(5V 左右)电路，测出每一线圈的电流 I 和电压 U，算出 Z。若 R 较小时，可以把阻抗 Z 看为感抗 X_L，再算出 L。

图 5 – 2 – 9 顺向串接时，等效电感 $L_正 = L_1 + L_2 + 2M$；反向串接时，等效电感 $L_反 = L_1 + L_2 - 2M$，则互感系数 $M = \frac{1}{4}(L_正 - L_反)$。再用公式 $K = \frac{M}{\sqrt{L_1 L_2}}$ 可求出 K。

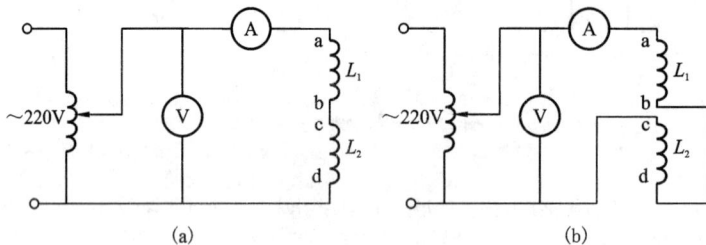

图 5 – 2 – 9   互感系数 M 和耦合系数 K 的测定

此方法准确度不高，特别是 $L_正$ 和 $L_反$ 相近时，误差最大。(可以用两个不同的耦合铁心线圈来做实验。)

(2)互感电势法测互感系数 M 和耦合系数 K。在图 5 – 2 – 9 中，具有互感 M，而自感分别为 L_1 和 L_2 的两个线圈，线圈 L_1 中通入正弦电流 I_1 时，线圈 L_2 中的互感电压

$$U_2 = \omega M_{21} I_1$$

则
$$M_{21} = U_2 / \omega I_1$$

可以证明
$$M_{12} = M_{21} = M$$

显然，电压表内阻越大，测定结果越准。

测得互感系数 M 和自感系数 L 后，可计算耦合系数 K。

5.3　空心变压器电路的分析

变压器是一种利用互感耦合实现能量传输和信号传递的电气设备。比如在电力系统中用电力变压器把发电机输出的电压升高后进行远距离传输,到达目的地后再用变压器把电压降低以方便用户使用,以此减少传输过程中电能的损耗;在电子设备和仪器中常用小功率电源变压器改变市电电压,再通过整流和滤波,得到电路所需要的直流电压;在放大电路中用耦合变压器传递信号和进行阻抗的匹配,等等。变压器通常有一个一次绕组和一个二次绕组,一次绕组接电源,二次绕组接负载,能量可以通过磁场的耦合,由电源传递给负载。

如果变压器的线圈绕在用铁磁性物质制成的铁心上,就叫做铁心变压器,这种变压器的电磁特性一般是非线性的。而空心变压器是指以空气或以任何非铁磁性物质作为芯子的变压器,这种变压器的电磁特性是线性的。空心变压器广泛用于测量仪器和高频电路。本节将讨论它在正弦稳态中的分析方法,分析含耦合电路常常使用回路分析法。

设空心变压器电路如图 5 - 3 - 1(a)所示,其中 R_1、R_2 分别为变压器一、二次绕组的电阻,R_L 为负载电阻,设 U_S 为正弦输入电压。

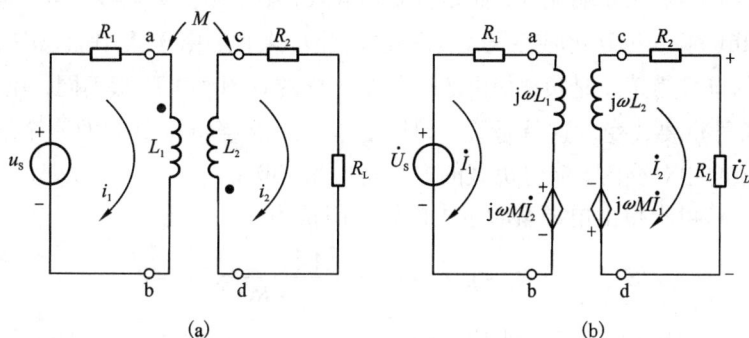

图 5 - 3 - 1　空心变压器电路

由图 5 - 3 - 1(b)所示的相量模型图可列出回路方程为

$$(R_1 + j\omega L_1)\dot{I}_1 + j\omega M \dot{I}_2 = \dot{U}_S \qquad (5 - 14a)$$

$$j\omega M \dot{I}_1 + (R_2 + j\omega L_2 + R_L)\dot{I}_2 = 0 \qquad (5 - 14b)$$

或写为

$$Z_{11}\dot{I}_1 + Z_{12}\dot{I}_2 = \dot{U}_S \qquad (5 - 15a)$$

$$Z_{21}\dot{I}_1 + Z_{22}\dot{I}_2 = 0 \qquad (5 - 15b)$$

式中,$Z_{11} = R_1 + j\omega L_1$,称为一次回路自阻抗;$Z_{22} = R_2 + j\omega L_2 + R_L$,称为二次回路自阻抗;$Z_{21} = Z_{12} = j\omega M$,称为互阻抗。

由式(5 - 15a)、式(5 - 15b),可求得图 5 - 3 - 1 所示耦合电感的一次、二次电流相量分别为

$$\dot{I}_1 = \frac{\begin{vmatrix} \dot{U}_S & Z_{12} \\ 0 & Z_{22} \end{vmatrix}}{\begin{vmatrix} Z_{11} & Z_{12} \\ Z_{21} & Z_{22} \end{vmatrix}}$$

$$= \frac{Z_{22}\dot{U}_S}{Z_{11}Z_{22} - Z_{12}Z_{21}}$$

$$= \frac{R_2 + j\omega L_2 + R_L}{(R_1 + j\omega L_1)(R_2 + j\omega L_2 + R_L) - (j\omega M)^2}\dot{U}$$

$$= \frac{R_2 + j\omega L_2 + R_L}{(R_1 + j\omega L_1)(R_2 + j\omega L_2 + R_L) + \omega^2 M^2}U_S \tag{5-16a}$$

$$\dot{I}_2 = \frac{-j\omega L_2 + R_L}{(R_1 + j\omega L_1)(R_2 + j\omega L_2 + R_L) + \omega^2 M^2}U_S \tag{5-16b}$$

$\dot{I}_2$ 是由二次绕组中的感应电压 $j\omega M \dot{I}_1$ 产生的，根据图 5 – 3 – 1(b) 中所示的感应电压极性，不难理解式(5 – 16b)式中负号的来历。显然同名端的位置不同或电流参考方向不同，互阻抗的符号将会改变，例如图 5 – 3 – 1 中耦合绕组的同名端不是 a、d 端，而是 a、c 端，或者二次电流参考方向不是从 d 端流入，而是从 c 端流入，则互阻抗 $Z_{12} = Z_{21} = -j\omega M$，在式(5 – 16a)和式(5 – 16b)中，$j\omega M$ 前应变号。对一次电流 $\dot{I}_1$ 来说，由于式中的 $j\omega M$ 以平方形式出现，不管 $j\omega M$ 的符号为正还是负，得出的 $\dot{I}_1$ 都是一样的。但对于 $\dot{I}_2$ 却不同，随着 $j\omega M$ 前符号的改变，$\dot{I}_2$ 的符号也要改变。这就是说，如把变压器二次绕组接负载的两个端钮对调一下，或是改变两绕组的相对绕向，流过负载的电流将反相180°。

由式(5 – 16a)可求得由电源端看进去的输入阻抗为

$$Z_i = \frac{\dot{U}_S}{\dot{I}_1} = R_1 + j\omega L_1 + \frac{\omega^2 M^2}{R_2 + j\omega L_2 + R_L} = Z_{11} + Z_{ref} \tag{5-17}$$

由此可见，输入阻抗由两部分组成

$$Z_{11} = R_1 + j\omega L_1 \qquad Z_{ref} = \frac{\omega^2 M^2}{R_2 + j\omega L_2 + R_L} = \frac{\omega^2 M^2}{Z_{22}}$$

式中，Z_{11} 即一次回路的自阻抗，Z_{ref} 即二次回路在一次回路的反射阻抗(reflected impedance)。当 $\dot{I}_2 = 0$，即二次开路时，由式(5 – 15a)可知，$Z_i = Z_{11}$；当 $\dot{I}_2 \neq 0$ 时，输入阻抗就增加了反射阻抗这一项。这就是说，二次回路对一次回路的影响可以用反射阻抗来计算。因此，由电源端看进去的等效电路，也就是一次等效电路应如图 5 – 3 – 2 所示。当我们只需要求解一次电流时，可利用

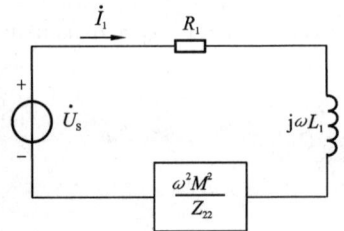

图 5 – 3 – 2　初级等效电路

这一等效电路迅速求得结果。反射阻抗的算法是很容易记住的，把 $\omega^2 M^2$ 除以二次回路的阻抗即为反射阻抗。显然，从以上推导可以看出：反射阻抗的概念不能用于二次含有独立的耦合电感电路。

另外，由式(5 – 16a)、式(5 – 16b)还可求得一次、二次电流之比为

$$\frac{\dot{I}_2}{\dot{I}_1} = \frac{-j\omega M}{R_2 + j\omega L_2 + R_L}$$

即

$$\dot{I}_2 = \frac{-j\omega M \dot{I}_1}{R_2 + j\omega L_2 + R_L} = \frac{-j\omega M \dot{I}_1}{Z_{22}} \qquad (5-18)$$

式中，$-j\omega M \dot{I}_1$ 是一次电流 $\dot{I}_1$ 通过互感在二次绕组中产生的感应电压，二次电流就是这一电压作用的结果。因此，$-j\omega M \dot{I}_1$ 除以二次的总阻抗 $(R_2 + j\omega L_2 + R_L)$ 即得二次电流 $\dot{I}_2$。在算得 $\dot{I}_1$ 后，可利用 $(5-18)$ 求得 $\dot{I}_2$。因此，式 $(5-17)$、式 $(5-18)$ 常用来计算耦合电感、电路的一次、二次电流。需要注意的是式 $(5-18)$ 是在图 $5-3-1$ 所示的同名端位置及 $\dot{I}_1$、$\dot{I}_2$ 的参考方向下推导出来的，当同名端不是 a、d 端，而是 a、c 端，或 $\dot{I}_2$ 是从 c 端流入，则式 $(5-18)$ 中的分子不是 $-j\omega M \dot{I}_1$，而是 $j\omega M \dot{I}_1$。

在计算二次电流的公式 $(5-18)$ 中，分母仅含二次阻抗，为什么二次对一次有反射阻抗，而一次对二次就没有考虑反射阻抗呢？其实，两回路的相互影响都是产生互感电压。二次对一次感应电压为 $j\omega M \dot{I}_2 = \left(\dfrac{\omega^2 M^2}{Z_{22}}\right)\dot{I}_1$（感应电压等于反射阻抗乘一次电流相量），可看成是由 $\dot{I}_1$ 在假想的阻抗 $\dfrac{\omega^2 M^2}{Z_{22}}$ 上产生的电压降。故在一次回路内考虑有一个反射阻抗，实际上也是计及一次与二次的感应电压的一种方法。在式 $(5-18)$ 中由于已考虑了一次对二次的感应电压 $-j\omega M \dot{I}_1$，因此就不必再用反射阻抗来考虑一次对二次的影响。

例 5-6　电路如图 $5-3-3a$ 所示，已知 $L_1 = 5H$，$L_2 = 1.2H$，$M = 1H$，$R = 10\Omega$，$u_S = \sqrt{2}\cos 10t\,V$，求稳态电流 i_2。又 $K = 1$，求稳态电流 i_2。

解： 由图 $5-3-3(a)$ 可画出相量模型如图 $5-3-3(b)$ 所示，互感的作用以受控电压来表示。回路方程为

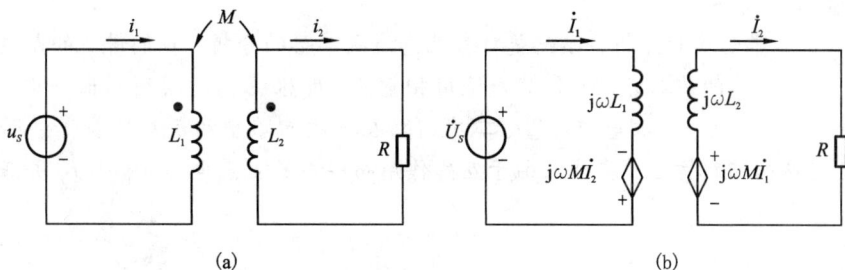

$$(a) \qquad\qquad\qquad\qquad\qquad (b)$$

图 5-3-3　例 5-6 附图

$$j\omega L_1 \dot{I}_1 - j\omega M \dot{I}_2 = U_S \qquad\qquad -j\omega M \dot{I}_1 + (R + j\omega L_2)\dot{I}_2 = 0$$

$$\dot{I}_2 = \frac{\begin{vmatrix} j\omega L_1 & \dot{U}_S \\ -j\omega M & 0 \end{vmatrix}}{\begin{vmatrix} j\omega L_1 & -j\omega M \\ -j\omega M & R + j\omega L_2 \end{vmatrix}} = \frac{j\omega M \dot{U}_S}{j\omega L_1 (R + j\omega L_2) + \omega^2 M^2} = \frac{\dot{U}_S (M/L_1)}{R + j\omega L_2 + \dfrac{\omega^2 M^2}{j\omega L_1}}$$

$$= \frac{\dot{U}_S(M/L_1)}{R + j\omega\left[L_2 - \frac{M^2}{L_1}\right]} = \frac{\dot{U}_S(M/L_1)}{R + j\omega\left[\frac{L_1 L_2 - M^2}{L_1}\right]}$$

将数据代入得

$$\dot{I}_2 = \frac{10(1/5)}{10 + j10\left(\frac{6-1}{5}\right)}A = \frac{2}{10 + j10} = A\ \frac{2}{10\sqrt{2}\ \underline{/45°}}A = 0.141\ \underline{/-45°}\ A$$

$$i_2(t) = 0.141\sqrt{2}\cos(10t - 45°)\ A$$

当 $K = 1$ 时，$M^2 = L_1 L_2$，有

$$\dot{I}_2 = \frac{\dot{U}_S(M/L_1)}{R} = \frac{\dot{U}_S}{R}\sqrt{\frac{L_2}{L_1}}$$

$$\dot{I}_2 = \frac{10}{10}\sqrt{\frac{1.2}{5}} = 0.49\ A$$

代入数据得 $\qquad i_2(t) = 0.49\sqrt{2}\cos 10t\ A$

比较两种情况的 $i_2(t)$，可知当 $K < 1$ 时电流将减小且产生相位移。

本章小结

1. 本章讲述的耦合电感元件是线性电路中一种重要的无源非时变多端元件，它就是实际中使用的空心变压器，在实际电路中有着广泛的应用。耦合电感的时域模型、伏安关系和去耦等效形式具有普遍意义，对任何变动电压、电流电路都适用，不只局限于正弦稳态电路。

2. 耦合电感的同名端在列写伏安关系及去耦等效中是非常重要的，只有知道了同名端，并设出电压、电流参考方向的条件下，才能正确列写出 $u-i$ 关系方程，也只有知道了同名端，才可进行去耦等效。

3. 空心变压器电路的分析，亦就是对含互感线圈电路的分析，我们讲述的是这类电路在正弦稳态下分析计算的基本方法，仍然是运用相量法，即根据相量模型列出一次、二次的回路方程，进而求出一次、二次电流相量、二次回路在一次回路中的反射阻抗等。必须注意的是，按 KVL 定律列回路方程，应计入由于互感作用而存在的互感电压 $\pm j\omega M \dot{I}$，并正确选定互感电压的正负号。

复习思考题

5-1 如题图 5-1 所示为测量两个线圈互感的原理电路，已知电流表的读数为 1A，电压表的读数为 31.4V，电源的频率 $f = 500$ Hz，求两线圈的互感 M（设电压表的内阻为无限大，电流表的内阻为零）。

5-2 如题图 5-2 所示耦合电感，$L_1 = 4$H，$L_2 = 3$H、$M = 2$H，求 u_2。

(1) $i_1 = 5\cos 6t$A，$i_2 = 0$；

(2) $i_1 = 0$，$i_2 = 3\cos 60t$A。

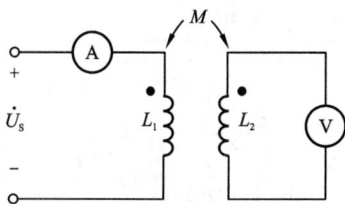

题图 5 – 1　题 5 – 1 附图

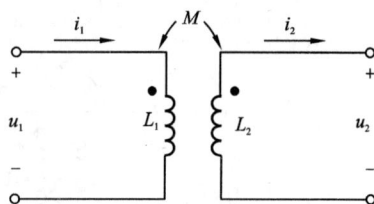

题图 5 – 2　题 5 – 2 附图

5 – 3　如题图 5 – 3(a)所示电路，已知 $R_1 = 10\Omega$、$L_1 = 5\text{H}$、$L_2 = 2\text{H}$、$M = 1\text{H}$，$i_1(t)$ 波形如题图 5 – 3(b)所示，试求电流源两端电压 u_{ac} 及开路电压 u_{de}。

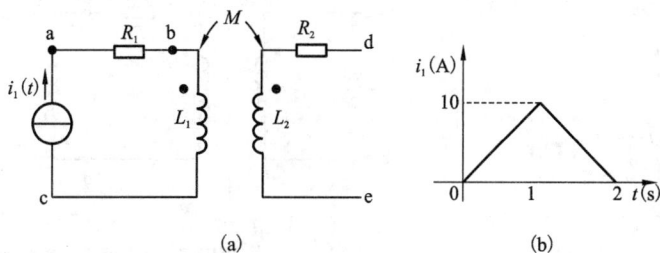

(a)　　　　　　　(b)

图 5 – 3　题 5 – 3 附图

5 – 4　如题图 5 – 4 所示电路中，耦合线圈为全耦合，$R_1 = 10\Omega$、$\omega L_1 = 10\Omega$、$\omega L_2 = 1000\Omega$，$\dot{U}_S = 10\,\underline{/0}\ \text{V}$，求 22′端的开路电压 $\dot{U}_{OC}$。

5 – 5　求题图 5 – 5 所示电路的输入阻抗 Z_i。

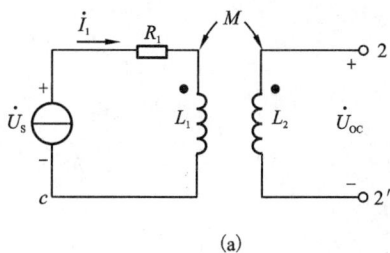

(a)

题图 5 – 4　题 5 – 4 附图

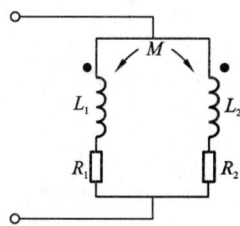

题图 5 – 5　题 5 – 5 附图

5 – 6　求题图 5 – 6 所示两电路从 ab 端看去的等效电感 L_{ab}。

5 – 7　如题图 5 – 7 所示电路中，已知 $L_1 = 4\text{mH}$，$L_2 = 9\text{mH}$，$M = 3\text{mH}$。

(1)当开关 S 断开时，求 ab 端的等效电感。

(2)当开关 S 闭合时，求 ab 端的等效电感。

5 – 8　如题图 5 – 8 所示电路，求 a、b 端的输入电阻 R_{in}。

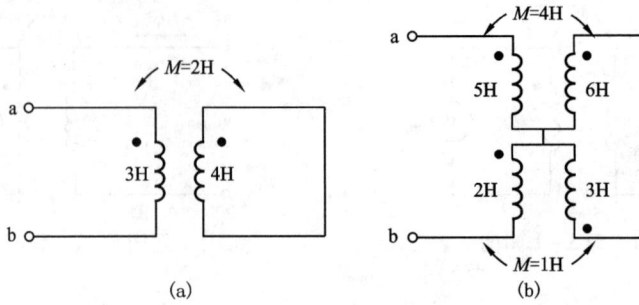

题图 5－6 题 5－6 附图

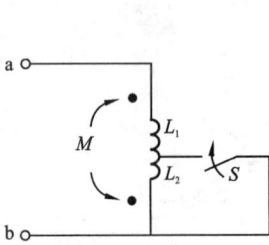

题图 5－7 题 5－7 附图

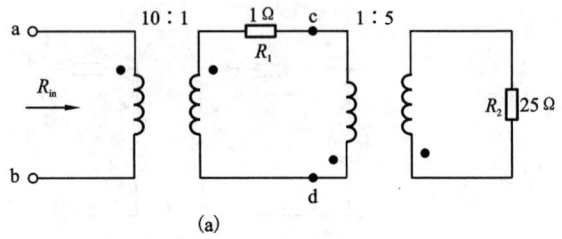

题图 5－8 题 5－8 附图

5－9 两个耦合线圈串起来接在 5V、50Hz 的正弦交流电源上，得到如下数据：第一次串联，测出线路电流 $I = 0.1942A$，第二次调换其一个线圈两端钮后再串联，接入同一电路，测出线路电流 $I = 0.8846A$。不计线圈电阻时：

(1)试分析哪种情况是顺向串联，哪种情况是反向串联？

(2)求互感 M。

第6章 谐振电路

在含有电阻、电感和电容的交流电路中，电路两端电压与其电流一般是不同相的，若调节电路参数或电源频率使电流与电源电压同相，电路呈电阻性，我们称这时电路的工作状态为谐振。R、L、C串联电路发生的谐振现象称为串联谐振；R、L、C并联电路中发生的谐振称为并联谐振。

谐振现象是正弦交流电路的一种特定现象，它在电子和通信工程中得到广泛应用，但在电力系统中，发生谐振有可能破坏系统的正常工作，我们应设法预防。本章讨论最基本的RLC串联和并联谐振电路谐振时的特性。

6.1 串联谐振电路

6.1.1 串联电路谐振条件

图6-1-1所示的RLC串联电路，在正弦激励下，其复阻抗为

$$Z = R + j(\omega L - \frac{1}{\omega C}) = R + j(X_L - X_C)$$

$$= R + jX = |Z| \underline{/\varphi}$$

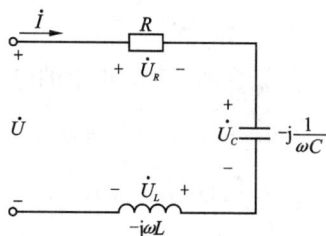

图6-1-1 串联谐振电路

式中 $\varphi = \arctan \dfrac{X_L - X_C}{R}$。

当电源电压与电路电流同相位，即$\varphi = 0$时，电路发生谐振，则有

$$X_L - X_C = 0 \qquad 即: \omega L - \frac{1}{\omega C} = 0$$

因此，串联谐振的条件为

$$\omega L = \frac{1}{\omega C}$$

调节ω、L、C三个参数中的任意一个，都可使电路发生谐振(称为调谐)。在电路参数L、C一定时，调节电源激励的频率，使电路发生谐振，此时的角频率称为谐振角频率，用ω_0表示，则有

$$\omega_0 = \frac{1}{\sqrt{LC}} \tag{6-1}$$

相应的谐振频率为

$$f_0 = \frac{1}{2\pi \sqrt{LC}} \tag{6-2}$$

显然，谐振频率仅与电路参数L、C有关，与电阻值R无关。

6.1.2　串联谐振电路的基本特征

1．阻抗最小，且为纯电阻

串联谐振时，由于复阻抗的虚部为零，电路复阻抗就等于电路中的电阻值 R，复阻抗的模达到最小值。

$$Z = R + jX = R$$

当外加频率等于其谐振频率时其电路阻抗呈纯电阻性，且有最小值，这个特性在实际应用中叫陷波器。

2．电路中电流最大，$\dot{I}$ 与 $\dot{U}$ 同相

在一定值的电压作用下，谐振时的电流将达到最大值，用 $\dot{I}_0$ 表示为

$$\dot{I}_0 = \frac{\dot{U}}{R} \tag{6-3}$$

式中，$\dot{I}_0$ 称为谐振电流。以上结论，是串联谐振电路的一个重要特征，常以此来判断电路是否发生了谐振。

3．电感与电容两端的电压相等，相位相反，其大小为总电压的 Q 倍

串联谐振时，各元件上的电压分别为

$$\dot{U}_R = R\,\dot{I} = R\,\frac{\dot{U}}{R} = \dot{U}$$

$$\dot{U}_L = jX_L\,\dot{I} = j\omega_0 L\dot{I}$$

$$\dot{U}_C = (-jX_C)\dot{I} = (-j\frac{1}{\omega_0 C})\dot{I}$$

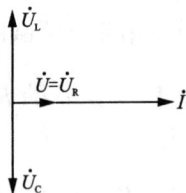

图 6-1-2　串联谐振电路相量图

即电感电压与电容电压的有效值相等，相位相反，互相抵消，电阻电压等于电源电压。故串联谐振也称电压谐振，其相量图如图 6-1-2 所示。此时有 $\dot{U}_X = \dot{U}_L + \dot{U}_C = 0$。

6.1.3　串联谐振电路的频率特性

1．特性阻抗和品质因数

串联谐振时，虽然电路的电抗 $X=0$，但感抗 X_L 和容抗 X_C 并不为零，它们彼此相等，即

$$\omega_0 L = \frac{1}{\omega_0 C} = \frac{1}{\sqrt{LC}}L = \sqrt{\frac{L}{C}} = \rho \tag{6-4}$$

式中，ρ 称为串联电路的特性阻抗，常用单位为 Ω。它是一个只与电路参数 L、C 有关而与频率无关的常量。

在无线电技术中，常用谐振电路的特性阻抗 ρ 与电路电阻值 R 的比值大小来表征谐振电路的性能，此比值用字母 Q 表示，即

$$Q = \frac{\rho}{R} = \frac{\omega_0 L}{R} = \frac{1}{\omega_0 CR} = \frac{1}{R}\sqrt{\frac{L}{C}} \tag{6-5}$$

它也是一个仅与电路参数有关的常数，称为谐振电路的品质因数。

这样，谐振时电感和电容的电压有效值应为

$$U_L = U_C = I\rho = \frac{U}{R}\rho = QU \qquad (6-6)$$

即该两元件上的电压有效值为电源电压的 Q 倍。由于 $\omega_0 L$ 或 $\frac{1}{\omega_0 C}$ 有可能远大于 R 值，即 Q 有可能很大，就使得在谐振时，电感和电容的电压有可能远大于激励电源的电压。在无线电工程中，微弱的信号可通过串联谐振在电感或电容上获得高于信号电压许多倍的输出信号而加以利用。但在电力工程中，由于电源电压较高，串联谐振可能产生危及设备的过电压，故应力求避免。

2. 谐振曲线与选择性

在 R、L、C 串联电路中，当电源电压幅值一定时，电流或电压随频率变化的曲线称为谐振曲线，如图 6-1-3 所示。图中，I_0 为谐振电流；f_0 为谐振频率；f_1 为下限截止频率；f_2 为上限截止频率；$\Delta f = f_2 - f_1$ 为通频带。

谐振曲线的讨论：

(1) ω_0 不变，I_0 变化，如图 6-1-4 如示。

此时，ω_0 不变，$\omega_0 = \frac{1}{\sqrt{LC}}$ 即 LC 不变；I_0 变化，$I_0 = \frac{U}{R}$，即 R 变化。

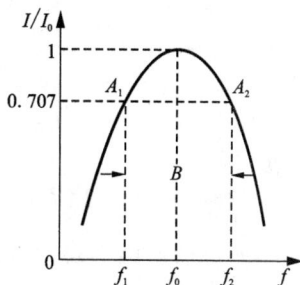

图 6-1-3 谐振曲线

结论：R 愈大，I_0 愈小，谐振曲线愈尖锐，选择性好；反之 R 愈小，选择性差。

(2) I_0 不变，ω_0 变化，如图 6-1-5 如示。

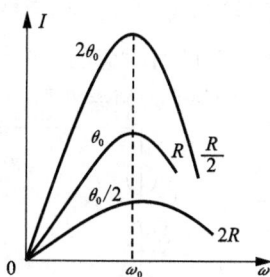

图 6-1-4 R 对谐振曲线的影响

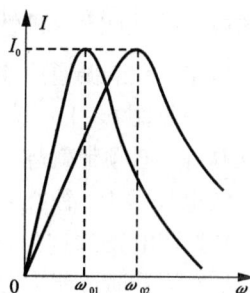

图 6-1-5 LC 对谐振曲线的影响

此时，I_0 不变，$I_0 = \frac{U}{R}$，即 U、R 不变；ω_0 变化，$\omega_0 = \frac{1}{\sqrt{LC}}$ 即 LC 变化。

结论：LC 变小，ω_0 变大，通频带变宽，反之，通频带变窄。

当 ω 为零时，因为 X_C 为无限大，电路相当于开路，I 为零，U_C 等于 U，U_L 为零；当 ω 增大时，电流 I 逐渐增大，U_L 逐渐增大，但由于 X_C 在逐渐减小，故 U_C 的值会在一段频率内有所增加。可以证明，在品质因数 $Q > \frac{1}{\sqrt{2}}$ 的电路中，U_L 和 U_C 的最大值分别出现在小于 ω_0 和大于 ω_0 的某一频率处。Q 值越大，两峰值越向谐振频率处靠近，但均不会出现在 ω_0 处。但在

ω_0 处的电流 I 是最大值。当 ω 继续增大趋于无限大时，X_C 趋于零，X_L 趋于无限大，U_L 趋于 U，I 趋于零。

$$I = \frac{U}{|Z|} = \frac{U}{\sqrt{R^2 + (\omega L - \frac{1}{\omega C})^2}} = \frac{U}{\sqrt{R^2 + (\omega L)^2(\frac{\omega}{\omega_0} - \frac{1}{\omega_0 \omega LC})^2}}$$

$$= \frac{\frac{U}{R}}{\sqrt{1 + \frac{p^2}{R^2}(\frac{\omega}{\omega_0} - \frac{\omega_0}{\omega})^2}} = \frac{I_0}{\sqrt{1 + Q^2(\frac{\omega}{\omega_0} - \frac{\omega_0}{\omega})^2}}$$

所以

$$\frac{I}{I_0} = \frac{1}{\sqrt{1 + Q^2(\frac{\omega}{\omega_0} - \frac{\omega_0}{\omega})^2}}$$

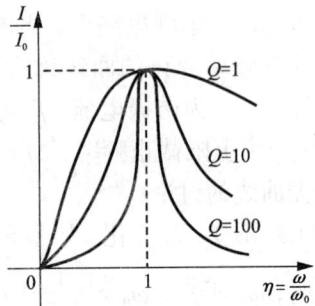

图 6 - 1 - 6　LC 对谐振曲线的影响

若以 $\frac{\omega}{\omega_0}$ 为横坐标，以 I/I_0 为纵坐标，对不同的 Q 值可作一组曲线。因为对于 Q 值相同的任何 R、L、C 串联电路，只有一条曲线与之相应，故该曲线称为串联谐振通用曲线。

图 6 - 1 - 6 所示的是 Q 分别为 1、10、100 时的通用曲线。很明显，Q 值的大小影响电流 I 在谐振频率附近变化的陡度。Q 越大，I 变化陡度越大，当 $\frac{\omega}{\omega_0}$ 值稍偏离 1 时（即 ω 稍偏离 ω_0），电流就急剧下降，表明电路具有选择最接近于谐振频率附近的电流的性能，这种性能在无线电技术中称为选择性。Q 越大，选择性越好。

工程上还规定，在谐振通用曲线上 I/I_0 的值为 $1/\sqrt{2}$，即 0.707 所对应的两个频率之间的宽度称为通频带。见图 6 - 1 - 3。它规定了谐振电路允许通过信号的频率范围。不难看出，电路的选择性越好，通频带就越窄；反之，通频带越宽，选择性越差。无线电技术中，往往是从不同的角度来选择通频带宽窄的，当强调电路的选择性时，就希望通频带窄一些；当强调电路的信号通过能力时，则希望通频带宽一些。

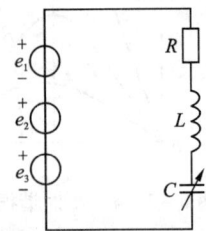

图 6 - 1 - 7　例 6 - 1 附图

例 6 - 1　某收音机的输入回路可简化为一个线圈和可变电容相串联的电路，如图 6 - 1 - 7 所示。线圈参数为 $R = 15\Omega$，$L = 0.233\text{mH}$，可变电容的变化范围为 42.5 ~ 360pF，求此电路的谐振频率范围。若某接收信号电压为 $10\mu\text{V}$，频率为 1000kHz，求此时电路中的电流、电容电压及品质因数。

解：根据谐振条件有

$$f_{01} = \frac{1}{2\pi\sqrt{LC}} = \frac{1}{2\pi\sqrt{0.233 \times 10^{-3} \times 42.5 \times 10^{-12}}}\text{Hz} = 1600\text{kHz}$$

$$f_{02} = \frac{1}{2\pi\sqrt{LC}} = \frac{1}{2\pi\sqrt{0.233 \times 10^{-3} \times 360 \times 10^{-12}}}\text{Hz} = 550\text{kHz}$$

即调频范围为 550 + 1600kHz。当接收信号为 1000kHz 时，电容的值为

$$C = \frac{1}{\omega_0^2 L} = \frac{1}{(2\pi \times 10^6)^2 \times 0.233 \times 10^{-3}}\mathrm{F} = 110\mathrm{pF}$$

则电路中的电流为

$$I = \frac{U}{R} = \frac{10 \times 10^{-6}}{15}\mathrm{A} = 0.67\mu\mathrm{A}$$

电容电压为

$$U_C = X_C I_0 = 0.67 \times 10^{-6} \times \frac{1}{2\pi \times 10^6 \times 110 \times 10^{-12}}\mathrm{V} = 0.97 \times 10^{-3}\mathrm{V}$$

电路的品质因数为

$$Q = \frac{U_C}{U} = \frac{0.97 \times 10^{-3}}{10 \times 10^{-6}} = 97$$

或

$$Q = \frac{\rho}{R} = \frac{1}{15} \times \sqrt{\frac{0.23 \times 10^{-3}}{110 \times 10^{-12}}} = 97$$

6.2　并联谐振电路

6.2.1　并联电路谐振条件

R、L、C 并联电路发生的谐振现象称为并联谐振。与串联谐振电路的方法相类似,图 6 - 2 - 1 所示并联电路的复导纳为

$$Y = G + \mathrm{j}B = G + \mathrm{j}(\omega C - \frac{1}{\omega L}) \qquad (6-7)$$

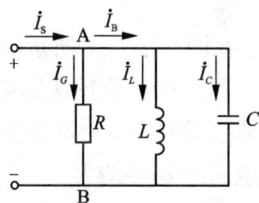

图 6 - 2 - 1　并联谐振电路

当导纳的虚部为零,即 $B = 0$,$\omega C = \frac{1}{\omega L}$,电压 $\dot{U}$ 与 $\dot{I}$ 同相,电路呈纯电阻性,这时,电路发生谐振。因此,电路发生并联谐振的条件为

$$\omega_0 = \frac{1}{\sqrt{LC}} \qquad (6-8)$$

或

$$f_0 = \frac{1}{2\pi\sqrt{LC}} \qquad (6-9)$$

式中,ω_0 为谐振角频率,与串联谐振条件是相同的,该频率 f_0 称为电路的固有频率,仅与 L、C 参数有关,与 R 无关。

6.2.2　并联谐振电路的基本特征

1. 并联谐振时输入导纳最小或者说输入阻抗最大

并联谐振时,由于复导纳的虚部为零,电路复导纳就等于电路中的电阻导纳值 G,复导纳的模达到最小值,或者说输入阻抗最大。

$$Y = G + jX = G + j(\omega_0 C - \frac{1}{\omega_0 L}) = G$$

当外加频率等于其谐振频率时其电路阻抗呈纯电阻性，且有最大值，这个特性在实际应用中叫选频电路。

2. 谐振时，因阻抗最大，在激励电流一定时，电压的有效值最大

并联谐振时，复导纳最小，为 $Y = G$，在一定幅值的电流源 $\dot{I}_L$ 作用下，电路的端电压 $\dot{U}$ 就达到最大值为

$$\dot{U} = \dot{I}_L / G \qquad (6-10)$$

3. 电感和电容上电流相等，其电流为总电流的 Q 倍

谐振时电阻电流与电流源电流相等 $\dot{I}_G = \dot{I}_S$。电感电流与电容电流之和为零，即 $\dot{I}_L + \dot{I}_C = 0$。电感电流或电容电流的幅度为电流源电流或电阻电流的 Q 倍，即 $I_L = I_C = QI_S = QI_R$。

此时各元件上的电流分别为

$$\dot{I}_G = \dot{U}_C G = \frac{\dot{I}_S}{G} G = \dot{I}_S$$

$$\dot{I}_L = \dot{U}_0 (-j\frac{1}{\omega L})$$

$$\dot{I}_C = \dot{U}_0 (j\omega C)$$

即电阻上电流等于电源电流；电感与电容元件的电流有效值相等，相位相反，互相抵消。故并联谐振也称为电流谐振。因为此时有

$$\dot{I}_B = \dot{I}_L + \dot{I}_C = 0$$

所以，在图 6 - 2 - 1 所示中 A、B 两点的右边电路相当于开路。

工程上广泛应用实际电感线圈和实际电容器组成的并联谐振电路。在不考虑实际电容器的介质损耗时，该并联装置的电路模型如图 6 - 2 - 2 所示。

电路的复导纳为

$$Y = \frac{1}{R + j\omega L} + j\omega C = \frac{R}{R^2 + (\omega L)^2} + j(\omega C - \frac{\omega L}{R^2 + (\omega L)^2}) \qquad (6-11)$$

电路发生谐振时，复导纳的虚部应为零，得

$$C = \frac{L}{R^2 + (\omega L)^2} \qquad (6-12)$$

由上式可以看出，当电路的频率和实际电感线圈的参数 R、L 一定时，改变电容总能使电路达到谐振。

如果电路的参数一定，调节电源频率使电路达到谐振所需的角频率，由上式得

$$\omega_0 = \sqrt{\frac{1}{LC} - (\frac{R}{L})^2} \qquad (6-13)$$

从式(6 - 13)可看出，只有当 $\frac{1}{LC} > (\frac{R}{L})^2$，即 $R < \sqrt{\frac{L}{C}}$ 时，ω_0 才是实数，才有可能通过调频使电路达到谐振。

图 6 - 2 - 2 所示并联电路发生谐振时的相量图如图 6 - 2 - 3 所示。可以看出，调节电容 C 使电路达到谐振的过程，实质上是使 $\dot{I}_L$ 的无功分量与 $\dot{I}_C$ 完全抵消的过程。在一定的电压

$\dot{U}$ 作用下，谐振时电流最小。整个电路可等效为一个电阻 R_0，它等于复导纳实部的倒数，由式(6-11)得

$$R_0 = \frac{R^2 + (\omega L)^2}{R} \tag{6-14}$$

又因为谐振时 $C = \dfrac{L}{R^2 + (\omega L)^2}$，即 $R^2 + (\omega L)^2 = \dfrac{L}{C}$，所以，谐振时的等效电阻为

$$R_0 = \frac{L}{RC}$$

等效电导为

$$G_0 = \frac{RC}{L}$$

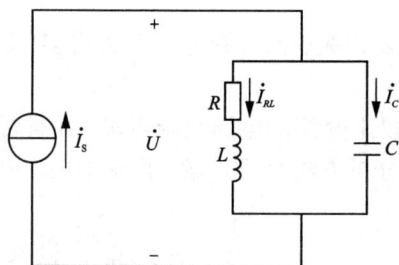

图 6-2-2　在电流源作用下的并联谐振电路

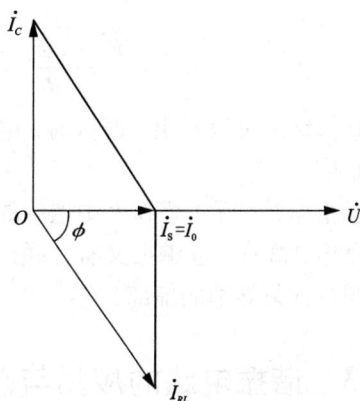

图 6-2-3　并联谐振电路相量图

6.2.3　并联谐振电路的频率特性

1. 特性阻抗和品质因数

与串联谐振电路一样，定义并联谐振电路的特性阻抗为

$$\rho = \sqrt{\frac{L}{C}}$$

并联谐振电路的品质因数定义为谐振时的感纳(或容纳)与谐振时等效电导的比，即

$$Q = \frac{\omega_0 C}{G_0} = \frac{\omega_0 C}{RC/L} = \frac{\omega_0 L}{R} \tag{6-15}$$

实际电感线圈的电阻 R 较小，当 R 远小于 $\sqrt{\dfrac{L}{C}}$ 时，则式(6-13)可写为

$$\omega_0 \approx \frac{1}{\sqrt{LC}} \tag{6-16}$$

将式(6-13)代入式(6-15)可得并联电路的品质因数为

$$Q \approx \frac{1}{R}\sqrt{\frac{L}{C}} = \frac{\rho}{R} \tag{6-17}$$

例 6-2　将一个 $R = 15\Omega$，$L = 0.23\text{mH}$ 的电感线圈和 100pF 的电容器并联，求该并联电

路的谐振频率和谐振时的等效阻抗。

解：电路的谐振角频率为

$$\omega_0 = \sqrt{\frac{1}{LC} - (\frac{R}{L})^2} = \sqrt{\frac{1}{0.23 \times 10^{-3} \times 100 \times 10^{-12}} - (\frac{15}{0.23 \times 10^{-3}})^2} \, \text{rad/s} = 6.557 \times 10^6 \, \text{rad/s}$$

谐振频率为

$$f_0 = \frac{\omega_0}{2\pi} = \frac{6577 \times 10^3}{2 \times 3.14} \, \text{Hz} = 1444 \, \text{kHz}$$

谐振时的等效阻抗为

$$Z = R_0 = \frac{L}{RC} = \frac{0.23 \times 10^{-3}}{15 \times 100 \times 10^{-12}} \, \Omega = 153 \, \text{k}\Omega$$

或

$$Z = \frac{1}{Y} = \frac{R^2 + (\omega_0 L)^2}{R} = \frac{15^2 + (6577 \times 0.23)^2}{15} \, \Omega = 153 \, \text{k}\Omega$$

从计算结果可以看出，谐振时，电路的等效阻抗 Z 很大，比线圈电阻 R 大得多，Z 是 R 的 10200 倍。

必须指出，实际工程技术中遇到的谐振电路要比以上介绍的电路复杂得多，而且可能在一个电路中，既有串联谐振又有并联谐振。对它们的分析方法是类似的，即谐振时，电路的等效复阻抗或复导纳的虚部为零。

6.3 谐振电路的应用与防护

6.3.1 谐振在电子技术中的应用

在无线电技术中常应用串联谐振的选频特性来选择信号。收音机通过接收天线，接收到各种频率的电磁波（产生对应的电动势 e_1、e_2、e_3 等），每一种频率的电磁波都要在天线回路中产生相应的微弱的感应电流。为了达到选择信号的目的，通常在收音机里采用如图 6 – 3 – 1(a)所示的谐振电路。把调谐回路中的电容 C 调节到某一值，电路就具有一个固有的频率 f_0。如果这时某电台的电磁波的频率正好等于调谐电路的固有频率，就能收听该电台的广播节目，其他频率的信号被抑制掉，这样就实现了选择电台的目的。

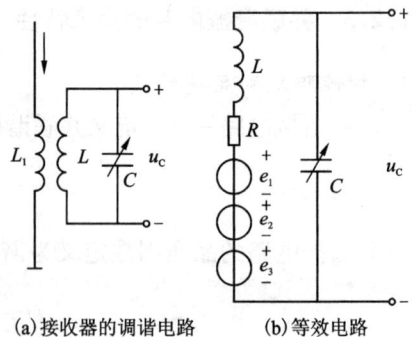

(a)接收器的调谐电路   (b)等效电路

图 6 – 3 – 1 谐振电路

在具有电感和电容元件的电路中，电路两端的电压与其中的电流一般是不同相的，如果我们调节电路的参数或电源的频率而使它们同相，这时电路中就发生谐振现象。上述案例即为谐振的应用。研究谐振的目的就是要认识这种客观现象，并在生产上充分利用谐振的特征，同时又要预防它所产生的危害。

6.3.2 电力系统对谐振的防护

含有电感线圈和电容器的无源(指不含独立电源)线性电路在某个特定频率的外加电源作用下,对外呈纯电阻性质的现象。这一特定频率即为该电路的谐振频率。以谐振为主要工作状态的电路称谐振电路。无线电设备都用谐振电路完成调谐、滤波等功能。电力系统则需防止谐振以免引起过电流、过电压。

电路中的谐振有线性谐振、非线性谐振和参量谐振。前者是发生在线性无源电路中的谐振,以串联谐振电路中的谐振为典型。非线性谐振发生在含有非线性元件电路内。由铁心线圈和线性电容器串联(或并联)而成的电路(习称铁磁谐振电路)就能发生非线性谐振。在正弦激励作用下,电路内会出现基波谐振、高次谐波谐振、分谐波谐振以及电流(或电压)的振幅和相位跳变的现象。这些现象统称铁磁谐振。参量谐振是发生在含时变元件电路内的谐振。一个凸极同步发电机带有容性负载的电路内就可能发生参量谐振。

用线性的电感线圈和电容器串联成的谐振电路为串联谐振电路。这种电路产生的谐振称串联谐振,又称电压谐振。当外加电压的频率 ω 等于电路的谐振频率 ω_0 时,即

$$\omega = \omega_0 = \frac{1}{\sqrt{LC}}$$

式中 L 为电感,C 为电容,便产生谐振。除改变 ω 可使电路谐振外,调整 L、C 的值也能使电路谐振。谐振时电路内的能量过程是在电感和电容之间出现周期性的等量能量交换。以品质因数值表示 Q 电路的性能

$$Q = \frac{1}{R\omega_0 C}$$

Q 值越大,谐振曲线越尖,则电路的选择性越好。考虑信号源的内阻时,Q 值要下降,因此,串联谐振电路不宜与高内阻信号源一起作用。

用线性时不变电感线圈和电容器并联组成的谐振电路为并联谐振电路。其中的谐振称并联谐振,又称电流谐振。以 Q 表示电路的性能,电路内的能量过程与串联谐振电路类似。信号源内阻会降低 Q 值,且内阻越小,品质因数值越小,所以并联谐振电路不宜与低内阻信号源一起使用。

本章小结

R、L、C 串联网络的谐振现象是一种处于特定条件下的频率响应。

1. 谐振条件: $\omega_0 = 1/\sqrt{LC}$ 或 $f_0 = 1/(2\pi\sqrt{LC})$,即改变激励源的频率或调节电路参数均可以形成这种条件。

2. 串联谐振的特征:电路的总阻抗为最小值($Z = R$),电流达到最大值($I = U/R$),总电压与电流同相位,电路呈电阻性。谐振时电感和电容端电压相等,且比激励源电压大 Q 倍,故串联谐振又称为电压谐振。

3. 当改变激励源的频率,使电路的电流值下降到谐振点电流值的 $\sqrt{2}$ 倍时所对应的频率范围,即上限频率 f_2 与下限频率 f_1 之差($f_2 - f_1$),称为电路的通频带。Q 值愈高,带宽就愈窄,电路对信号的选择性就愈好。

4. 串联谐振电路不宜与高内阻信号源一起使用。

R、L、C 并联网络的谐振现象也是一种处于特定条件下的频率响应。

1. 谐振条件：若电感线圈 Q 的值较高，则并联谐振与串联谐振的频率条件相同。

2. 谐振特征：电路的总阻抗最大，谐振电流最小，总电流与电压同相，电路也呈电阻性。谐振时并联支路的电流几乎相等，且比总电流大 Q 倍，故并联谐振又称为电流谐振。

3. 频率特性：电路发生并联谐振时相当于一个高电阻，可从电路两端得到幅值较大的输出电压，这就是并联谐振电路的选频作用。

4. 并联谐振电路不宜与低内阻信号源一起使用。

复习思考题

6–1   含 R、L 的线圈与电容 C 串联，已知线圈电压 $U_{RL} = 50\text{V}$，电容电压 $U_C = 30\text{V}$，总电压与电流同相，试问总电压是多大？

6–2 RLC 组成的串联谐振电路，已知 $U = 10\text{V}$，$I = 1\text{A}$，$U_C = 80\text{V}$。试问电阻 R 多大？品质因数 Q 又是多大？

6–3   如题图 6–1 所示。若 $\omega = \dfrac{1}{\sqrt{LC}}$，哪些端口相当于短路？哪些端口相当于开路？

6–4   串联谐振电路如题图 6–2 所示，已知电压表 V1，V2 的读数分别为 150V 和 120V，试问电压表 V 的读数为多少？

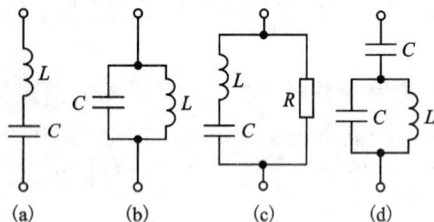

题图 6–1   题 6–3 附图

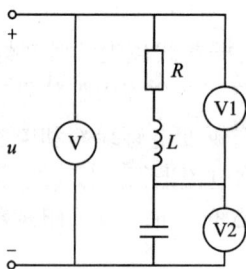

题图 6–2   题 6–4 附图

6–5   在 6–3–1(b)图所示电路中，

(1)如果要收听 e_1 台节目，C 多大？已知：$L = 250\mu\text{H}$，$R = 20\Omega$，$f_1 = 820\text{kHz}$。

(2)e_1 信号在电路中产生的电流有多大？在 C 上产生的电压是多少？

已知：$e_1 = 10\mu\text{V}$，$L = 250\mu\text{H}$，$R = 20\Omega$，$C_1 = 150\text{pF}$。

6–6   在 RLC 串联谐振电路能力训练中，

(1)欲提高串联谐振电路的 Q 值，应如何改变 R、L 和 C？

(2)RLC 串联电路发生振荡时，电阻电压达到最大值，试问电感电压和电容电压是否达到最大值？

6–7   参考实验八 RLC 串联谐振电路自行设计并联谐振电路的实验。

6–8   查阅相关资料或调研相关企业进一步了解谐振电路在实际中的应用。

第7章　非正弦周期电流电路

7.1　非正弦周期量

在实际工程中，除了按正弦激励或响应外，还会经常遇到非正弦激励或响应。电路中的激励或响应按非正弦周期性变化的电压和电流，则称为非正弦周期量(波)，这种电路称为非正弦周期电流电路。

7.1.1　常见非正弦信号

非正弦信号的波形多种多样，有周期性的，也有非周期性的。如图7-1-1所示，其中图(a)、(b)、(c)、(d)、(e)是非正弦周期信号，图(f)、(g)是非周期信号。

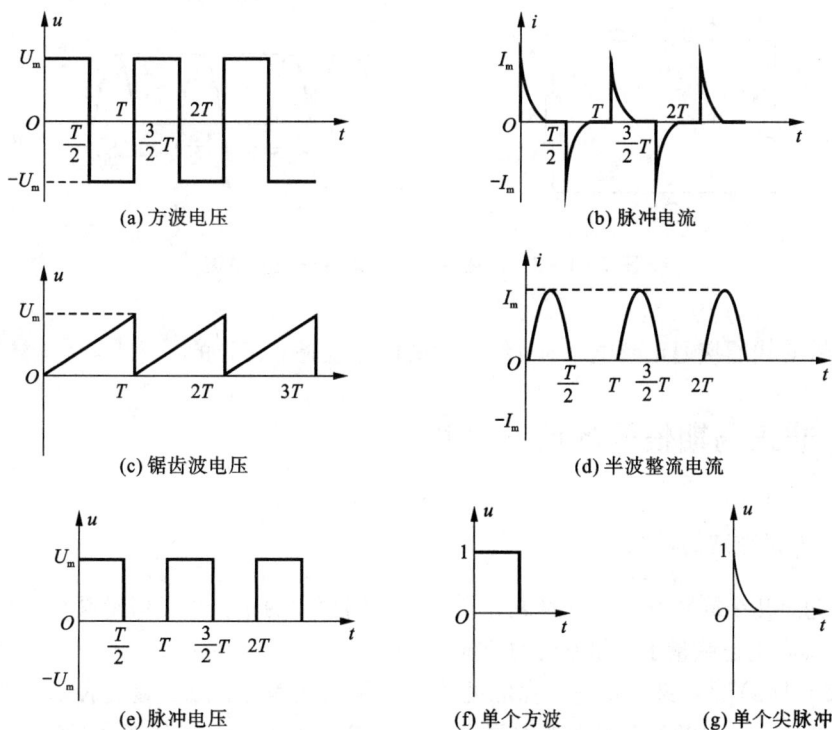

(a) 方波电压　(b) 脉冲电流

(c) 锯齿波电压　(d) 半波整流电流

(e) 脉冲电压　(f) 单个方波　(g) 单个尖脉冲

图7-1-1　非正弦信号

7.1.2　产生原因

产生非正弦周期波的原因通常有以下两种。

1. 电源电压为非正弦电压

一个线性电路中，如果电源电压为非正弦电压，那么电路中产生的电流将是非正弦电流，如：脉冲信号发生器产生矩形脉冲，如图 7 - 1 - 1(e)所示。

如果有几个不同频率的正弦电压(包括直流电压)合成一个非正弦电压作用于线性电路中，那么产生的电流也将是非正弦的。例如：晶体管交流放大电路中，电源提供的是直流电压 U，输入信号是正弦电压 u_i，合成一个非正弦电压 u，如图 7 - 1 - 2 所示。

2. 电路中存在非线性元件

正弦电压作用于含有非线性元件的电路时，电路中电流是非正弦的。如图 7 - 1 - 3(a)所示的半波整流电路。

电源电压是正弦波，由于二极管的单向导电性，仅在电源电压的正半周电路中有电流流过，所以，虽然电源电压是正弦波，但是电路电流却是非正弦的，如图 7 - 1 - 3(b)所示。

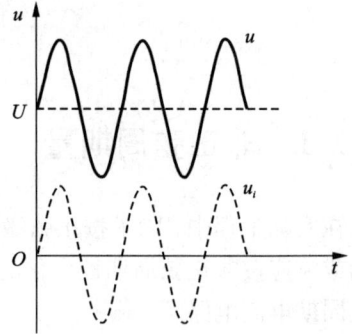

图 7 - 1 - 2　不同频率的正弦
电压合成一个非正弦电压

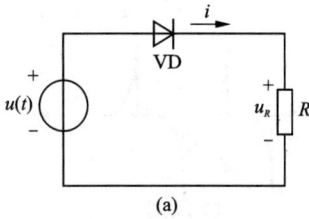

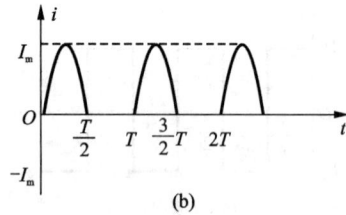

图 7 - 1 - 3　非线性元件形成的非正弦电流

另外，铁心线圈接通正弦电压时，线圈中的电流也是非正弦的。

7.2　非正周期信号的谐波分析

7.2.1　非正弦波的合成

前面讲过，几个同频率的正弦量之和还是一个同频率的正弦量。但是几个不同频率的正弦量相加就不再是正弦量了，如方波的合成。

图 7 - 2 - 1(a)所示的方波是一种常见的非正弦周期信号，图中虚线表示一个同频率的正弦波，显然，二者波形差别很大。如果在这个正弦波上加一个三倍频率的正弦波 u_3(u_3 的值为 u_1 幅值的 1/3)，则它们的合成波形就比较接近于方波，如图 7 - 2 - 1(b)所示。如果再叠加一个五倍频率的正弦波 u_5(u_5 的幅值为 u_1 幅值的 1/5)，则它们的合成波形就与方波波形相差无几了，如图 7 - 2 - 1(c)所示。依次下去，把七倍、九倍等更高频率再叠加上，直至无限多个，那么，最后的合成波形就与图 7 - 2 - 1(a)的方波完全一样了。

从这里可以看出，两个或两个以上频率比为有理数的正弦波，叠加的结果是一个非正弦

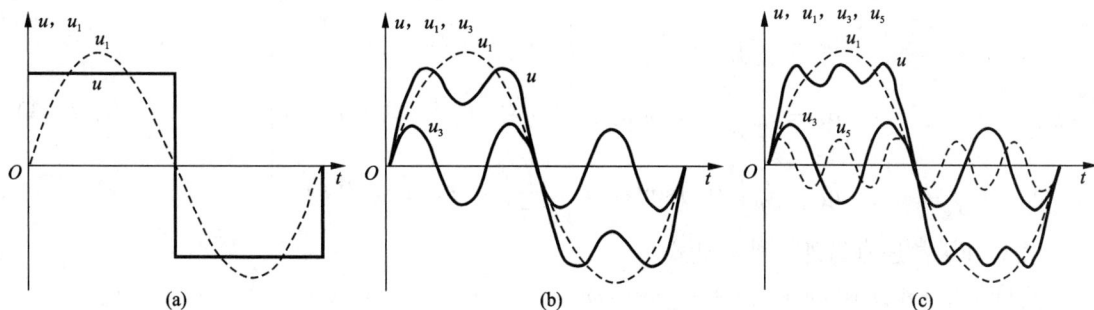

图 7 – 2 – 1　方波的合成

波，但它仍是周期性的。

7.2.2　非正弦波的分解

几个不同频率的正弦波叠加后是非正弦波。反过来说，任何一个非正弦周期波是否也可分解为若干不同频率的正弦波呢？

从数学公式知道，一个满足狄里赫利条件的周期函数，都可以分解为傅里叶级数。电子电气工程上常遇见的非正弦周期波，大都满足狄里赫利条件。

设 $f(t)$ 为一满足狄里赫利条件的非正弦周期函数，其周期为 T，角频率为 $\omega = \dfrac{2\pi}{T}$，则 $f(t)$ 可分解为下列的傅里叶级数：

$$f(t) = A_0 + A_{1m}\sin(\omega t + \psi_1) + A_{2m}\sin(2\omega t + \psi_2) + \cdots + A_{km}\sin(k\omega t + \psi_k) + \cdots$$

$$= A_0 + \sum_{k=1}^{\infty} A_{km}\sin(k\omega t + \psi_k) \tag{7-1}$$

式中　$f(t)$——非正弦周期波；

A_0——$f(t)$ 直流分量或恒定分量，也称零次谐波；

$A_{1m}\sin(\omega t + \psi_1)$——频率与 $f(t)$ 的频率相同，称为基波或一次谐波；

$A_{2m}\sin(2\omega t + \psi_2)$——频率为基波频率两倍，称为二次谐波；

… …

$A_{km}\sin(k\omega t + \psi_k)$——频率为基波频率 k 倍，称为 k 次谐波。

$k \geqslant 2$ 的各次谐波统称为高次谐波。其中 1、3、5 次等谐波称为奇次谐波，2、4、6 次等谐波称为偶次谐波。非正弦周期信号的傅里叶级数展开式中应包含无穷多项，但由于傅里叶级数的收敛性，通常频率越高的谐波，其幅值越小。在实际工程中，一般取 5 次或 7 次谐波就能保证足够的计算精度。更高次的谐波可以忽略不计。

傅里叶级数用三角公式展开，又可为：

$$f(t) = a_0 + (a_1\cos\omega t + b_1\sin\omega t) + (a_2\cos2\omega t + b_2\sin2\omega t) + \cdots + (a_k\cos k\omega t + b_k\sin k\omega t) + \cdots$$

$$= a_0 + \sum_{k=1}^{\infty}(a_k\cos k\omega t + b_k\sin k\omega t) \tag{7-2}$$

式中，a_0，a_k，b_k 为傅里叶系数，可按下式求出：

$$a_0 = \frac{1}{T}\int_0^T f(t)\,\mathrm{d}t = \frac{1}{2\pi}\int_0^{2\pi} f(t)\,\mathrm{d}(\omega t)$$

$$a_k = \frac{2}{T}\int_0^T f(t)\cos k\omega t\mathrm{d}t = \frac{1}{\pi}\int_0^{2\pi} f(t)\cos k\omega t\mathrm{d}(\omega t) \tag{7-3}$$

$$b_k = \frac{2}{T}\int_0^T f(t)\sin k\omega t\mathrm{d}t = \frac{1}{\pi}\int_0^{2\pi} f(t)\sin k\omega t\mathrm{d}(\omega t)$$

傅里叶级数还有另外一种表达式

$$f(t) = A_0 + A_{1m}\cos(\omega t + \psi_1) + A_{2m}\cos(2\omega t + \psi_2) + \cdots + A_{km}\cos(k\omega t + \psi_k) + \cdots$$

$$= A_0 + \sum_{k=1}^{\infty} A_{km}\cos(k\omega t + \psi_k) \tag{7-4}$$

式(7-3)与式(7-4)各系数之间还有如下关系:

$$A_0 = a_0$$

$$A_{km} = \sqrt{a_k^2 + b_k^2}$$

$$\psi_k = \arctan\frac{-b_k}{a_k} \tag{7-5}$$

$$a_k = A_{km}\cos\Psi_k$$

$$b_k = -A_{km}\sin\Psi_k$$

可见,要将一个非正弦周期信号分解成傅里叶级数,实质上就是计算其傅里叶系数 a_0, a_k, b_k。

例7-1 求表7-2-1所示方波的傅里叶级数。已知 $f(t) = \begin{cases} U_{\mathrm{m}} & (0 < \omega t < \pi) \\ -U_{\mathrm{m}} & (\pi < \omega t < 2\pi) \end{cases}$

解:根据傅里叶级数展开的公式,有

$$a_0 = \frac{1}{T}\int_0^T f(t)\,\mathrm{d}t = \frac{1}{2\pi}\Big[\int_0^{\pi} U_{\mathrm{m}}\mathrm{d}(\omega t) + \int_{\pi}^{2\pi}(-U_{\mathrm{m}})\mathrm{d}(\omega t)\Big] = 0$$

$$a_k = \frac{2}{T}\int_0^T f(t)\cos k\omega t\mathrm{d}t = \frac{1}{\pi}\Big[\int_0^{\pi} U_{\mathrm{m}}\cos k\omega t\mathrm{d}(\omega t) + \int_{\pi}^{2\pi}(-U_{\mathrm{m}})\cos k\omega t\mathrm{d}(\omega t)\Big] = 0$$

$$b_k = \frac{2}{T}\int_0^T f(t)\sin k\omega t\mathrm{d}t = \frac{1}{\pi}\Big[\int_0^{\pi} U_{\mathrm{m}}\sin k\omega t\mathrm{d}(\omega t) + \int_{\pi}^{2\pi}(-U_{\mathrm{m}})\sin k\omega t\mathrm{d}(\omega t)\Big]$$

$$= \frac{2U_{\mathrm{m}}}{k\pi}(1 - \cos k\pi) = \begin{cases} 0 & (k \text{ 为偶数}) \\ \dfrac{4A_{\mathrm{m}}}{k\pi} & (k \text{ 为奇数}) \end{cases}$$

所以

$$f(t) = \frac{4A_{\mathrm{m}}}{\pi}\Big[\sin(\omega t) + \frac{1}{3}\sin(3\omega t) + \frac{1}{5}\sin(5\omega t) + \cdots\Big]$$

这里如果要精确地表示非正弦周期信号,需要用无限项的傅里叶级数,然后随着谐波次数的增加,谐波的幅度将逐渐减小,所以一般用较小的项数就可以获得较好的近似值。

以上是用数学分析的方式进行傅里叶级数的展开。工程中多采用查表的方法直接对照其波形查出非正弦波周期信号的傅里叶级数。表7-2-1列出了电气电子工程中常见的典型信号的傅里叶级数展开式。

表 7 - 2 - 1 典型信号的傅里叶级数展开式

波　　形	傅里叶级数展开式	有效值	平均值
正弦波 	$f(t) = A_m \sin(\omega t)$	$\dfrac{A_m}{\sqrt{2}}$	$\dfrac{2A_m}{\pi}$
方波 	$f(t) = \dfrac{4A_m}{\pi}\left[\sin(\omega t) + \dfrac{1}{3}\sin(3\omega t) + \dfrac{1}{5}\sin(5\omega t) + \cdots \right.$ $\left. + \dfrac{1}{k}\sin(k\omega t) + \cdots \right]$ $k = 1,3,5,\cdots$	A_m	A_m
锯齿波 	$f(t) = \dfrac{A_m}{2} - \dfrac{A_m}{\pi}\left[\sin(\omega t) + \dfrac{1}{2}\sin(2\omega t) + \dfrac{1}{3}\sin(3\omega t) \right.$ $\left. + \cdots + \dfrac{1}{k}\sin(k\omega t) + \cdots \right]$ $k = 1,2,3,4,\cdots$	$\dfrac{A_m}{\sqrt{3}}$	$\dfrac{A_m}{2}$
半波整流 	$f(t) = \dfrac{2A_m}{\pi}\left[\dfrac{1}{2} + \dfrac{\pi}{4}\cos(\omega t) + \dfrac{1}{3}\cos(2\omega t) \right.$ $\left. - \dfrac{1}{15}\cos(4\omega t) + \cdots - \dfrac{\cos\left(\frac{k\pi}{2}\right)}{k^2-1}\cos(k\omega t) + \cdots \right]$ $k = 2,4,6,\cdots$	$\dfrac{A_m}{2}$	$\dfrac{A_m}{\pi}$
全波整流 	$f(t) = \dfrac{4A_m}{\pi}\left[\dfrac{1}{2} + \dfrac{1}{3}\cos(2\omega t) - \dfrac{1}{15}\cos(4\omega t) \right.$ $\left. + \cdots - \dfrac{\cos\left(\frac{k\pi}{2}\right)}{k^2-1}\cos(k\omega t) + \cdots \right]$ $k = 2,4,6,\cdots$	$\dfrac{A_m}{\sqrt{2}}$	$\dfrac{2A_m}{\pi}$
三角波 	$f(t) = \dfrac{8A_m}{\pi^2}\left[\sin(\omega t) - \dfrac{1}{9}\sin(3\omega t) + \dfrac{1}{25}\sin(5\omega t) + \cdots \right.$ $\left. + \dfrac{(-1)^{\frac{k-1}{2}}}{k^2}\sin(k\omega t) + \cdots \right]$ $k = 1,3,5,\cdots$	$\dfrac{A_m}{\sqrt{3}}$	$\dfrac{A_m}{2}$
梯形波 	$f(t) = \dfrac{4A_m}{\omega t_0 \pi}\left[\sin(\omega t_0)\sin\omega t + \dfrac{1}{9}\sin(3\omega t_0)\sin(3\omega t) \right.$ $+ \dfrac{1}{25}\sin(5\omega t_0)\sin(5\omega t) + \cdots$ $\left. + \dfrac{1}{k^2}\sin(k\omega t_0)\sin(k\omega t) + \cdots \right]$ $k = 1,3,5,\cdots$	$A_m\sqrt{1 - \dfrac{4\omega t_0}{3\pi}}$	$A_m\left(1 - \dfrac{\omega t_0}{\pi}\right)$

续表

波　形	傅里叶级数展开式	有效值	平均值
脉冲波 	$f(t) = \dfrac{\tau A_\mathrm{m}}{T} + \dfrac{2A_\mathrm{m}}{\pi}\Big[\sin\Big(\omega\,\dfrac{\tau}{2}\Big)\cos(\omega t)$ 　　$+ \dfrac{1}{2}\sin\Big(2\omega\,\dfrac{\tau}{2}\Big)\cos(2\omega t) + \cdots$ 　　$\dfrac{1}{k} + \sin\Big(k\omega\,\dfrac{\tau}{k}\Big)\cos(k\omega t) + \cdots\Big]$ $k = 1, 2, 3, 4, \cdots$	$A_\mathrm{m}\sqrt{\dfrac{\tau}{T}}$	$A_\mathrm{m}\dfrac{\tau}{T}$

7.2.3　周期信号的频谱

一个非正弦周期函数可以分解成傅里叶级数，也可以绘出其直流分量和各次谐波的波形图，此外，还可以用频谱来表示。频谱图可以直观地表示一个周期函数分解为各次谐波后，其中包含的频率分量及各分量所占比重。以表 7 - 2 - 1 中的锯齿波电压为例，设其幅值 U_m = 10V，其傅里叶级数的展开式为

$$u = 5 - \frac{10}{\pi}\sin\omega t - \frac{10}{2\pi}\sin 2\omega t - \frac{10}{3\pi}\sin 3\omega t\cdots$$

式中的直流分量和各次谐波的幅值在频谱图中用相应长度的线段表示，各线段在横坐标上的位置是相应谐波的角频率。图 7 - 2 - 2 是该锯齿波的频谱图。

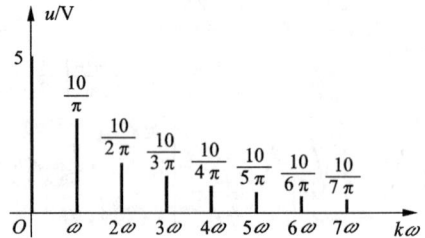

图 7 - 2 - 2　锯齿波的频谱图

7.2.4　非正弦波的对称性

实际工程中常见的非正弦波形往往具有某种对称性。由于对称，在作谐波分析时，可能不含有某些谐波分量。如能掌握什么样的波形不含有哪些分量，则可根据已知波形直接判断出各次谐波是否存在，从而简化傅里叶级数分解时的计算。

下面研究几种常见的对称波形。

1. 奇函数——原点对称

由数学知识可知，满足 $f(t) = -f(-t)$ 的周期性函数称为奇函数。它的展开式不包含直流分量和余弦分量。奇函数的展开式为

$$f(t) = \sum_{k=1}^{\infty} b_k\sin(k\omega t) \tag{7 - 6}$$

表 7 - 2 - 1 中的矩形波、三角波、梯形波都具有这样的特点：其波形对称于原点，或以原点为中心将原波形旋转 180° 得到的图形与原来波形重合。

2. 偶函数——纵轴对称

满足 $f(t) = f(-t)$ 的周期函数称为偶函数。它的展开式不包含正弦分量。偶函数的展开式为

$$f(t) = \frac{a_0}{2} + \sum_{k=1}^{\infty} a_k\cos(k\omega t) \tag{7 - 7}$$

表 7 - 2 - 1 中的半波整流、全波整流、矩形脉冲波都是偶函数。

3. 奇谐波函数——横轴对称

满足 $f(t) = -f(t \pm \dfrac{T}{2})$ 的周期函数称为奇谐波函数。其波形特点是：将函数 $f(t)$ 波形平移半个周期后，与原函数波形对称于横轴，即镜像对称。将奇谐波函数分解为傅里叶级数时，无直流分量和偶次谐波分量，只含奇次谐波分量。奇谐波函数的展开式为

$$f(t) = \sum_{k=1}^{\infty} [\, a_k \cos(k\omega t) + b_k \sin(k\omega t)\,] \quad (k = 1,\ 3,\ 5,\ \cdots) \tag{7-8}$$

表 7 - 2 - 1 中的三角波、梯形波都具有这样的特点。

4. 偶谐波函数

满足 $f(t) = f(t \pm \dfrac{T}{2})$ 的周期函数称为偶谐波函数。即任何两个相差半周期的函数值大小相等，符号相同。其波形特点是：将函数 $f(t)$ 波形中的后半个周期波形平移半个周期后，与原函数波形完全重合。其傅里叶级数展开式中，含有直流分量和偶次谐波分量。偶谐波函数的展开式为

$$f(t) = \frac{a_0}{2} + \sum_{k=2}^{\infty} [\, a_k \cos(k\omega t) + b_k \sin(k\omega t)\,] \quad (k = 2,\ 4,\ 6,\ \cdots) \tag{7-9}$$

图 7 - 2 - 3 所示波形具有这样的特点。

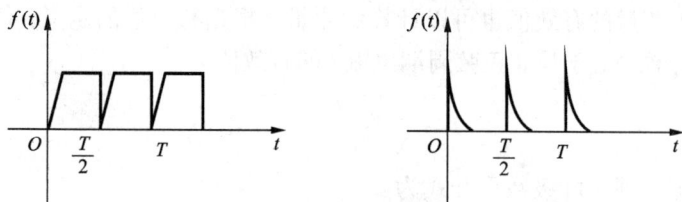

图 7 - 2 - 3 偶谐波函数

例 7 - 2 求图 7 - 2 - 4(b) 所示三角波 $f_2(t)$ 的傅里叶级数展开式。

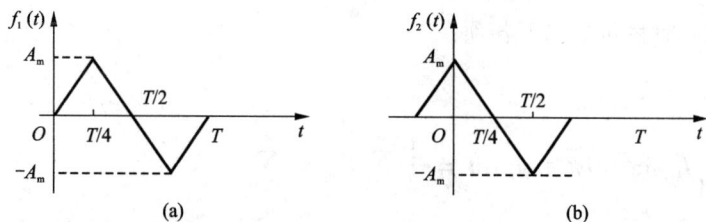

图 7 - 2 - 4 时间起点不同的三角波

解：由表 7 - 2 - 1 中不能直接查得 $f_2(t)$ 的傅里叶级数展开式，但可以直接查得图 7 - 2 - 4(a) 三角波 $f_1(t)$ 的傅里叶级数展开式为

$$f_1(t) = \frac{8A_m}{\pi^2} \Big[\sin(\omega t) - \frac{1}{9}\sin(3\omega t) + \frac{1}{25}\sin(5\omega t) - \cdots \Big]$$

$f_1(t)$ 是一个奇函数，比较 $f_1(t)$ 和 $f_2(t)$ 的波形可以发现，如将图 $7-2-4(a)$ 的纵轴向右平移 $1/4$ 周期，$f_1(t)$ 中的 t 用 $\left(t+\dfrac{T}{4}\right)$ 代入即可，故有

$$f_2(t) = \frac{8A_m}{\pi^2}\Big[\sin\omega\Big(t+\frac{T}{4}\Big) - \frac{1}{9}\sin3\omega\Big(t+\frac{T}{4}\Big) + \frac{1}{25}\sin5\omega\Big(t+\frac{T}{4}\Big) - \cdots\Big]$$

$$= \frac{8A_m}{\pi^2}\Big[\cos\omega t - \frac{1}{9}\cos3\omega t + \frac{1}{25}\cos5\omega t - \cdots\Big]$$

由 $f_2(t)$ 的波形特点及傅里叶级数展开式可看出，$f_2(t)$ 是偶函数。

由以上分析可知，一个周期函数是不是奇函数或偶函数，不仅与该函数的波形有关，也和时间起点的选择（即坐标系、原点的位置）有关。因为时间起点选择的不同，各次谐波的初相将随着改变。但是，一个周期函数是不是奇谐波函数或偶谐波函数，则仅与该函数的具体波形有关，而与时间起点的选择无关。

7.3　非正弦周期波的有效值、平均值和功率

7.3.1　有效值

在实际工作中，往往需要对一个非正弦周期量有一个总体的度量。正弦量的有效值可以计算和测量；非正弦量的有效值也可以计算和测量。根据有效值的定义：任何周期信号的有效值等于它的均方根值，于是非正弦周期电流 i 的有效值为

$$I = \sqrt{\frac{1}{T}\int_0^T[i(t)]^2 dt} \tag{7-10}$$

而非正弦周期电流的傅里叶级数展开式为

$$i = I_0 + \sum_{k=1}^{\infty} I_{km}\sin(k\omega t + \psi_k)$$

将电流代入 $(7-10)$ 式，得

$$I = \sqrt{\frac{1}{T}\int_0^T\Big[I_0 + \sum_{k=1}^{\infty} I_{km}\sin(k\omega t + \psi_k)\Big]^2 dt} \tag{7-11}$$

上式右边平方展开时将包含如下各项：

$(1)\ \dfrac{1}{T}\displaystyle\int_0^T I_0^2 dt = I_0^2$

$(2)\ \dfrac{1}{T}\displaystyle\int_0^T\sum_{k=1}^{\infty}I_{km}^2\sin^2(k\omega t+\psi_k)dt = \frac{1}{2}\sum_{k=1}^{\infty}I_{km}^2 = \sum_{k=1}^{\infty}I_k^2$

$(3)\ \dfrac{1}{T}\displaystyle\int_0^T 2I_0\sum_{k=1}^{\infty}I_{km}\sin(k\omega t+\psi_k)dt = 0$

$(4)\ \dfrac{1}{T}\displaystyle\int_0^T 2\sum_{k=1}^{\infty}\sum_{q=1}^{\infty}I_{km}I_{qm}\sin(k\omega t+\psi_k)\sin(q\omega t+\psi_k)dt = 0 \qquad (k\neq q)$

所以推导出电流的有效值的公式为

$$I = \sqrt{I_0^2 + \frac{I_{1m}^2}{2} + \frac{I_{2m}^2}{2} + \cdots} = \sqrt{I_0^2 + I_1^2 + I_2^2 + \cdots} \tag{7-12}$$

即非正弦周期电流的有效值等于各次谐波分量有效值平方和的平方根值。

同理，非正弦周期电压和电动势的有效值分别为

$$U = \sqrt{U_0^2 + U_1^2 + U_2^2 + \cdots} \qquad (7-13)$$

$$E = \sqrt{E_0^2 + E_1^2 + E_2^2 + \cdots} \qquad (7-14)$$

例 7 - 3　求非正弦周期电压 $u = 100 + 70.7\sin(314t + 30°) - 61.6\cos(942t + 51°) + \cdots \text{V}$ 的有效值。

解：因为
$$U = \sqrt{U_0^2 + U_1^2 + U_2^2 + \cdots}$$

所以
$$U = \sqrt{100^2 + \left(\frac{70.7}{\sqrt{2}}\right)^2 + \left(\frac{61.6}{\sqrt{2}}\right)^2} \text{V} = 120\text{V}$$

7.3.2　平均值

在实际工程中，除了用到有效值外，还要用到平均值。非正弦周期量的平均值也就是非正弦周期量的直流分量。当非正弦周期量的波形对称于横轴时，它的平均值为零。但工程上为了便于说明问题，常取非正弦周期量的绝对值在一周期内的平均值，即

$$I_{\text{av}} = \frac{1}{T}\int_0^T |i|\,\mathrm{d}t \qquad (7-15)$$

或

$$U_{\text{av}} = \frac{1}{T}\int_0^T |u|\,\mathrm{d}t \qquad (7-16)$$

$$E_{\text{av}} = \frac{1}{T}\int_0^T |e|\,\mathrm{d}t \qquad (7-17)$$

正弦波的平均值

$$U_{\text{av}} = \frac{1}{T}\int_0^T |U_{\text{m}}\sin\omega t|\,\mathrm{d}t = \frac{2}{T}\int_0^{\frac{T}{2}} |U_{\text{m}}\sin\omega t|\,\mathrm{d}t$$

$$= \frac{2}{T} \cdot \frac{1}{\omega}\int_0^\pi U_{\text{m}}\sin\omega t\,\mathrm{d}(\omega t)$$

$$= \frac{1}{\pi}U_{\text{m}}(-\cos\omega t)\Big|_0^\pi = \frac{2}{\pi}U_{\text{m}} = 0.637U_{\text{m}}$$

$$I_{\text{av}} = \frac{2}{\pi}I_{\text{m}} = 0.637I_{\text{m}}$$

$$E_{\text{av}} = \frac{2}{\pi}E_{\text{m}} = 0.637E_{\text{m}}$$

例 7 - 4　求函数 $u(t) = \begin{cases} 12\text{V} & 0 \leqslant t \leqslant \dfrac{T}{4} \\ 0\text{V} & \dfrac{T}{4} < t \leqslant T \end{cases}$ 的平均值。

解：因为
$$U_{\text{av}} = \frac{1}{T}\int_0^T |u|\,\mathrm{d}t$$

所以
$$U_{\text{av}} = \frac{1}{T}\int_0^{\frac{T}{4}} 12\mathrm{d}t + \frac{1}{T}\int_{\frac{T}{4}}^T 0\mathrm{d}t = 3\text{V}$$

为了衡量非正弦波与正弦波的差异程度,将有效值与平均值的比值称为波形因数 K_f

$$K_f = \frac{I}{I_{av}} \qquad\qquad (7-18)$$

将最大值与有效值之比称为波顶因数 K_p

$$K_p = \frac{I_m}{I} \qquad\qquad (7-19)$$

正弦波的波形因数 K_f 和波顶因数 K_p 为

$$K_f = \frac{I}{I_{av}} = \frac{I_m/\sqrt{2}}{\frac{2}{\pi}I_m} = 1.11$$

$$K_p = \frac{I_m}{I} = \frac{I_m}{I_m/\sqrt{2}} = \sqrt{2} = 1.414$$

对于 $K_f > 1.11$ 和 $K_p > 1.414$ 的非正弦波,一般都是比正弦波更加尖锐的波形,反之就是比正弦波更平坦。工程上常用这两种参数来反映波形的性质。

7.3.3　平均功率

非正弦电路瞬时功率与正弦电路定义方法相同,在关联参考方向下,有

$$P = ui$$

一个周期内的平均功率为

$$P = \frac{1}{T}\int_0^T p\,\mathrm{d}t = \frac{1}{T}\int_0^T ui\,\mathrm{d}t \qquad\qquad (7-20)$$

设非正弦周期电压和电流为

$$u(t) = U_0 + \sum_{k=1}^{\infty} U_{km}\sin(k\omega t + \psi_{uk})$$

$$i(t) = I_0 + \sum_{k=1}^{\infty} I_{km}\sin(k\omega t + \psi_{ik})$$

将 $u(t)$ 和 $i(t)$ 代入式(7-20)并展开,可得出下列五项。

(1) $\dfrac{1}{T}\displaystyle\int_0^T U_0 I_0 \,\mathrm{d}t = U_0 I_0$

(2) $\dfrac{1}{T}\displaystyle\int_0^T U_0 \sum_{k=1}^{\infty} I_{km}\sin(k\omega t + \psi_{ik})\,\mathrm{d}t = 0$

(3) $\dfrac{1}{T}\displaystyle\int_0^T I_0 \sum_{k=1}^{\infty} U_{km}\sin(k\omega t + \psi_{uk})\,\mathrm{d}t = 0$

(4) $\dfrac{1}{T}\displaystyle\int_0^T \sum_{k=1}^{\infty}\sum_{q=1}^{\infty} U_{km}I_{qm}\sin(k\omega t + \psi_{uk})\sin(q\omega t + \psi_{ik})\,\mathrm{d}t = 0 \qquad (k \neq q)$

(5) $\dfrac{1}{T}\displaystyle\int_0^T \sum_{k=1}^{\infty} U_{km}I_{km}\sin(k\omega t + \psi_{uk})\sin(k\omega t + \psi_{ik})\,\mathrm{d}t = \frac{1}{2}\sum_{k=1}^{\infty} U_{km}I_{km}\cos\varphi_k = \sum_{k=1}^{\infty} U_k I_k \cos\varphi_k$

上五项中,(2)、(3)、(4)三项积分为零,(1)、(5)两项分别为 $U_0 I_0$ 和 $\sum\limits_{k=1}^{\infty} U_k I_k \cos\varphi_k$,其中 $\varphi_k = \psi_{uk} - \psi_{ik}$ 为 k 次谐波的阻抗角,所以平均功率为

$$P = U_0 I_0 + \sum_{k=1}^{\infty} U_k I_k \cos\varphi_k = U_0 I_0 + U_1 I_1 \cos\varphi_1 + U_2 I_2 \cos\varphi_2 + \cdots = P_0 + P_1 + P_2 + \cdots \qquad (7-21)$$

即非正弦周期量的平均功率为各次谐波功率之和。

而非正弦周期量的视在功率则为非正弦周期电压有效值与非正弦周期电流有效值之积。

$$S = UI = \sqrt{I_0^2 + I_1^2 + I_2^2 + \cdots} \times \sqrt{U_0^2 + U_1^2 + U_2^2 + \cdots} \tag{7-22}$$

顺便指出，为了简化计算，在实际中，常把非正弦周期量用等效正弦波来代替，从而把非正弦周期电流电路简化为正弦周期电流电路处理。作这种替代应满足以下三个条件。

（1）等效正弦波应与非正弦周期波具有相同的频率；

（2）等效正弦波应与非正弦周期波具有相同的有效值；

（3）用等效正弦波代替非正弦周期波后，全电路的有功功率不变。

根据以上条件中（1）与（2）先确定等效正弦波的频率和有效值，然后可根据条件（3）确定等效正弦电压与等效正弦电流的相位差，即

$$\varphi = \pm \arccos \frac{P}{UI} \tag{7-23}$$

式中，φ 的正负应参照实际电压、电流波形作出选择。

等效正弦波的分析方法是在一定误差允许条件下的一种近似计算方法，在分析铁心线圈电路中得到应用。

例 7-5　某非正弦电路的电压和电流

$$u = 60 + 40\sqrt{2}\sin(\omega t + 50°) + 30\sqrt{2}\sin(3\omega t + 30°) + 16\sqrt{2}\sin(5\omega t + 0°)\text{ V}$$

$$i = 30 + 20\sqrt{2}\sin(\omega t - 10°) + 15\sqrt{2}\sin(3\omega t + 60°) + 8\sqrt{2}\sin(5\omega t - 45°)\text{ A}$$

试求该电路吸收的功率。

解：应用公式 　　　　　　　$$P = U_0 I_0 + \sum_{k=1}^{\infty} U_k I_k \cos\varphi_k$$

所以 $P = U_0 I_0 + U_1 I_1 \cos\varphi_1 + U_3 I_3 \cos\varphi_3 + U_5 I_5 \cos\varphi_5$

$\qquad = [60 \times 30 + 40 \times 20\cos60° + 30 \times 15\cos(-30°) + 16 \times 8\cos(45°)]\text{ W}$

$\qquad = (1\ 800 + 400 + 389.7 + 90.5)\text{ W}$

$\qquad = 2\ 680.2\text{ W}$

7.3.4　非正弦电路的测量

在实际应用中应特别注意，对于同一非正弦周期电流（或电压），选用不同的测量仪表，测得的结果不同。例如，用磁电式仪表（直流仪表）测量，所得的结果是电流（或电压）的恒定分量，这是因为磁电式仪表的偏转角正比于 $\frac{1}{T}\int_0^T i\mathrm{d}t\left(\text{或}\frac{1}{T}\int_0^T u\mathrm{d}t\right)$。用电磁式或电动式仪表测量时，所得结果是电流的有效值，因为这两种仪表的偏转角正比于 $\frac{1}{T}\int_0^T i^2\mathrm{d}t$ $\left(\text{或}\frac{1}{T}\int_0^T u^2\mathrm{d}t\right)$。用全波整流磁电式仪表测量时，所得的结果是电流（或电压）的平均值，因为这种仪表偏转角正比于电流（或电压）的平均值 $\left(I_{\text{av}} = \frac{1}{T}\int_0^T |i|\mathrm{d}t \text{ 或 } U_{\text{av}} = \frac{1}{T}\int_0^T |u|\mathrm{d}t\right)$。可见，在测量非正弦周期电流或电压时，要注意选择合适的仪表，并注意各种不同类型仪表的读数的含义。

7.4　非正弦周期电压作用下的线性电路

对于非正弦周期电路分析计算的理论基础是傅里叶级数和叠加原理。

先将非正弦周期激励信号按傅里叶级数展开，此时，非正弦周期信号就相当于几个不同频率的正弦信号（含频率为零的直流分量）串联；然后计算激励信号直流分量和各次谐波分量单独作用时的电流和电压，对直流分量，相当于计算直流电路，对各次谐波分量，相当于计算不同频率的正弦交流电路；最后用叠加原理把不同频率正弦激励信号作用下的电流或电压进行叠加，此时要注意不同频率的谐波分量对同一电感或电容所产生的感抗和容抗不一样，因此只能按瞬时值叠加，而有效值和相量都不能直接叠加。

综上所述，非正弦周期电路的分析方法可归纳为下列的 3 个步骤。

（1）将给定的非正弦周期信号分解为傅里叶级数，如果是无穷级数，需要根据具体问题要求的准确度，取有限项高次谐波，一般取 5 次或 7 次谐波就可以保证足够的准确度。

（2）分别计算直流分量和各次谐波分量作用于电路时的响应。分析方法与直流电路和正弦交流电路的分析方法完全相同。必须注意：电感元件和电容元件对不同频率的谐波有不同的感抗和容抗，对于直流分量，电感元件相当于短路，电容元件相当于开路；对于不同频率的各次谐波，感抗 $X_{Lk} = k\omega L$，容抗 $X_{Ck} = \dfrac{1}{k\omega C}$，可见，谐波次数越高，感抗越大，容抗越小。

（3）根据叠加原理，将电路在直流分量及各次谐波分量作用下的响应进行叠加，此时要注意：叠加原理只能用于瞬时值表达式的叠加，而不能把不同频率下的正弦相量或有效值叠加。

例 7-6　某电压 $u(t) = [40 + 180\sin\omega t + 60\sin(3\omega t + 45°)]$V 接于 RLC 串联电路，已知 $R = 10\Omega$，$L = 0.05$H，$C = 50\mu$F，$\omega = 314$rad/s。试求电路中的电流 i。

解：由于非正弦周期电压 u 的傅里叶级数展开式已知，可直接求 U_0、u_1、u_3，单独作用于电路时的 I_0、i_1、i_3。

（1）直流分量 $U_0 = 40$V 单独作用时，由于电容相当于开路，所以 $I_0 = 0$A。

（2）基波 $u_1 = 180\sin\omega t$V 单独作用时，因为
$$\dot{U}_{1m} = 180 \underline{/0°}\text{V}$$
则
$$Z_1 = R + j\left(\omega L - \frac{1}{\omega C}\right) = \left[10 + j\left(314 \times 0.05 - \frac{1}{314 \times 50 \times 10^{-6}}\right)\right]\Omega = 49 \underline{/-78.2°}\Omega$$
所以有
$$\dot{I}_{1m} = \frac{\dot{U}_{1m}}{Z_1} = \frac{180 \underline{/0°}}{49 \underline{/-78.2°}}\text{A} = 3.67 \underline{/78.2°}\text{A}$$

（3）三次谐波 $u_3 = 60\sin(3\omega t + 45°)$V 单独作用于电路时，因为
$$\dot{U}_{3m} = 60 \underline{/45°}\text{V}$$
则
$$Z_3 = R + j\left(3\omega L - \frac{1}{3\omega C}\right) = \left[10 + j\left(3 \times 314 \times 0.05 - \frac{1}{3 \times 314 \times 50 \times 10^{-6}}\right)\right]\Omega = 27.7 \underline{/68.9°}\Omega$$

所以有

$$\dot{I}_{3m} = \frac{\dot{U}_{3m}}{Z_1} = \frac{60 \angle 45°}{27.7 \angle 68.9°}\text{A} = 2.17 \angle -23.9° \text{ A}$$

（4）根据叠加原理，求总电流。因为

$$I_0 = 0\text{A}; \quad i_1 = 3.67\sin(\omega t + 78.2°)\text{A}; \quad i_3 = 2.17\sin(3\omega t - 23.9°)\text{A}$$

得

$$i = [3.67\sin(\omega t + 78.2°) + 2.17\sin(3\omega t - 23.9°)]\text{A}$$

例 7-7 如图 7-4-1 所示电路中，已知 $\omega L = 2\Omega$，$\frac{1}{\omega C} = 15\Omega$，$R_1 = 5\Omega$，$R_2 = 10\Omega$，电源电压为 $u(t) = [10 + 100\sqrt{2}\sin\omega t + 50\sqrt{2}\sin(3\omega t + 30°)]\text{V}$，求：各支路电流表达式及有效值；电源发出的平均功率。

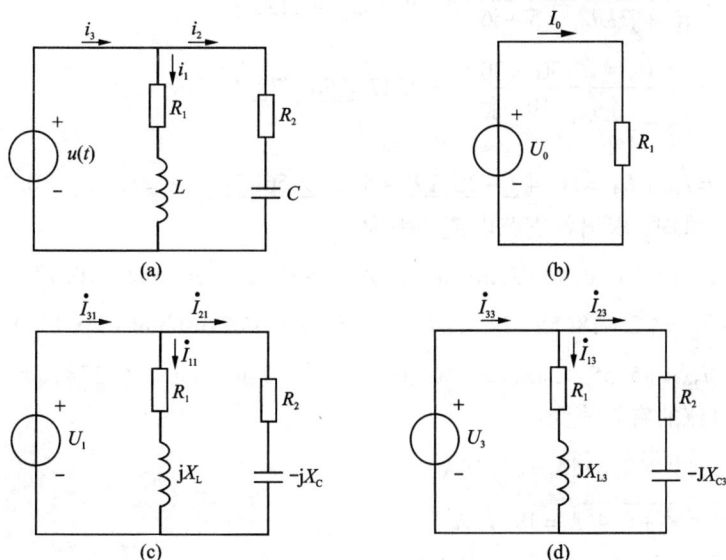

图 7-4-1 例 7-7 附图

解：因为电源电压已经进行了傅里叶级数展开，可直接进行直流分量和各次谐波分量作用下的电路响应分析。

（1）直流分量 $U_0 = 10\text{V}$ 单独作用于电路时，等效电路如图 7-4-1(b)所示，此时电感相当于短路，电容相当于开路，各支路电流为

$$I_{20} = 0\text{A}, \quad I_{10} = I_{30} = \frac{U_0}{R_1} = \frac{10}{5}\text{A} = 2\text{A}$$

（2）基波分量 $u_1 = 100\sqrt{2}\sin\omega t$ 单独作用于电路时，等效电路如图 7-4-1(c)所示，因为

$$\dot{U}_1 = 100 \angle 0°\text{V}$$

则有

$$\dot{I}_{11} = \frac{\dot{U}_1}{R_1 + j\omega L} = \frac{100 \angle 0°}{5 + j2}\text{A} = 18.55 \angle -21.8° \text{ A}$$

$$\dot{I}_{21} = \frac{\dot{U}_1}{R_2 - \dfrac{j}{\omega C}} = \frac{100\ \angle 0°}{10 - j15}\text{A} = 5.855\ \angle 56.3°\text{A}$$

$$\dot{I}_{31} = \dot{I}_{11} + I_{21} = (18.55\ \angle -21.8° + 5.855\ \angle 56.3°)\text{A} = 20.43\ \angle -6.38°\ \text{A}$$

(3)三次谐波 $u_3 = 50\sqrt{2}\sin(3\omega t + 30°)$ 单独作用于电路时,等效电路如图 7-4-1(d)所示,因为

$$\dot{U}_1 = 50\ \angle 30°\text{V}$$

此时

$$X_{L3} = 3\omega L = 6\Omega,\ X_{C3} = \frac{1}{3\omega C} = 5\Omega$$

所以

$$\dot{I}_{13} = \frac{\dot{U}_3}{R_1 + j3\omega L} = \frac{50\ \angle 30°}{5 + j6}\text{A} = 6.4\ \angle -20.19°\text{A}$$

$$\dot{I}_{23} = \frac{\dot{U}_3}{R_2 - \dfrac{j}{3\omega C}} = \frac{50\ \angle 30°}{10 - j5}\text{A} = 4.47\ \angle 56.57°\ \text{A}$$

$$\dot{I}_{33} = \dot{I}_{13} + I_{23} = (6.4\ \angle -20.19° + 4.47\ \angle 56.57°)\text{A} = 8.61\ \angle 10.17°\ \text{A}$$

(4)根据叠加原理,求出各支路电流。因为

$$i_3 = I_0 + i_{31} + i_{33} = [2 + 20.43\sqrt{2}\sin(\omega t - 6.38°) + 8.61\sqrt{2}\sin(3\omega t - 10.17°)]\text{A}$$

$$i_1 = I_{10} + i_{11} + i_{13} = [2 + 18.55\sqrt{2}\sin(\omega t - 21.8°) + 6.4\sqrt{2}\sin(3\omega t - 20.19°)]\text{A}$$

$$i_2 = I_{20} + i_{21} + i_{23} = [5.55\sqrt{2}\sin(\omega t + 56.3°) + 4.47\sqrt{2}\sin(3\omega t + 56.57°)]\text{A}$$

(5)各支路电流的有效值为

$$I_3 = \sqrt{2^2 + 20.43^3 + 8.61^2}\text{A} = 22.26\text{A}$$

$$I_1 = \sqrt{2^2 + 18.55^2 + 6.4^2}\text{A} = 19.72\text{A}$$

$$I_2 = \sqrt{5.55^2 + 4.47^2}\text{A} = 7.12\text{A}$$

(6)电源输出的平均功率为

$$P = U_0 I_0 + U_1 I_1\cos\varphi_1 + U_3 I_3\cos\varphi_3 = [10 \times 2 + 100 \times 20.43\cos6.83° + 50 \times 8.61\cos(30° - 10.17°)]\text{W} = 2455\text{W}$$

7.5 滤波器

在电子技术中,常常需要从宽广的频率范围中选出所需频率成分,而将其余频率成分加以滤除,能够实现这一功能的选频网络称为滤波器。在当今的信息社会中,滤波器在数据传输、电报、电话、传真、广播电视、雷达、测控等方面有着广泛的应用。

这里先介绍滤波器的有关概念。

(1)频带——上下两个频率之间的频率段。

(2)通带——让信号中有用成分顺利通过的频带。

(3)阻带——阻止信号中的无用成分及干扰传输的频带。

（4）截止频率——通带和阻带的交界点频率，用 f_c 表示。

理想的滤波器应具有以下特性：让有用信号顺利通过而无任何损耗和失真；将无用信号和干扰完全滤除。

要满足上述要求，即通带内无衰减，通带外衰减无穷大。实际的滤波器的频率特性很难满足这一要求，只能在允许的情况下接近理想状态。

根据通带和阻带的范围，滤波器可分为低通滤波器、高通滤波器、带通滤波器、带阻滤波器等。

（1）低通滤波器　通带范围为 $0 \sim f_c$，阻带范围为 $f_c \sim \infty$，如图 7 - 5 - 1（a）。

（2）高通滤波器　通带范围为 $f_c \sim \infty$，阻带范围为 $0 \sim f_c$，与低通滤波器情况正好相反，如图 7 - 5 - 1（b）。

（3）带通滤波器　通带范围为 $f_{c1} \sim f_{c2}$，阻带范围为 $0 \sim f_{c1}$ 和 $f_{c2} \sim \infty$，如图 7 - 5 - 1（c）。

（4）带阻滤波器　通带范围为 $0 \sim f_{c1}$ 和 $f_{c2} \sim \infty$，阻带范围为 $f_{c1} \sim f_{c2}$，与带通滤波器情况正好相反，如图 7 - 5 - 1（d）。

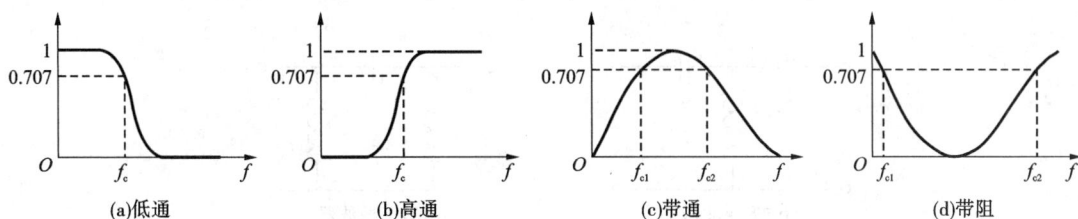

图 7 - 5 - 1　滤波器的频率特性

根据电路结构的不同，滤波器分为 Π 形滤波器、T 形滤波器和 Γ 形滤波器等。

按电路元件来区分，有晶体滤波器、陶瓷滤波器、机械滤波器、LC 滤波器以及有源滤波器等。

7.5.1　低通滤波器

低通滤波器的电路如图 7 - 5 - 2 所示，其中图（a）为 T 形滤波器，图（b）为 Π 形滤波器，图（c）为 Γ 形滤波器等。

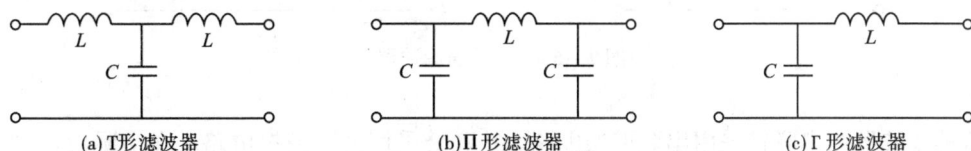

图 7 - 5 - 2　低通滤波器

低通滤波器的工作原理：

设输出端接负载，输入电压为非正弦周期信号，由于电感和电容对谐波的抑制作用不同，表现为

（1）当频率 $f=0$ 时，电感相当于短路，电容相当于开路；输出电压相当于输入电压，信号顺利通过。

（2）当频率 $f \to \infty$ 时，电感相当于开路，电容相当于短路；输出电压为零，信号被截止。

（3）以 f_c 为界，对高频感抗大、容抗小；对低频感抗小、容抗大。其频率特性如图 7 - 5 - 1(a) 所示。

为了强化滤波作用，可以采用多级低通滤波器。元件参数的选择则可以决定滤波器的截止频率。如果选择足够大的电感 L 和电容 C，截止频率可以很低，以至于通过负载的电流基本上是直流分量。这种滤波器与整流器连接，可使负载从交流电源中获得近于直流的电压和电流。

7.5.2　高通滤波器

高通滤波器的电路如图 7 - 5 - 3 所示。它是把图 7 - 5 - 2 所示的低通滤波器中电感、电容互换位置而成的。分析高通滤波器的工作原理，与分析低通滤波器时的方法相似，不再赘述。这种滤波器具有高通性质，即高频信号可以顺利通过而低频信号被滤除。

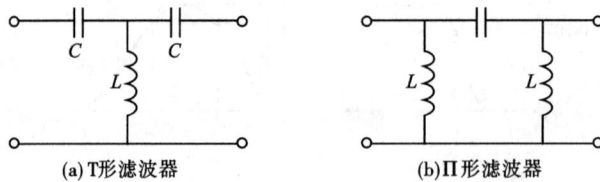

(a) T形滤波器　　　　　(b) Π形滤波器

图 7 - 5 - 3　高通滤波器

7.5.3　带通滤波器

带通滤波器的电路如图 7 - 5 - 4 所示。

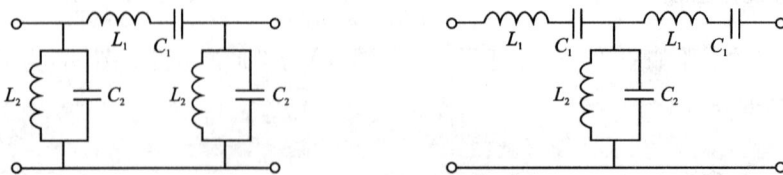

图 7 - 5 - 4　带通滤波器

这种滤波器的串联臂采用串联谐振电路，并联臂采用并联谐振电路。在实际应用中，通常使串联谐振电路与并联谐振电路的谐振频率相等，即

$$f_0 = \frac{1}{2\pi\sqrt{L_1 C_1}} = \frac{1}{2\pi\sqrt{L_2 C_2}}$$

（1）若 $f>f_0$ 时串联谐振回路呈感性，相当于一个感抗；并联谐振电路呈容性，相当于一个容抗。此时，该电路相当于一个低通滤波器。

（2）若 $f<f_0$ 时串联谐振回路呈容性，相当于一个容抗；并联谐振电路呈感性，相当于一个感抗。此时，该电路相当于一个高通滤波器。

（3）若 $f=f_0$ 时串联臂相当于短路，并联臂相当于开路，信号顺利通过。因此，$f=f_0$ 的信号在通带内。

可见，带通滤波器是低、高通滤波器的组合，并以 f_0 为分界点，且 f_0 在通带内。

7.5.4　带阻滤波器

带阻滤波器的电路如图 7 - 5 - 5 所示。若串联谐振电路与并联谐振电路的谐振频率相等，即

$$f_0 = \frac{1}{2\pi\sqrt{L_1C_1}} = \frac{1}{2\pi\sqrt{L_2C_2}}$$

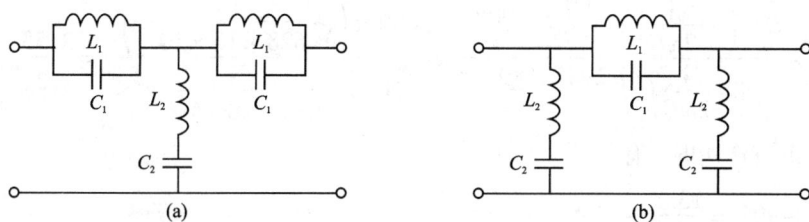

图 7 - 5 - 5　带阻滤波器

按带通滤波器的分析方法可知：当 $f>f_0$ 时，该电路相当于一个高通滤波器；当 $f<f_0$ 时，该电路相当于一个低通滤波器；以 f_0 为分界点，且 f_0 在阻带内。

例 7 - 8　如图 7 - 5 - 6（a）的电路中，电感 $L=5\mathrm{H}$，电容 $C=10\mu\mathrm{F}$，负载电阻 $R=2000\Omega$，加在该电路上的电压波形如图 7 - 5 - 6（b）所示，其幅值 $U_{\mathrm{m}}=157\mathrm{V}$，角频率 $\omega=314\mathrm{rad/s}$，求负载端电压 u_{R}。

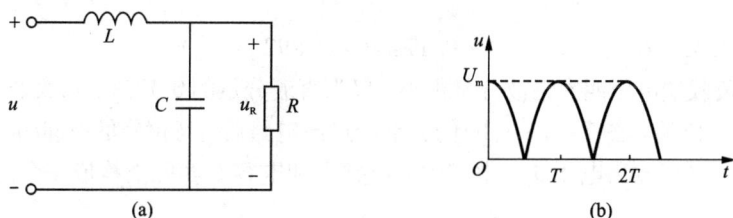

图 7 - 5 - 6　例 7 - 8 附图

解：根据图 7 - 5 - 6（b）的波形查表 7 - 2 - 1 对应的傅里叶级数式，由于级数收敛较快，取到四次谐波即可。

$$u = \frac{4A_{\mathrm{m}}}{\pi}\left[\frac{1}{2} + \frac{1}{3}\cos(2\omega t) - \frac{1}{15}\cos(4\omega t)\right]$$

将已知参数代入上式得

$$u = \frac{4 \times 157}{3.14}\left[\frac{1}{2} + \frac{1}{3}\cos(2 \times 314t) - \frac{1}{15}\cos(4 \times 314t)\right]V$$

$$= (100 + 66.7\cos628t - 13.3\cos1256t)V$$

（1）直流分量作用时，电容相当于开路，电感相当于短路，则

$$U_R = U_0 = 100V$$

（2）二次谐波作用时，有

$$\dot{U}_2 = \frac{U_{2m}}{\sqrt{2}}\underline{/90°} = \frac{66.7}{\sqrt{2}}\underline{/90°}V$$

$$Z_2 = j2\omega L + \frac{R \times \left(-\dfrac{j}{2\omega C}\right)}{R - \dfrac{j}{2\omega C}} = \left[j628 \times 5 + \frac{2000 \times \left(-\dfrac{j}{628 \times 10 \times 10^{-6}}\right)}{2000 - \dfrac{j}{628 \times 10 \times 10^{-6}}}\right]\Omega = 2983\underline{/89.8°}\Omega$$

$$\dot{U}_{R2} = \frac{\dot{U}_2}{Z_2} \times \frac{R \times \left(-\dfrac{j}{2\omega C}\right)}{R - \dfrac{j}{2\omega C}} = \frac{\dfrac{66.7}{\sqrt{2}}\underline{/90°}}{2983\underline{/89.8°}} \times \frac{2000 \times \left(-\dfrac{j}{628 \times 10 \times 10^{-6}}\right)}{2000 - \dfrac{j}{628 \times 10 \times 10^{-6}}}V = \frac{3.53}{\sqrt{2}}\underline{/-85.2°}\ V$$

（3）四次谐波作用时，有

$$\dot{U}_r = \frac{U_{rm}}{\sqrt{2}}\underline{/-90°} = \frac{13.3}{\sqrt{2}}\underline{/-90°}\ V$$

$$Z_4 = j4\omega L + \frac{R \times \left(-\dfrac{j}{4\omega C}\right)}{R - \dfrac{j}{4\omega C}} = \left[j1256 \times 5 + \frac{2000 \times \left(-\dfrac{j}{1256 \times 10 \times 10^{-6}}\right)}{2000 - \dfrac{j}{1256 \times 10 \times 10^{-6}}}\right]\Omega = 6200\underline{/89.8°}\Omega$$

$$\dot{U}_{R4} = \frac{\dot{U}_4}{Z_4} \times \frac{R \times \left(-\dfrac{j}{4\omega C}\right)}{R - \dfrac{j}{4\omega C}} = \frac{\dfrac{13.3}{\sqrt{2}}\underline{/-90°}}{6200\underline{/89.8°}} \times \frac{2000 \times \left(-\dfrac{j}{1256 \times 10 \times 10^{-6}}\right)}{2000 - \dfrac{j}{1256 \times 10 \times 10^{-6}}}V = \frac{0.17}{\sqrt{2}}\underline{/92.4°}V$$

因此

$$u_R = [100 + 3.53\sin(2\omega t - 85.2°) + 0.17\sin(4\omega t + 92.4°)]V$$

由此可见，负载端电压四次谐波分量很小，仅为直流分量的0.17%，二次谐波分量也很小，只为直流分量的3.53%。图7-5-6(b)的波形经过该电路后，高频分量被抑制，在负载端得到接近直流分量的较平稳输出电压 u_R，电路中的电感 L 和电容 C 实际上构成一个低通滤波器。

本章小结

1. 在电子工程中经常遇到非正弦周期信号。产生非正弦周期波的原因通常有以下两种原因：

（1）电源电压为非正弦电压；

（2）电路中存在非线性元件。

2. 非正弦周期信号（满足狄里赫利条件的周期函数）都能分解成傅里叶级数。工程中经常用查表法获得非正弦周期函数的分解式。

3. 非正弦周期函数分解成傅里叶级数时，利用波形的对称性可使分解简化。

(1)奇函数（对称于原点）的傅里叶级数展开式中只含有各次正弦谐波。一个函数是否含有奇次函数，除与该函数的波形有关，还与时间起点的选择有关。

(2)偶函数（对称于纵轴）的傅里叶级数展开式中只含有各次余弦谐波与直流分量。一个函数是否是偶函数，除与该函数的波形有关，还与时间起点的选择有关。

(3)奇谐波函数（对称于横轴）只含有奇次谐波，偶谐波函数只含有偶次谐波。一个函数是否是奇谐波或偶谐波函数，仅与该函数的波形有关，而与时间起点的选择无关。

4. 非正弦量的有效值定义为

$$I = \sqrt{\frac{1}{2}\int_0^T [i(t)]^2 dt}$$

$$U = \sqrt{\frac{1}{2}\int_0^T [u(t)]^2 dt}$$

$$E = \sqrt{\frac{1}{2}\int_0^T [e(t)]^2 dt}$$

即它的均方根值。用各次谐波有效值的平方和开平方根的方法求得

$$I = \sqrt{I_0^2 + I_1^2 + I_2^2 + \cdots}$$
$$U = \sqrt{U_0^2 + U_1^2 + U_2^2 + \cdots}$$
$$E = \sqrt{E_0^2 + E_1^2 + E_2^2 + \cdots}$$

5. 非正弦周期量的平均值也就是非正弦周期量的直流分量。定义为

$$I_{av} = \frac{1}{2}\int_0^T |i| dt$$

$$U_{av} = \frac{1}{2}\int_0^T |u| dt$$

$$E_{av} = \frac{1}{2}\int_0^T |e| dt$$

6. 非正弦周期量的平均功率定义为

$$P = \frac{1}{T}\int_0^T p dt = \frac{1}{T}\int_0^T ui dt = U_0 I_0 + \sum_{k=1}^{\infty} U_k I_k \cos\varphi_k$$

即非正弦周期量的平均功率为各次谐波功率之和。

7. 对于非正弦周期信号作用下的线性电路，其分析和计算方法的理论基础是傅里叶级数和叠加原理。

8. 滤波器是一种选频网络。根据通带和阻带的范围，滤波器可分为低通滤波器、高通滤波器、带通滤波器、带阻滤波器等。

复习思考题

7-1   已知某非正弦周期信号的周期 $T = 25\mu s$，试求这个信号的基波频率、3 次谐波频率、5 次谐波频率。

7-2   判断题图 7-1 所示各非正弦周期量中含有哪些谐波分量，并判断是否含有直流

分量。

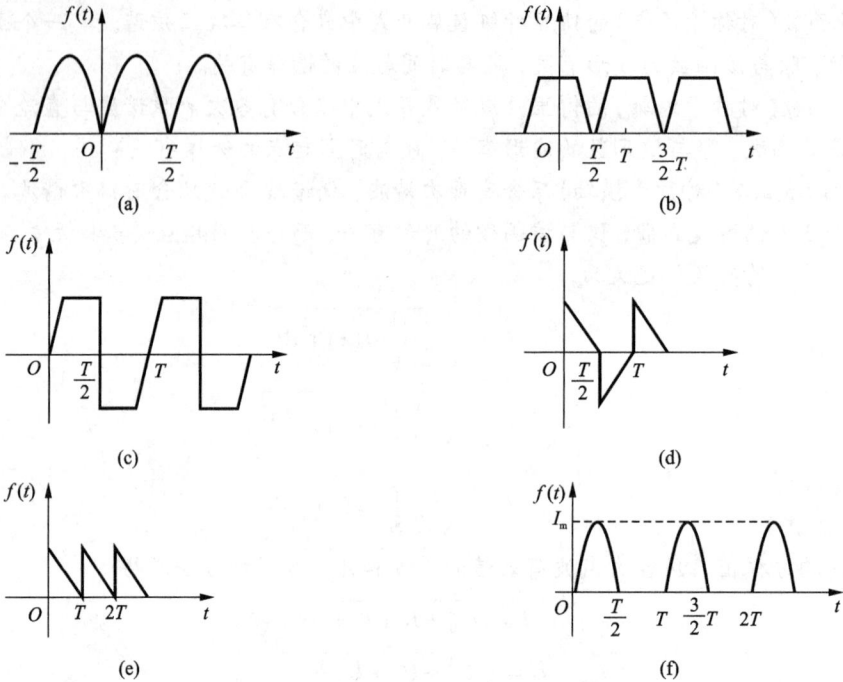

题图 7 - 1　题 7 - 2 附图

7 - 3　查表 7 - 2 - 1, 把振幅为 50V、$T = 0.02$s 的梯形波电压分解为傅里叶级数(取到 7 次谐波)。

7 - 4　某非正弦电源电压为 $u = [40 + 180\sin(\omega t) + 60\sin(3\omega t - 45°)]$V, 试求其有效值 U。

7 - 5　单相全波整流的傅里叶级数展开式 $u = [0.9 + 0.6\cos(2\omega t) - 0.12\cos(4\omega t) + \cdots]$ V, 试计算其有效值。(取到 6 次谐波)

7 - 6　梯形波的最大值 $I_m = 10$A, $t_0 = \dfrac{T}{6}$, 求其有效值 I, 平均值 I_{av}, 波顶因数 K_p 及波形因数 K_f。(计算到 9 次谐波)

7 - 7　已知某非正弦周期电流的表达式为 $i = [100 + 5\sqrt{2}\sin(\omega t + 36.9°) - 2\sqrt{2}\sin(3\omega t + 53.1°)]$A, 试计算该电流的有效值和平均值。

7 - 8　一个线圈接上非正弦周期电压, 电压瞬时值为 $u = [10 + 10\sqrt{2}\cos\omega t + 5\sqrt{2}\cos(3\omega t + 30°)]$V, 如果线圈的电阻和对基波感抗均为 10Ω, 则线圈中的电流的瞬时值为多少?

7 - 9　一非正弦周期电压 $u = [100 + 66\cos(\omega t) + 40\cos(\omega t)]$V, 加到线性电阻 $R = 10\Omega$, 求电压的有效值和电阻上消耗的功率。

7 - 10　RLC 串联电路外加电压 $u = [10 + 80\sin(\omega t + 60°) + 18\sin3\omega t]$V, $R = 60\Omega$, $\omega L = 2\Omega$, $\dfrac{1}{\omega C} = 18\Omega$, 求: (1)电路中的电流 i 及其有效值 I; (2)电源输出的平均功率。

7 - 11　一个 RLC 串联电路, 外加电压 $u = [100\sin314t + 50\sin(924t - 30°)]$V, 电路中电

流为 $i = [10\sin314t + 1.755\sin(924t + \varphi)]$A，求：（1）$R$、$L$、$C$ 的值；（2）φ 的值；（3）电路消耗的平均功率。（t 以 s 为单位）

7-12　题图 7-2 所示电路中，$R = 50\Omega$，$\omega L = 5\Omega$，$\dfrac{1}{\omega C} = 45\Omega$，设外加电压 $u = [200 + \sin(3\omega t)]$V，试求总电流 i 及输出电压 u_o。

7-13　题图 7-3 所示电路中，已知 $R = 100\Omega$，$L = 2$mH，$C = 20\mu$F，$\omega = 10^3$rad/s，$u_R = [50 + 10\sin(\omega t)]$V，求：（1）电源电压 u 及有效值；（2）电源输出功率。

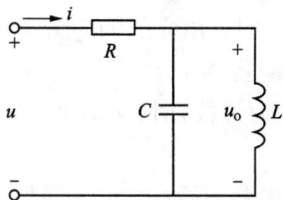

题图 7-2　题 7-12 附图　　　　　题图 7-3　题 7-13 附图

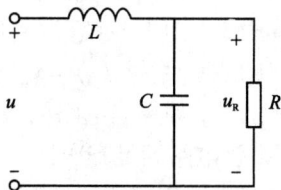

第8章　线性动态电路分析

　　电路的数学模型一般可以用方程来描述，我们把描述电路的数学模型的方程称为电路方程。

　　在电路中，通常把电源信号称为激励，电路中某一支路电流或电压称为响应。如果已知电路的激励为 $x_1(t)$ 时，响应为 $y_1(t)$；电路的激励为 $x_2(t)$ 时，相应的响应为 $y_2(t)$。那么，如果当电路的激励变为 $x(t) = x_1(t) + x_2(t)$ 时，相应的响应将为 $y(t) = y_1(t) + y_2(t)$，则该电路满足叠加性；如果当电路的激励变为 $x(t) = ax_1(t)$（a 为常数）时，相应的响应将为 $y(t) = ay_1(t)$，则该电路满足齐次性。

　　如果电路满足叠加性和齐次性，那么，该电路为线性电路。否则，为非线性电路。线性电路方程一般用线性方程描述，而非线性电路方程则一般需要用非线性方程描述。实际元件构成的电路原则上都属于非线性电路。实际元件理想化后可构成线性电路；或电路的激励为很小时，非线性电路可近似等效为线性电路来研究。一般的直流电路、正弦交流电路和非正弦交流电路都可以认为是线性电路；而由二极管、热敏电阻等非线性元件构成的电路则为非线性电路。

　　如果已知电路的激励为 $x_1(t)$ 时，响应为 $y_1(t)$。那么，如果当电路的激励变为 $x(t) = x_1(t - t_0)$ 时，相应的响应将为 $y(t) = y_1(t - t_0)$，则该电路为非时变电路。否则，为时变电路。换言之，非时变电路如激励延时 t_0，则相应的响应也延时 t_0，但响应的波形不变。一般而言，元件值为常数时为非时变电路，其电路方程一般是常系数方程；元件值随时间改变时则为时变电路，其电路方程则为变系数方程。

　　如果电路任意瞬时的响应不但与该瞬时的激励有关，而且取决于该瞬时之前的激励及响应，则该电路为动态电路（又称为记忆电路）。否则，为瞬时电路（又称为非记忆电路）。瞬时电路的电路方程一般用代数方程描述，而动态电路的电路方程则需要用微分方程描述。广义上看，一般的电路都是动态电路，而瞬时电路只是动态电路的特例。一般来说，纯电阻电路为瞬时电路，所以，电阻元件又称为无记忆元件；而由含有电容、电感等储能元件的电路一般为动态电路，所以，电容、电感等元件又称为记忆元件、动态元件。

　　含有电容、电感等动态元件的电路一般都可以等效为由理想电阻、理想电感和理想电容构成的电路，这一类电路均为非时变线性动态电路。除非特别说明，我们所研究的线性动态电路或动态电路均指非时变线性动态电路。

　　本章介绍线性动态电路的时域分析，即用解微分方程的方法研究动态电路的响应随时间变化的规律，从而得出其一般规律和一般分析方法。主要包括线性动态电路的过渡过程与稳定状态、换路定理、初始值、稳态值、时间常数等概念，讨论一阶电路的零输入响应、零状态响应和全响应，重点讲述用三要素法求解直流一阶电路，介绍了微分电路与积分电路，最后介绍了 RLC 串联电路的零输入响应。

8.1　换路定律

8.1.1　电路的过渡过程与稳定状态

电路理论中把电路结构或状态的改变、电源信号或元件参数的改变而引起电路工作状态的变化称为换路，例如电路的接通、断开、短路，电源电压的改接，电路元件参数的改变，电路的各种故障的出现，等等。

图 8 - 1 - 1 中，当开关 S 闭合时，电路(a)将由原来的开路变为电路(b)闭路的形式，可以认为是电路的状态发生了变化；电路(c)将变为电路(d)的形式，电路中的电阻阻值由原来的 $R_1 + R_2$ 变为了 R_2，可以认为是元件参数发生了变化。

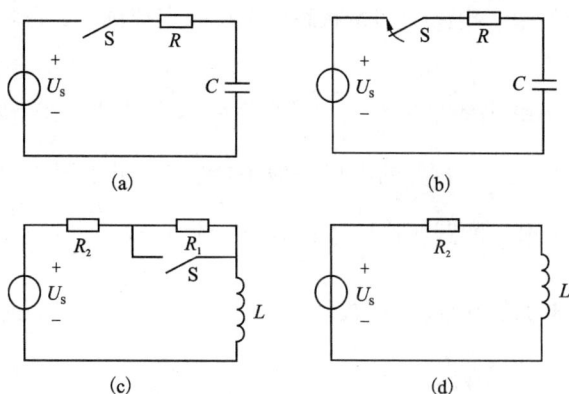

图 8 - 1 - 1　电路的换路过程

电路换路时，电路中的电流和电压一般也会发生相应的变化。例如图 8 - 1 - 1(a)中，开关 S 处于断开状态时，流过电阻 R 和电容 C 上的电流为零，电压亦为零(设电容预先没有贮能)。电路将一直保持这种状态。当开关 S 闭合变为图 8 - 1 - 1(b)后，情况将发生变化，电路会进行如下的过程：开关 S 刚闭合时，由于电容电压为零，电源的电压 U_S 将全部加在电阻 R 上，电阻 R 上的电压为 U_S，流过电阻 R 和电容 C 上的电流将变为 U_S/R，该电流将对电容 C 进行充电；随着充电的进行，电容中将储存电荷，电容 C 上的电压将增大，电阻 R 上的电压将变小，流过电阻 R 和电容 C 上的电流将变小，但还是会对电容进行充电，电容 C 上的电压将一直保持增大。经过一定的时间后，电容 C 上的电压增大到电源电压 U_S，电阻 R 上的电压将变为零，流过电阻 R 和电容 C 上的电流亦将变为零，电容的充电结束。电路又将一直保持目前这种状态。实验证明，如果把电阻 R 换成一个阻值相应的灯泡，当开关 S 闭合时，灯泡将经历一个由亮到逐渐变暗，直到熄灭的过程。

由此可见，动态电路在换路时，电感的电流和电容的电压必然有一个从原先值到新的稳态值的变化过程，而电路中其他的电流、电压也会有一个变化过程。我们把换路时电路从原来的稳定状态到新的稳定状态的变化过程，称为电路的过渡过程，或称为电路的动态过程。动态电路分析就是研究电路在过渡过程电压与电流随时间变化的规律。

前面各章讨论的直流电路及周期电流电路中，所有响应或是恒稳不变，或是按周期规律变动。电路的这种状态，称为稳定状态，简称稳态。一般来说，瞬时电路只有稳定状态，没有过渡过程或过渡过程非常短暂，可以忽略不计；而动态电路既有过渡过程，也有稳定状态。动态电路的稳定状态是相对于电路的动态过程而言的一种暂时的平衡状态。

研究电路的过渡过程具有重要的意义。电容的充放电在电子技术中常用来构成微分电路或积分电路，以及各种脉冲电路或延时电路。在各种电路和控制系统中，电路的状态经常处于变化之中，负载的加入和变化、各种开关电器的操作和变换、干扰信号和异常情况的出现，等等，都会使电路进入过渡过程之中，都要求我们研究电路过渡过程的规律。

8.1.2　换路定律

在含有电容、电感等储能记忆元件的线性动态电路中，当进行换路过程时，会引起电路中电流和电压的变化。由于线性动态电路的电路方程要用微分方程来研究，而求解微分方程需要用到有关变量的初始值。电路的初始状态可由换路定律确定，它利用了能量不能跃变的基本原理。

在电容中储能表现为电场能量 $W_C = \dfrac{1}{2}Cu_C^2$；在电感中储能表现为磁场能量 $W_L = \dfrac{1}{2}Li_L^2$。由于换路时能量不能跃变，故电容上的电压一般不能跃变，电感中的电流一般也不能跃变。从另一方面来看，电容上电压的跃变将导致其中的电流 $i_C = C\dfrac{\mathrm{d}u_C}{\mathrm{d}t}$ 变为无限大，这通常是不可能的。同理，电感中的电流的跃变将导致其中的电压 $u_L = C\dfrac{\mathrm{d}i_L}{\mathrm{d}t}$ 变为无限大，这通常也是不可能的。

在换路瞬间，电容元件的电流有限时，其电压不能跃变；电感元件的电压有限时，其电流不能跃变，这一结论叫做换路定律或换路定则。把电路发生换路时刻通常取为计时起点 $t=0$，以 $t=0_-$ 表示换路前的最后一瞬间；以 $t=0_+$ 表示换路后的最前一瞬间。则换路定律可表示为

$$u_C(0_+) = u_C(0_-)$$
$$i_L(0_+) = i_L(0_-)$$

(8-1)

需要说明的是，在某种激励情况下，换路时电容电压及电感电流可能发生强迫跃变。例如，将一理想电压源直接并联到一纯电容上或将一理想电流源串接在一纯电感上时就属于这种情况。实际的电路由于总有电阻的存在，所以不存在这种情况的出现，但是当电阻小到可以忽略不计时，亦可以近似认为电容电压及电感电流发生了强迫跃变。不过此种情况下的电容电压及电感电流在 $t=0_+$ 的值一般是明显可知的。

可见，换路定律是有适应条件的，我们把满足换路定律的电路称为是正规电路。

8.2　电路初始值与稳态值的计算

8.2.1　电路初始值计算

换路后过渡过程开始前的瞬间即 $t=0_+$ 时，电路中各元件的电压、电流值称为初始值。

电路中动态元件的初始值(电容电压和电感电流)可由换路定律确定。但分析动态电路时,分析的对象往往不限于电容电压和电感电流,它们并不受"不能跃变"的限制,它们可能跃变也可能不跃变。求解电路中任意电压、电流初始值,其具体步骤如下:

第一步,根据已知条件,先求出换路前即 $t = 0_-$ 时的各电容电压 $u_C(0_-)$ 及各电感电流 $i_L(0_-)$。

第二步,由换路定律求出换路后即 $t = 0_+$ 时的各电容电压 $u_C(0_+)$ 和各电感电流 $i_L(0_+)$。

第三步,用 $U_S = u_C(0_+)$ 的电压源替代各相应的电容元件,$I_S = i_L(0_+)$ 的电流源替换各相应的电感元件,得到 $t = 0_+$ 时刻的等效电路。

第四步,根据 $t = 0_+$ 时刻的等效电路,运用直流电路的分析方法,即可求出其他电流、电压的初始值。

例 8 - 1　电路如图 8 - 2 - 1 所示,已知开关闭合前,电容和电感均无储能。电压源 $U_S = 12V$,电阻 $R_1 = 6\Omega$,$R_2 = 15\Omega$。求开关 S 闭合后各电压、电流的初始值。

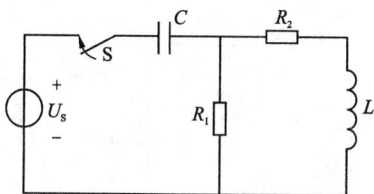

图 8 - 2 - 1　例 8 - 1 附图

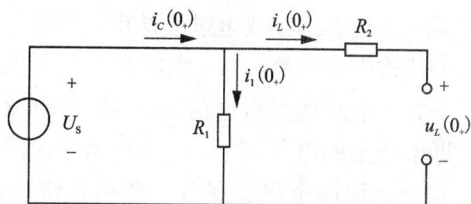

图 8 - 2 - 2　$t = 0_+$ 时的等效电路

解: 先求出开关闭合前的电容电压及电感电流。假定初始时刻为 $t = 0$,则根据已知条件可得 $t = 0_-$ 时

$$u_C(0_-) = 0$$

$$i_L(0_-) = 0$$

电容电流,电感电压,以及电阻 R_1 和 R_2 上的电压、电流均为 0。

根据换路定律可知

$$u_C(0_+) = u_C(0_-) = 0$$

$$i_L(0_+) = i_L(0_-) = 0$$

因此,在 $t = 0_+$ 时刻这一瞬间,电容相当于短路,电感相当于开路,作出等效电路如图 8 - 2 - 2 所示。

运用直流电路的分析方法,即可求出各电压、电流的初始值为

$$i_L(0_+) = i_L(0_-) = 0$$

$$i_C(0_+) = i_1(0_+) = \frac{U_S}{R_1} = \frac{12}{6}A = 2A$$

$$u_C(0_+) = u_C(0_-) = 0$$

$$u_{R_1}(0_+) = U_S = 12V$$

$$u_{R_2}(0_+) = 0$$

$$u_L(0_+) = u_{R_1}(0_+) = 12V$$

可见, 开关闭合后, 电容电流、电感电压、电阻 R_1 电流和电压发生了跃变, 其他电流和电压没有发生跃变。

8.2.2 电路稳态值计算

前已述及, 动态电路的稳定状态是相对于过渡过程而言的一种暂时的平衡状态。一般而言, 只要激励信号为稳定信号(直流电源或周期变化的交流电源), 电路结构不变化, 电路最后都会进入稳定状态。电路的稳态值是指动态电路换路后到达新的稳定状态时的电压、电流值。经过后面的分析可以知道, 电路的过渡过程理论上讲要经过无限长时间才能进入新的稳定状态, 所以我们一般用 $u(\infty)$、$i(\infty)$ 来表示电压、电流的稳态值。

瞬时电路没有过渡过程, 只有稳定状态。直流电阻电路的分析方法就是一种电路稳态的计算方法。交流电路也有稳定状态。正弦交流电路的稳态分析一般就是我们平常的相量分析法。

动态电路总是从原来的稳定状态经过过渡过程后达到新的稳定状态。我们这里主要讨论含有电容、电感的动态电路在直流电源激励下的稳态分析。其分析主要基于下面两个稳态条件:

第一, 电容的充放电过程结束, 电容上的电压稳定, 即流过电容电流为零, 电容相当于开路;

第二, 电感的充磁过程结束, 流过电感的电流稳定, 即电感上的电压为零, 电感相当于短路。

结合上面两个稳定条件, 利用直流电路的分析方法, 我们就可以进行这一类电路的稳态值计算。

例 8 - 2 如图 8 - 2 - 3 所示, 已知电压源 $U_S =$ 36V, 电阻 $R_1 = 3\Omega$, $R_2 = 9\Omega$, $R_3 = 18\Omega$, 求开关 S 闭合前和闭合后电路电容电压 $u_C(t)$、电感电流 $i_L(t)$, 电阻 R_1 电流 $i_1(t)$, 以及电阻 R_2 电流 $i_2(t)$ 的稳态值。

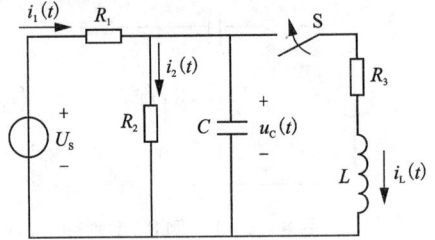

图 8 - 2 - 3 例 8 - 2 附图

解: 开关 S 闭合前的等效电路如图 8 - 2 - 4(a) 所示, 各稳态值分别为

$$i_1(0_-) = i_2(0_-) = \frac{U_S}{R_1 + R_2} = \frac{36}{3+9} A = 3A$$

$$u_C(0_-) = \frac{R_2 U_S}{R_1 + R_2} = \frac{9}{3+12} \times 36V = 27V$$

$$i_L(0_-) = 0$$

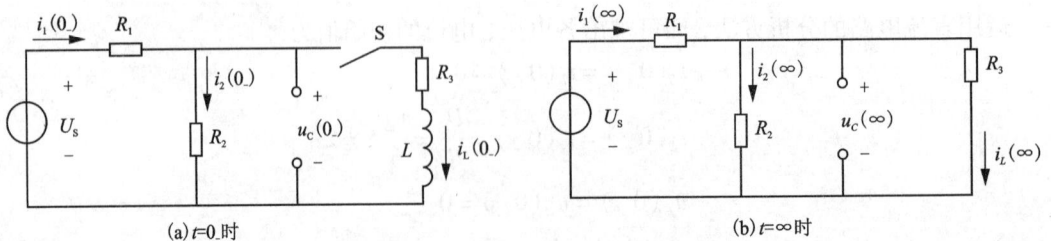

(a) $t=0$ 时

(b) $t=\infty$ 时

图 8 - 2 - 4 例 8 - 2 电路的等效电路

开关 S 闭合后的等效电路如图 8 - 2 - 4(b) 所示，电阻 R_2 和 R_3 并联后的电阻为

$$R_{23} = R_2 /\!/ R_3 = \frac{R_2 R_3}{R_2 + R_3} = \frac{9 \times 18}{9 + 18}\Omega = 6\Omega$$

从 U_S 两端看进去的总电阻为

$$R_\infty = R_1 + R_{23} = (3 + 6)\Omega = 9\Omega$$

各稳态值分别为

$$i_1(\infty) = \frac{U_S}{R_\infty} = \frac{36}{9}A = 4A$$

$$u_C(\infty) = \frac{R_{23}}{R_\infty}U_S = \frac{6}{9} \times 36V = 24V$$

$$i_2(\infty) = \frac{u_C(\infty)}{R_2} = \frac{24}{9}A = 2.67A$$

$$i_L(\infty) = \frac{u_C(\infty)}{R_3} = \frac{24}{18}A = 1.33A$$

8.3　动态电路的电路方程

分析动态电路，首先要根据基尔霍夫电压、电流定律及元件的伏安关系建立电路方程。非时变线性动态电路方程是常系数线性微分方程，图 8 - 3 - 1 为动态电路的几个例子。

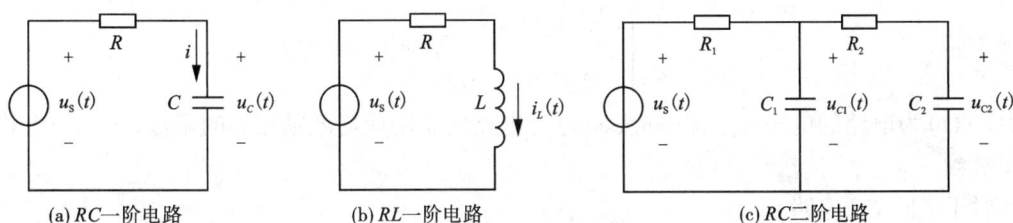

图 8 - 3 - 1　动态电路举例

图 (a) 电路中，以电容电压 $u_C(t)$ 为研究对象，根据电路的有关定律可得

$$u_S(t) = u_R + u_C = Ri + u_C = RC\frac{\mathrm{d}u_C}{\mathrm{d}t} + u_C$$

于是，其电路方程为

$$RC\frac{\mathrm{d}u_C}{\mathrm{d}t} + u_C = u_S(t) \tag{8-2}$$

图 (b) 电路中，以电感电流 $i_L(t)$ 为研究对象，同样可以得到其电路方程为

$$\frac{L}{R}\frac{\mathrm{d}i_L}{\mathrm{d}t} + i_L = \frac{u_S(t)}{R} \tag{8-3}$$

图 (c) 电路中，以电容电压 $u_{C2}(t)$ 为研究对象，同样也可以得到其电路方程为

$$R_1 C_1 R_2 C_2 \frac{\mathrm{d}^2 u_{C2}}{\mathrm{d}t^2} + (R_2 C_2 + R_1 C_1 + R_1 C_2)\frac{\mathrm{d}u_{C2}}{\mathrm{d}t} + u_{C2} = u_S(t) \tag{8-4}$$

图 8 - 3 - 1(a)、(b)电路是一阶常系数线性微分方程;图 8 - 3 - 1(c)电路是二阶常系数线性微分方程。用一阶常系数线性微分方程描述的电路,称为线性、非时变一阶电路。用二阶及以上常系数线性微分方程描述的电路,称为线性、非时变多阶电路。我们以后所称的一阶、二阶电路都是指线性、非时变的一阶、二阶电路。图 8 - 3 - 1(a)、(b)电路是一阶电路,它只含有一个动态元件;图 8 - 3 - 1(c)电路是二阶电路,它只含有一种动态元件(电容),但含有两个电容元件。一般来说,只含有一个动态元件的动态电路基本上是一阶电路,而含有两个动态元件的动态电路则要作具体分析:含有两个动态元件的动态电路可以是一阶电路,也可以是多阶电路。限于篇幅,我们不再赘述。本章重点研究含有一个动态元件的一阶电路;对于多阶动态电路,我们研究一个简单的二阶电路——RLC 串联电路。

根据线性电路的等效定律,所有只含有一个动态元件的一阶动态电路,都可以等效为图 8 - 3 - 1(a)或(b)的形式。我们把图 8 - 3 - 1(a)电路或可以等效为图 8 - 3 - 1(a)电路的所有一阶动态电路称为一阶 RC 电路;而把图 8 - 3 - 1(b)电路或可以等效为图 8 - 3 - 1(b)电路的所有一阶动态电路称为一阶 RL 电路。一阶 RC 电路和一阶 RL 电路,就是我们所说的一阶电路。

8.4 直流一阶电路的响应及三要素法

分析动态电路的过渡过程,在得出电路方程后接下来应根据电路的初始条件,求解方程的解,从而得出电路的响应。对于一阶 RC 电路和一阶 RL 电路,其电路方程可归结为

$$\begin{cases} \tau \dfrac{dy}{dt} + y = x \qquad t > 0 \\ y(0_+) = Y_0 \end{cases} \qquad (8-5)$$

其中,$y(t)$ 为电路的电压或电流响应,$x(t)$ 为电路的激励或与激励相关的函数;τ 称为电路的时间常数。

对于一阶 RC 电路

$$\tau = RC \qquad (8-6)$$

对于一阶 RL 电路

$$\tau = \frac{L}{R} \qquad (8-7)$$

可以看出,时间常数 τ 与时间 t 的量纲一样,故其单位为秒(s)。

在动态电路中,外加激励电源为零,而动态元件有初始储能时,则电路的响应由初始储能产生,所激发的响应称为零输入响应。即零输入响应是电路在无外加激励情况下,由电路中的动态元件初始储能产生的响应。例如,设微分方程(8 - 5)的一阶电路的零输入响应为 $y^{zi}(t)$,则它应该满足

$$\tau \frac{dy^{zi}}{dt} + y^{zi} = 0$$
$$y^{zi}(0_+) = Y_0 \qquad (8-8)$$

若外加激励电源不为零,而动态元件无初始储能时,则电路的响应由外加激励产生,所激发的响应称为零状态响应。即零状态响应是电路在无初始储能情况下,由外加激励产生的响

应。例如,设微分方程(8-5)的一阶电路的零状态响应为 $y^{zs}(t)$,则它应该满足

$$\tau \frac{dy^{zs}}{dt} + y^{zs} = x \tag{8-9}$$

$$y^{zs}(0_+) = 0$$

假设零输入和零状态响应的和为 $y^{al}(t)$,即 $y^{al}(t) = y^{zi}(t) + y^{zs}(t)$,那么,

$$\tau \frac{dy^{al}}{dt} + y^{al} = (\tau \frac{dy^{zi}}{dt} + y^{zi}) + (\tau \frac{dy^{zs}}{dt} + y^{zs}) = x \tag{8-10}$$

$$y^{al}(0_+) = y^{zi}(0_+) + y^{zs}(0_+) = Y_0$$

可见,$y^{al}(t) = y^{zi}(t) + y^{zs}(t)$ 为满足微分方程(8-5)的解,也是微分方程(8-5)所对应的一阶电路的响应。

非零初始状态的电路加电源的作用下,电路的响应称为全响应。可以证明,全响应等于电路的零输入响应和零状态响应之和。也就是说,我们研究电路的全响应,也可以分别研究其零输入响应和零状态响应,然后就可以得到电路的全响应。

特别地,一阶电路在外加激励电源 $x(t)$ 为常数即电路的电源为直流电源时所对应的零状态响应和全响应,相应地称为直流一阶电路的零状态响应和全响应。我们重点研究直流一阶电路的响应。

在直流一阶电路中,$x(t)$ 为一常量,满足微分方程(8-5)所对应的一阶电路的响应是电路的全响应,根据一阶线性微分方程解的结构,微分方程(8-5)的通解可以表示为

$$y(t) = A + Be^{-\frac{t}{\tau}} \qquad t > 0$$

令 $t = \infty$ 和 $t = 0_+$,可以得到

$$A = y(\infty) \qquad B = y(0_+) - y(\infty)$$

于是,直流一阶电路的全响应的一般表达式为

$$y(t) = y(\infty) + [y(0_+) - y(\infty)]e^{-\frac{t}{\tau}} \qquad t > 0 \tag{8-11}$$

其中,$y(0_+)$ 和 $y(\infty)$ 分别是换路后的初始值和稳态值,τ 称为电路的时间常数。

如图 8-4-1 所示,一阶电路的全响应是一个随时间按指数函数规律由 $y(0_+)$ 逐渐变化到 $y(\infty)$ 的曲线,其变化的快慢取决于电路的时间常数 τ。

一阶电路的时间常数 τ 是电路本身的固有特性,它反映了过渡过程持续时间的长短,通过研究指数函数 $e^{-\frac{t}{\tau}}$ 的规律就可以说明这点,如表 8-4-1 所示。

从表 8-4-1 的数字可以知道,理论上一阶电路的过渡过程所需的时间是无限长的。但实际上,经过 $(3 \sim 5)\tau$ 后,一阶电路的响应就已经完成了 95% 以上,

图 8-4-1 直流一阶电路全响应波形

从工程技术的角度,可以认为此时电路的过渡过程趋于结束,达到了稳定状态。

可见,对于直流一阶电路,只要知道了电路的时间常数 τ、换路后的初始值 $y(0+)$ 和稳态值 $y(\infty)$,就可以确定其响应。因此,称时间常数 τ、换路后的初始值 $y(0+)$ 和稳态值 $y(\infty)$ 为直流一阶电路的三要素。式(8-11)为求解直流一阶电路的三要素公式。而利用三要素公式求解直流一阶电路的响应的方法,称为三要素法。

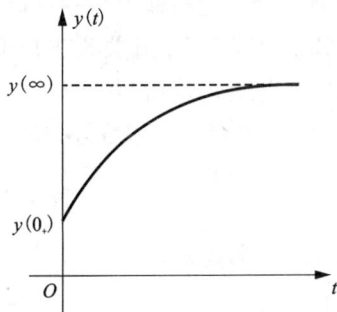

三要素法的关键是确定三要素，其求解方法如下：

（1）利用换路前的动态元件的初始值，换路定律和 $t=0_+$ 的等效电路求得换路后的初始值。

（2）由换路后 $t=\infty$ 的等效电路求出换路后的稳态值。

（3）时间常数只与换路后电路的结构和参数有关，RC 电路 $\tau=RC$，RL 电路 $\tau=L/R$，其中电阻 R 是换路后，在动态元件外的戴维宁等效电路的内阻。

对于直流一阶电路，无论是求解零输入响应、零状态响应，还是求解全响应，无论是求解 RC 电路，还是求解 RL 电路，都可以利用三要素法求解其响应，而不必解微分方程。由于三要素法避免了微分方程的求解，所以在工程上实用，因而得到了广泛的应用。

对于直流一阶电路的零输入响应是仅由动态元件的初始储能所产生，而电阻是耗能元件，电路没有能量的补充。所以，电路的最终稳态是电路中的能量全部消耗完毕，所有电压和电流均为零。

表 8-4-1　指数函数 $e^{-\frac{t}{\tau}}$ 的规律

t	0	0.5τ	τ	1.5τ	2τ	2.5τ	3τ	3.5τ	4τ	4.5τ	5τ	$\cdots$	∞
$e^{-\frac{t}{\tau}}$	1	0.606	0.368	0.223	0.135	0.082	0.050	0.030	0.018	0.011	0.007	$\cdots$	0

也就是说，所有电压和电流都要衰减，直至为零。其响应的一般表达式可简化为

$$y(t)=y(0_+)e^{-\frac{t}{\tau}} \qquad t>0 \qquad (8-12)$$

而对于直流一阶电路的零状态响应中的没有发生跃变的量（如电容电压和电感电流等），由于其初始值为零，其一般形式可简化为

$$y(t)=y(\infty)(1-e^{-\frac{t}{\tau}}) \qquad t>0 \qquad (8-13)$$

例 8-3　电路如图 8-4-2（a）所示，已知电压源 $U_{S1}=12\text{V}$，$U_{S2}=24\text{V}$，电阻 $R_1=3\text{k}\Omega$，$R_2=6\text{k}\Omega$，$C=2\mu\text{F}$，开关 S 在 $t=0$ 时变换位置，此前电路已达到稳定状态，求开关变换位置后的电容电压 $u_C(t)$ 和电流 $i_C(t)$。

解：从电容 C 两端看进去的总等效电阻为

$$R=R_1\ /\!/\ R_2=\frac{R_1R_2}{R_1+R_2}=\frac{3\times6}{3+6}\text{k}\Omega=2\text{k}\Omega$$

电路的时间常数为

$$\tau=RC=2\times10^3\times2\times10^{-6}\text{s}=4\text{ms}$$

由于电容电压不能跃变，故电容电压 $u_C(t)$ 的初始值为

$$u_C(0_+)=u_C(0_-)=\frac{R_2}{R_1+R_2}U_{S1}=\frac{6}{3+6}\times12\text{V}=8\text{V}$$

根据图 8-4-2（b）的等效电路，电容电流 $i_C(t)$ 的初始值为

$$i_C(0_+)=\frac{U_{S2}-u_C(0_+)}{R_1}-\frac{u_C(0_+)}{R_2}=\left(\frac{24-8}{3}-\frac{8}{6}\right)\text{mA}=4\text{mA}$$

根据图 8-4-2（c）的等效电路，电容电压 $u_C(t)$ 的稳态值为

$$u_C(\infty) = \frac{R_2}{R_1 + R_2} U_{S2} = \frac{6}{3+6} \times 24\text{V} = 16\text{V}$$

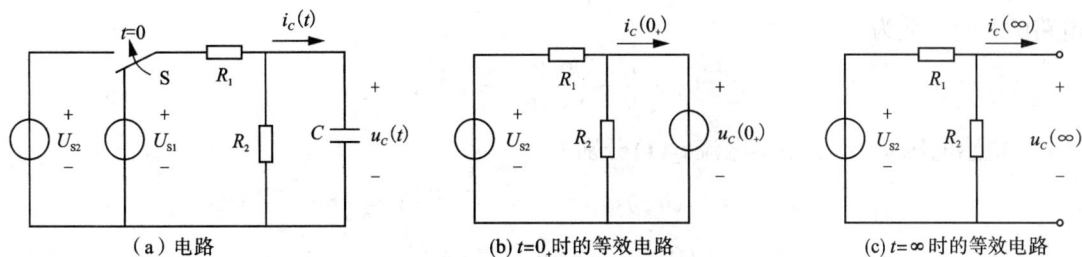

（a）电路　　　　　　　　(b) t=0₊时的等效电路　　　　　　　(c) t=∞ 时的等效电路

图 8 − 4 − 2　例 8 − 3 附图

电容电流 $i_C(t)$ 的稳态值为

$$i_C(\infty) = 0$$

于是，开关变换位置后的电容电压 $u_C(t)$ 和电流 $i_C(t)$ 分别为

$$u_C(t) = u_C(\infty) + [u_C(0_+) - u_C(\infty)]\text{e}^{-\frac{t}{\tau}} = 16\text{V} + (8-16)\text{e}^{-\frac{t}{4\times10^{-3}}}\text{V} = 16 - 8\text{e}^{-250t}\text{V}(t \geqslant 0)$$

$$i_C(t) = i_C(\infty) + [i_C(0_+) - i_C(\infty)]\text{e}^{-\frac{t}{\tau}} = 4\text{e}^{-\frac{t}{4\times10^{-3}}}\text{mA} = 4\text{e}^{-250t}\text{mA}(t > 0)$$

例 8 − 4　电路如图 8 − 4 − 3(a) 所示，已知电压源 $U_S = 12\text{V}$，电阻 $R_1 = 3\text{k}\Omega$，$R_2 = 6\text{k}\Omega$，$L = 0.2\text{H}$，开关 S 在 $t=0$ 时变换位置，求开关 S 变换位置以后电感的电压 $u_L(t)$ 和电流 $i_L(t)$。

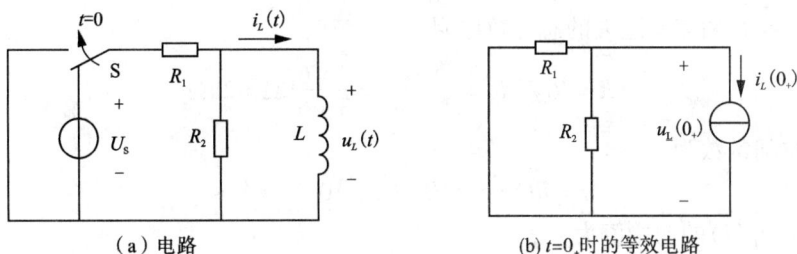

（a）电路　　　　　　　　　　(b) t=0₊时的等效电路

图 8 − 4 − 3　例 8 − 4 附图

解：开关 S 变换位置以前，电路已进入稳态，电感 L 上的电压为零，电流为

$$i_L(0_-) = \frac{U_S}{R_1} = \frac{12}{3} = 4\text{mA}$$

开关 S 变换位置以后，电感 L 上的电流 $i_L(t)$ 初始值为

$$i_L(0_+) = i_L(0_-) = 4\text{mA}$$

在开关 S 变换位置以后，从电感 L 两端看进去的总等效电阻为

$$R = R_1 /\!/ R_2 = \frac{R_1 R_2}{R_1 + R_2} = \frac{3 \times 6}{3+6}\text{k}\Omega = 2\text{k}\Omega$$

根据图 8 − 4 − 3(b) 的等效电路，电感电压 $u_L(t)$ 初始值为

$$u_L(0_+) = -Ri_L(0_+) = -2 \times 4\text{V} = -8\text{V}$$

电感电压 $u_L(t)$ 的稳态值为

$$u_L(\infty) = 0$$

电路的时间常数为

$$\tau = \frac{L}{R} = \frac{0.2}{2 \times 10^3}\text{s} = 0.1\text{ms}$$

于是,电感电压 $u_L(t)$ 和电感电流 $i_L(t)$ 分别为

$$u_L(t) = u_L(0_+)\text{e}^{-\frac{t}{\tau}} = -8\text{e}^{-\frac{t}{0.1 \times 10^{-3}}}\text{V} = -8\text{e}^{-10000t}\text{V}$$

$$i_L(t) = i_L(0_+)\text{e}^{-\frac{t}{\tau}} = 4\text{e}^{-10000t}\text{mA}$$

例 8-5   电路如图 8-4-4(a) 所示,已知电压源 $U_\text{S} = 24\text{V}$,电阻 $R_1 = 3\text{k}\Omega$,$R_2 = 6\text{k}\Omega$,$C = 2\mu\text{F}$,电容无初始储能,开关 S 在 $t=0$ 时接通,求开关接通后的电容电压 $u_C(t)$ 和电流 $i_C(t)$。

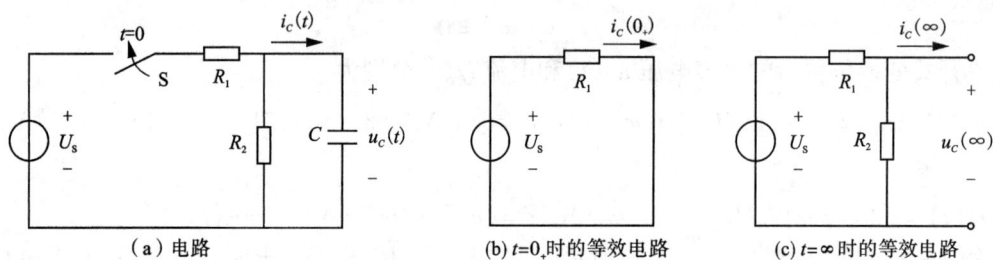

(a) 电路　　　　　　　(b) $t=0_+$时的等效电路　　　　　(c) $t=\infty$时的等效电路

图 8-4-4　例 8-5 附图

解:从电容 C 两端看进去的总等效电阻为

$$R = R_1 /\!/ R_2 = \frac{R_1 R_2}{R_1 + R_2} = \frac{3 \times 6}{3 + 6}\text{k}\Omega = 2\text{k}\Omega$$

电路的时间常数为

$$\tau = RC = 2 \times 10^3 \times 2 \times 10^{-6}\text{s} = 4\text{ms}$$

电容电压 $u_C(t)$ 的初始值为

$$u_C(0_+) = u_C(0_-) = 0$$

根据图 8-4-4(b) 等效电路,电容电流 $i_C(t)$ 的初始值为

$$i_C(0_+) = \frac{U_\text{S}}{R_1} = \frac{24}{3}\text{mA} = 8\text{mA}$$

根据图 8-4-4(c) 等效电路,电容电压 $u_C(t)$ 的稳态值为

$$u_C(\infty) = \frac{R_2}{R_1 + R_2}U_\text{S} = \frac{6}{3+6} \times 24\text{V} = 16\text{V}$$

于是,开关接通后的电容电压 $u_C(t)$ 和电流 $i_C(t)$ 分别为

$$u_C(t) = u_C(\infty) - u_C(\infty)\text{e}^{-\frac{t}{\tau}} = 16(1 - \text{e}^{-\frac{t}{4 \times 10^{-3}}})\text{V} = 16(1 - \text{e}^{-250t})\text{V}$$

$$i_C(t) = i_C(0_+)\text{e}^{-\frac{t}{\tau}} = 8\text{e}^{-\frac{t}{4 \times 10^{-3}}}\text{mA} = 8\text{e}^{-250t}\text{mA}$$

8.5 正弦交流一阶电路的响应及三要素法

在正弦交流一阶电路中，$x(t) = X_m \sin(\omega t + \varphi_x)$ 为一正弦量，故微分方程(8-5)的通解可以表示为

$$y(t) = A\sin(\omega t + \varphi_y) + Be^{-\frac{t}{\tau}} \qquad t > 0$$

其中，第一个分量 $A\sin(\omega t + \varphi_y)$ 为稳态响应(强迫分量)，因为它不随时间的推移而衰减。稳态响应可以由正弦交流电路的相量分析法求得其对应的电压或电流响应复相量

$$\dot{Y} = A \angle \varphi_y$$

而得到。

第二个分量 $Be^{-\frac{t}{\tau}}$ 为暂态响应(自由分量)，因为它随时间的推移而衰减为零。暂态响应量可以利用 $y(0_+)$ 求出

$$B = y(0_+) - A\sin\varphi_y$$

而电路的时间常数 τ 与直流一阶电路相同。

由此，正弦交流一阶电路的三要素公式为

$$y(t) = A\sin(\omega t + \varphi_y) + [y(0_+) - A\sin\varphi_y]e^{-\frac{t}{\tau}} (t > 0) \qquad (8-14)$$

正弦交流一阶电路的三要素分别是时间常数 τ、换路后的初始值 $y(0_+)$ 和稳态复相量 $\dot{Y}$。

例 8-6 电路如图 8-5-1 所示，已知直流电源 $U_S = 12V$，交流电源 $u_S(t) = 24\sin(314t + 30°)V$，电阻 $R_1 = 3k\Omega$，$R_2 = 6k\Omega$，$C = 2\mu F$，开关 S 在 $t = 0$ 时变换位置，此前电路已达到稳定状态，求开关变换位置后的电容电压 $u_C(t)$ 和电流 $i_C(t)$。

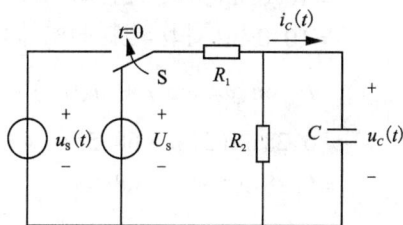

图 8-5-1 例 8-6 电路

解： 从电容 C 两端看进去的总等效电阻为

$$R = R_1 /\!/ R_2 = \frac{R_1 R_2}{R_1 + R_2} = \frac{3 \times 6}{3 + 6}k\Omega = 2k\Omega$$

电路的时间常数为

$$\tau = RC = 2 \times 10^3 \times 2 \times 10^{-6}s = 4ms$$

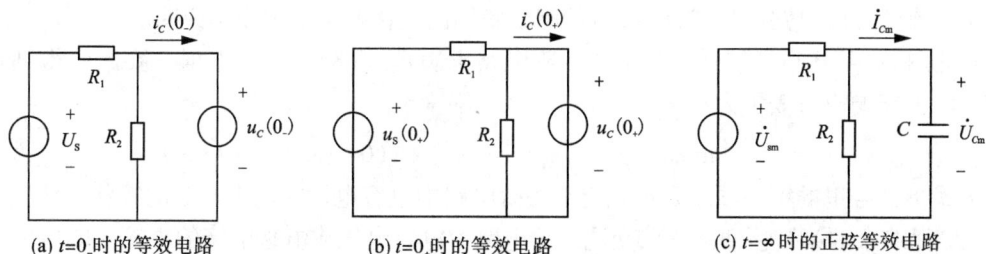

(a) $t=0_-$时的等效电路   (b) $t=0_+$时的等效电路   (c) $t=\infty$ 时的正弦等效电路

图 8-5-2 例 8-6 的等效电路

根据图 8 − 5 − 2(a)等效电路，故电容电压 $u_C(t)$ 的初始值为

$$u_C(0_+) = u_C(0_-) = \frac{R_2}{R_1 + R_2}U_S = \frac{6}{3+6} \times 12\text{V} = 8\text{V}$$

根据图 8 − 5 − 2(b)等效电路，电容电流 $i_C(t)$ 的初始值为

$$i_C(0_+) = \frac{u_S(0_+) - u_C(0_+)}{R_1} - \frac{u_C(0_+)}{R_2} = (\frac{12-8}{3} - \frac{8}{6})\text{mA} = 0$$

设电容电压和电流的稳态相量分别为 $\dot{U}_{Cm}$ 和 $\dot{I}_{Cm}$，已知交流电源相量 $\dot{U}_{Sm} = 24 \underline{/30°}\text{V}$。根据图 8 − 5 − 2(c)正弦等效电路，利用相量分析法，可以得方程

$$\dot{U}_{Cm} + R_1(\text{j}\omega C \dot{U}_{Cm} + \frac{\dot{U}_{Cm}}{R_2}) = \dot{U}_{Sm}$$

代入数据，解方程得电容电压的稳态相量

$$\dot{U}_{Cm} = 10.0 \underline{/-21.47°}\text{V}, \text{ 即 } U_{Cm} = 10.0\text{V}, \quad \varphi_u = -21.47°$$

于是，电容电流的稳态相量

$$\dot{I}_{Cm} = \text{j}\omega C \dot{U}_{Cm} = 314 \times 2 \times 10^{-6} \times 10.0 \underline{/90° - 21.47°}\text{ A} = 6.28 \underline{/68.53°}\text{ mA}$$

即 $I_{Cm} = 6.28\text{A}$ $\qquad \varphi_i = 68.53°$

从而，开关变换位置后的电容电压 $u_C(t)$ 和电流 $i_C(t)$ 分别为

$$u_C(t) = U_{Cm}\sin(\omega t + \varphi_u) + [u(0_+) - U_{Cm}\sin\varphi_u]\text{e}^{-\frac{t}{\tau}}$$

$$= 10.0\sin(314t - 21.47°) + [8 - 10.0\sin(-21.47°)]\text{e}^{-\frac{t}{4 \times 10^{-3}}}\text{V} \qquad (t \geq 0)$$

$$= 10.0\sin(314t - 21.47°) + 11.66\text{e}^{-250t}\text{V}$$

$$i_C(t) = I_{Cm}\sin(\omega t + \varphi_i) + [i(0_+) - I_{Cm}\sin\varphi_i]\text{e}^{-\frac{t}{\tau}}$$

$$= 6.28\sin(314t + 68.53°) + (0 - 6.28\sin68.53°)\text{e}^{-\frac{t}{4 \times 10^{-3}}}\text{mA}$$

$$= 6.28\sin(314t + 68.53°) - 5.84\text{e}^{-250t}\text{mA} \qquad (t > 0)$$

8.6　一阶电路全响应的两种分解

如前所述，非零初始状态的电路加电源的作用下，电路的响应称为全响应。零输入响应和零状态响应只是全响应的特殊形式。

一阶线性电路的全响应等于电路的零输入响应和零状态响应之和，即

$$\text{全响应} = \text{零输入响应} + \text{零状态响应} \qquad (8-15)$$

关于直流一阶电路满足式(8−15)的问题我们已经在 8.4 节中作了说明。

从式(8−14)还可以知道正弦交流一阶电路也满足式(8−15)，根据三要素法得到正弦交流一阶电路响应可表示为

$$y(t) = [A\sin(\omega t + \varphi_y) - A\text{e}^{-\frac{t}{\tau}}\sin\varphi_y] + y(0_+)\text{e}^{-\frac{t}{\tau}} \qquad (t > 0)$$

上式中括号里的第一项就是正弦交流一阶电路中电容电压或电感电流的零状态响应的一般形式，而剩余的第二项便是正弦交流一阶电路中电容电压或电感电流的零输入响应的一般形式。

对于线性动态一阶电路来说，式(8−15)是一个普遍的规律，利用式(8−15)可以求解一阶电路的全响应。

在求解零输入响应时，要令所有的独立源等于零，即电压源短路，电流源开路。可见，零输入响应只与电路的初始状态有关，与外加激励无关。零状态响应是电路在零初始状态下，由外加激励产生的响应，所以零状态响应由激励决定。这表明动态电路的响应可以由激励和初始量各自独立地产生。但是，需要说明的是，零状态响应主要是指动态元件的储能为零的状态。但换路后，有些电压和电流(如电容电压或电感电流等)没有跃变，它们是零状态；而有些电压和电流(如电容电流或电感电压等)却发生了跃变并具备了非零初始值，它们本身在换路后就不再是零状态了。但它们同样满足式(8-15)。

例 8-7　电路如图 8-6-1 所示，已知电压源 $U_{S1} = 12V$，$U_{S2} = 24V$，电阻 $R_1 = 3k\Omega$，$R_2 = 6k\Omega$，$C = 2\mu F$，电容无初始储能，开关 S 在 $t = 0$ 时接通，求开关接通后电阻 R_1 的电压 $u_1(t)$ 的零输入响应 $u_1^{zi}(t)$、零状态响应 $u_1^{zs}(t)$ 和全响应 $u_1^{al}(t)$，并验证是否满足式(8-15)。

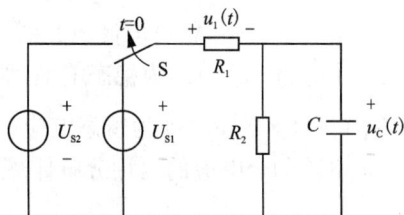

图 8-6-1　例 8-7 电路图

解：电路的总等效电阻为

$$R = R_1 /\!/ R_2 = \frac{R_1 R_2}{R_1 + R_2} = \frac{3 \times 6}{3 + 6}k\Omega = 2k\Omega$$

电路的时间常数为

$$\tau = RC = 2 \times 10^3 \times 2 \times 10^{-6} s = 4ms$$

由于电容电压不能跃变，故电容电压 $u_C(t)$ 的初始值为

$$u_C(0_+) = u_C(0_-) = \frac{R_2}{R_1 + R_2}U_{S1} = \frac{6}{3 + 6} \times 12V = 8V$$

(1)求零输入响应 $u_1^{zi}(t)$

$$u_1^{zi}(0_+) = -u_C(0_+) = -8V$$

$$u_1^{zi}(\infty) = 0$$

零输入响应为

$$u_1^{zi}(t) = u_1^{zi}(\infty) + \left[u_1^{zi}(0_+) - u_1^{zi}(\infty)\right]e^{-\frac{t}{\tau}} = 0 + (-8 - 0)e^{-\frac{t}{4 \times 10^{-3}}} = -8e^{-250t}V$$

(2)求零状态响应 $u_1^{zs}(t)$

$$u_1^{zs}(0_+) = U_{S2} = 24V$$

$$u_1^{zs}(\infty) = \frac{R_2}{R_1 + R_2}U_{S2} = \frac{3}{3 + 6} \times 24V = 8V$$

零状态响应为

$$u_1^{zs}(t) = u_1^{zs}(\infty) + \left[u_1^{zs}(0_+) - u_1^{zs}(\infty)\right]e^{-\frac{t}{\tau}} = 8 + (24 - 8)e^{-\frac{t}{4 \times 10^{-3}}}V = 8 + 16e^{-250t}V$$

(3)求全响应 $u_1^{al}(t)$

$$u_1^{al}(0_+) = U_{S2} - u_C(0_+) = (24 - 8)V = 16V$$

$$u_1^{al}(\infty) = \frac{R_2}{R_1 + R_2}U_{S2} = \frac{3}{3 + 6} \times 24V = 8V$$

全响应为

$$u_1^{al}(t) = u_1^{al}(\infty) + \left[u_1^{al}(0_+) - u_1^{al}(\infty)\right]e^{-\frac{t}{\tau}} = 8 + (16 - 8)e^{-\frac{t}{4 \times 10^{-3}}}V = 8 + 8e^{-250t}V$$

(4)验证是否满足式(8-15)

$$u_1^{zi}(t) + u_1^{zs}(t) = -8\mathrm{e}^{-250t} + 8 + 16\mathrm{e}^{-250t}\,\mathrm{V} = 8 + 8\mathrm{e}^{-250t}\,\mathrm{V} = u_1^{al}(t)$$

所以，电阻 R_1 的电压 $u_1(t)$ 满足式(8-15)。

另外，一阶线性电路的全响应也等于电路的稳态响应和暂态响应之和，即

$$\text{全响应} = \text{稳态响应（强迫分量）} + \text{暂态响应（自由分量）} \qquad (8-16)$$

这一规律对于正弦交流一阶电路已经作了说明；对于直流一阶电路响应，根据式(8-11)其响应可分别表示为

$$y(t) = y(\infty) + [y(0_+) - y(\infty)]\mathrm{e}^{-\frac{t}{\tau}} \qquad (t > 0)$$

第一个分量 $y(\infty)$ 即为稳态响应（强迫分量），因为它不随时间的推移而衰减。第二个分量 $[y(0_+) - y(\infty)]\mathrm{e}^{-\frac{t}{\tau}}$ 即为暂态响应（自由分量），因为它随时间的推移而衰减为零。

一阶电路的全响应的两种分解体现了线性电路的叠加性，也反映了一阶电路的全响应的规律。

8.7　RC 微分电路与 RC 积分电路

在电子技术中，微分电路与积分电路有着广泛的应用，常利用它们实现波形的产生和变换。现代电子技术中主要用运算放大器电路来实现微分与积分的运算，但是，它们也是根据一阶电路发展而来的。本节仅讨论 RC 电路构成的微分电路与积分电路。

8.7.1　RC 微分电路

微分电路是指输出信号与输入信号之间成微分关系的电路，利用 RC 电路可以近似实现微分电路的功能。如图 8-7-1 所示，当电路的输入为一周期性脉冲信号（所谓脉冲信号是指有急剧变化的部分或陡峭的前沿或后沿的信号）时，电容 C 在不断地交替进行充电和放电，因为电路的时间常数设计得很小（$RC \ll t_k$），其过渡过程很短。所以，在电阻 R 上产生正负交替的尖脉冲信号。实际中，方波信号急剧变化时，其微分在变化的短期内是很大的；而方波信号稳定时间内，其导数为零。所以，图 8-7-1(c)的输出波形近似于图 8-7-1(b)的输入波形的微分，故称图 8-7-1(a)为 RC 微分电路。

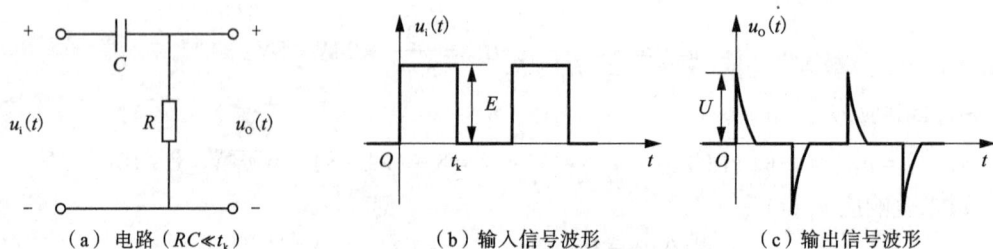

(a) 电路（$RC \ll t_k$）　　　　(b) 输入信号波形　　　　(c) 输出信号波形

图 8-7-1　微分电路

其实，图 8-7-1(a)的电路方程为

$$u_o = RC \frac{\mathrm{d}u_C}{\mathrm{d}t} \tag{8-17}$$

其中，u_C 为电容的电压。

由于电路的时间常数很短，电路的过渡过程很快，所以，每次在输入电压 $u_i(t)$ 变化后，电容电压在很短的时间内就跟上了它的变化，因此可以近似认为 $u_C \approx u_i$，从而得到

$$u_o \approx RC \frac{\mathrm{d}u_i}{\mathrm{d}t} \tag{8-18}$$

这也说明了 8-7-1(a) 是一个近似的微分电路。

关于 RC 微分电路，可以总结如下：

（1）电路的功能

RC 微分电路可将方波信号变为尖脉冲信号。尖脉冲的幅度因为电容电压不能跃变，而等于方波信号的跃变幅度，即

$$U = E \tag{8-19}$$

尖脉冲的宽度取其下降到幅值的 10% 所需的时间，即

$$\mathrm{e}^{-\frac{t_{kd}}{RC}} = 0.1$$

尖脉冲的宽度则为

$$t_{kd} = RC\ln 10 = 2.3RC \tag{8-20}$$

对于一般的脉冲波形，经过 RC 微分电路，其输出波形与输入波形的微分近似成比例关系。

（2）电路的构成条件

条件之一，利用 RC 电路构成微分电路，其输出信号取自电阻的电压。

条件之二，利用 RC 电路构成微分电路，电路的时间常数相对于输入信号的变化时间间隔要小得多。实际中，只要取 $t_k > 10RC$，就可以构成微分电路。

8.7.2 RC 积分电路

与微分电路相反，积分电路是指输出信号与输入信号之间成积分关系的电路，利用 RC 电路可以近似实现积分电路的功能。如图 8-7-2 所示，当电路的输入为一周期性脉冲信号时，电容 C 在不断地交替进行充电和放电，因为电路的时间常数设计得很大（$RC \gg t_k$），其过渡过程很长。所以，在电容 C 上产生交替增加和减小的锯齿波信号。实际中，方波信号为正时，其积分是线性增长的；方波信号为负时，其积分是线性减小的。所以，图 8-7-2(c) 的输出波形近似于图 8-7-2(b) 的输入波形的积分，故称图 8-7-2(a) 为积分电路。且实际中方波信号的正、负是相对而言的，所以，对于所有方波信号，无论其过零点与否，都可以认为图 8-7-2(a) 为 RC 积分电路。

其实，8-7-2(a) 的电路方程为

$$u_i = u_o + RC \frac{\mathrm{d}u_o}{\mathrm{d}t} \text{ 或 } u_o = \frac{1}{RC} \int_{-\infty}^{t} (u_i - u_o) \mathrm{d}t \tag{8-21}$$

由于 RC 取得很大，电容的过渡过程很长，电容电压变化缓慢，故可近似认为 $u_i - u_o \approx u_i$，$u_i \approx u_R$，从而得到

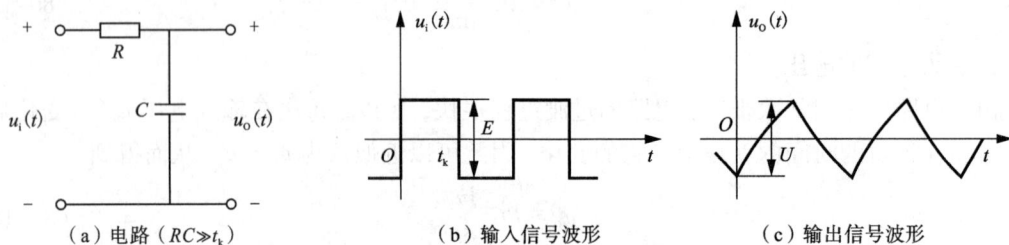

（a）电路（$RC \gg t_k$）　　　（b）输入信号波形　　　（c）输出信号波形

图 8 – 7 – 2　积分电路

$$u_o \approx \frac{1}{RC} \int_{-\infty}^{t} u_i \mathrm{d}t \qquad (8-22)$$

这也说明了 8 – 7 – 2(a) 是一个近似的积分电路。

关于 RC 积分电路, 可以总结如下:

(1) 电路的功能

RC 积分电路可将方波信号变为锯齿波信号。锯齿波的幅度可以通过下面的公式计算:

$$U = \frac{1 - e^{-\frac{t_k}{RC}}}{1 + e^{-\frac{t_k}{RC}}} E \approx \frac{t_k}{2RC} E \qquad (8-23)$$

尖脉冲的斜率则为

$$k = \frac{E}{2RC} \qquad (8-24)$$

对于一般的脉冲波形, 经过 RC 积分电路, 其输出波形与输入波形的积分近似成比例关系。

(2) 电路的构成条件

条件之一, 利用 RC 电路构成积分电路, 其输出信号取自电容的电压。

条件之二, 利用 RC 电路构成积分电路, 电路的时间常数相对于输入信号的变化时间间隔要大得多。实际中, 只要取 $RC > 10t_k$, 就可以构成积分电路。

*8.8　RLC 串联电路的零输入响应

二阶电路的分析比一阶电路要复杂一些。本节讨论最简单的二阶电路——RLC 串联电路, 且仅讨论其零输入响应。

电路如图 8 – 8 – 1 所示, 在 $t=0$ 时换路, 换路前电容 C 已由电源充电达到稳态, 即 $u_C(0_-) = U_S$。换路后电路的响应属于 RLC 串联电路的零输入响应。

根据 KCL 和 KVL, 以及电路元件的伏安关系, 可以得到电路的方程组及电路的初始条件为

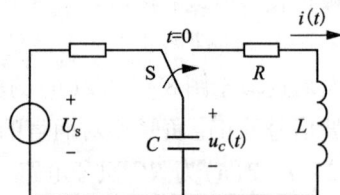

图 8 – 8 – 1　RLC 串联电路

$$\begin{cases} Ri = L\dfrac{\mathrm{d}i}{\mathrm{d}t} = u_C \\[2mm] i = -C\dfrac{\mathrm{d}u_C}{\mathrm{d}t} \\[2mm] u_C(0_+) = u_C(0_-) = U_S \\[2mm] i(0_+) = i(0_-) = 0 \end{cases} \qquad t \geqslant 0 \qquad (8-25)$$

经整理,得到一个常系数二阶微分方程及初始条件

$$\dfrac{\mathrm{d}^2 u_C}{\mathrm{d}t^2} + \dfrac{R}{L}\dfrac{\mathrm{d}u_C}{\mathrm{d}t} + \dfrac{1}{LC}u_C = 0$$
$$u_C(0_+) = u_C(0_-) = U_S \qquad t \geqslant 0 \qquad (8-26)$$
$$u'_C(0_+) = u'_C(0_-) = 0$$

根据数学分析,求解此方程,先讨论其特征方程

$$s^2 + \dfrac{R}{L}s + \dfrac{1}{LC} = 0 \qquad\qquad (8-27)$$

该方程的根可以表述为

$$s_{1,2} = -\dfrac{R}{2L} \pm \sqrt{\left(\dfrac{R}{2L}\right)^2 - \dfrac{1}{LC}} = -\delta \pm \sqrt{\delta^2 - \omega_0^2} \qquad (8-28)$$

其中

$$\delta = \dfrac{R}{2L}$$
$$\omega_0 = \dfrac{1}{\sqrt{LC}} \qquad\qquad (8-29)$$

特征根是由电路结构和参数决定的,与电路的激励大小和初始状态无关,是电路本身的特性;同时,特征根具有和频率同样的量纲。因此,电路的特征根称为电路的固有频率。

式(8-28)根据 δ 和 ω_0 的大小关系有三种情况,电路也就呈现三种特性:

(1)当 $\delta > \omega_0$ 即 $R^2 > 4L/C$ 时,电路的固有频率为两个不相等的负实数,令 $s_1 = -\alpha_1$, $s_2 = -\alpha_2$。方程组(8-25)的解可以表示为

$$u_C(t) = K_1 \mathrm{e}^{-\alpha_1 t} + K_2 \mathrm{e}^{-\alpha_2 t}$$
$$i(t) = CK_1\alpha_1 \mathrm{e}^{-\alpha_1 t} + CK_2\alpha_2 \mathrm{e}^{-\alpha_2 t} \qquad t \geqslant 0 \qquad (8-30)$$

其中,常数 K_1 和 K_2 由初始条件确定

$$K_1 + K_2 = U_S$$
$$\alpha_1 K_1 + \alpha_2 K_2 = 0 \qquad\qquad (8-31)$$

图 8-8-1 电路的电路响应曲线如图 8-8-2 所示。

由于此种情况下响应是非振荡的,我们称为 RLC 串联电路的过阻尼情况。

(2)当 $\delta = \omega_0$ 即 $R^2 = 4L/C$ 时,电路的固有频率为一个相等的负实数,令 $s_1 = s_2 = -\alpha = -R/(2L)$。方程组(8-25)的解可以表示为

$$u_C(t) = (K_1 + K_2 t)\mathrm{e}^{-\alpha t}$$
$$i(t) = C(K_1\alpha - K_2 + K_2\alpha t)\mathrm{e}^{-\alpha t} \qquad t \geqslant 0 \qquad (8-32)$$

其中,常数 K_1 和 K_2 由初始条件确定

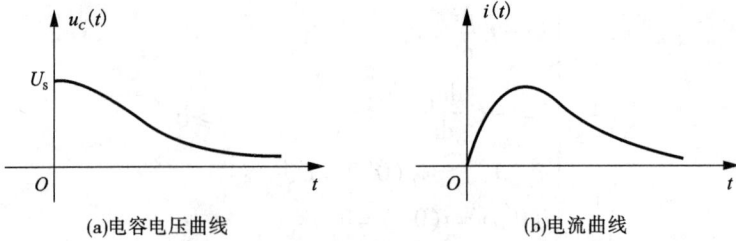

(a)电容电压曲线　　　　　　　　　　(b)电流曲线

图 8 - 8 - 2　*RLC* 串联电路的过阻尼响应

$$K_1 = U_s$$
$$\alpha K_1 - K_2 = 0$$

$$(8-33)$$

图 8 - 8 - 1 的电路响应曲线如图 8 - 8 - 3 所示。

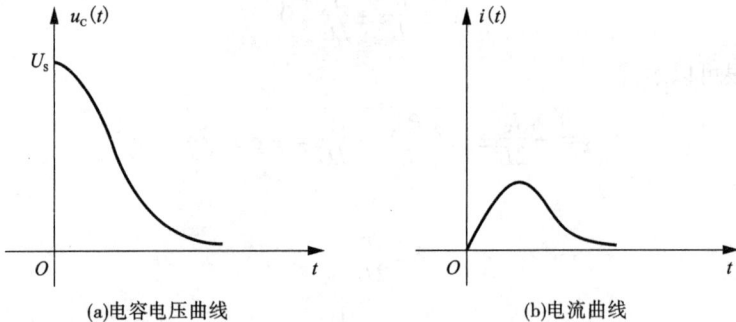

(a)电容电压曲线　　　　　　　　　　(b)电流曲线

图 8 - 8 - 3　*RLC* 串联电路的临界阻尼响应

　　此种情况下响应仍是非振荡的，但如果电阻稍微减小，就会出现后面将要讨论的振荡情况，故我们称此种情况为 *RLC* 串联电路的临界阻尼情况。

　　(3)当 $\delta < \omega_0$ 即 $R^2 < 4L/C$ 时，电路的固有频率为一对实部为负数的共轭复数，令 $\omega = \sqrt{\omega_0^2 - \delta^2}$，则 $s_1 = -\delta + j\omega$，$s_2 = --\delta - j\omega$。方程组(8-25)的解可以表示为

$$u_c(t) = e^{-\delta t}(K_1\cos\omega t + K_2\cos\omega t)$$
$$i(t) = Ce^{-\delta t}\big[(K_1\delta - K_2\omega)\sin\omega t + (K_2\delta + K_1\omega)\sin\omega t\big]$$
$$t \geqslant 0 \qquad (8-34)$$

其中，常数 K_1 和 K_2 由初始条件确定如下：

$$K_1 = U_s$$
$$K_1\delta - K_2\omega = 0$$

$$(8-35)$$

　　图 8 - 8 - 1 电路的响应曲线有两种情况：如图 8 - 8 - 4 所示，如果 $\delta > 0(\delta = R/(2L))$，电路将出现衰减振荡的情况。如图 8 - 8 - 5 所示，如果 $\delta = 0$，电路将出现等幅正弦振荡的情况，且振荡频率为 $\omega_0 = 1/\sqrt{LC}$，ω_0 称为电路的谐振角频率。实际中不会出现 $\delta > 0$ 的情况，不予考虑。

　　以上两种情况下响应是振荡的，我们称为 *RLC* 串联电路的欠阻尼情况。

　　可见，*RLC* 串联电路的零输入响应的性质取决于电路的固有频率即电路特征方程的根。它们可以是实数、复数或虚数。从而决定了电路的响应为非振荡(包括过阻尼和临界阻尼)、

衰减振荡和等幅振荡过程。

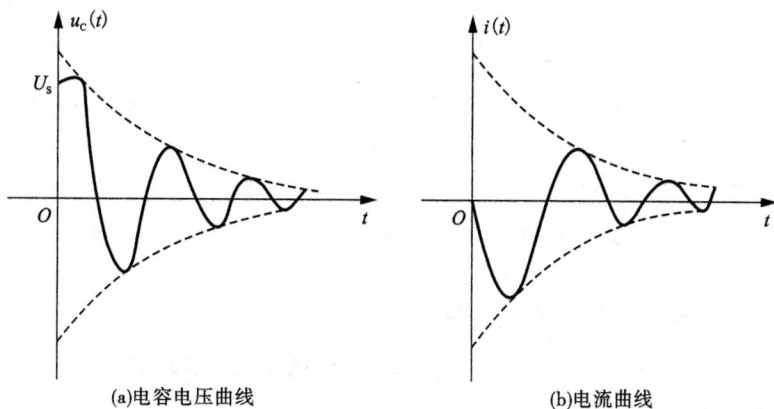

(a)电容电压曲线　　　　　　　　(b)电流曲线

图 8 – 8 – 4　*RLC* 串联电路的欠阻尼衰减振荡响应

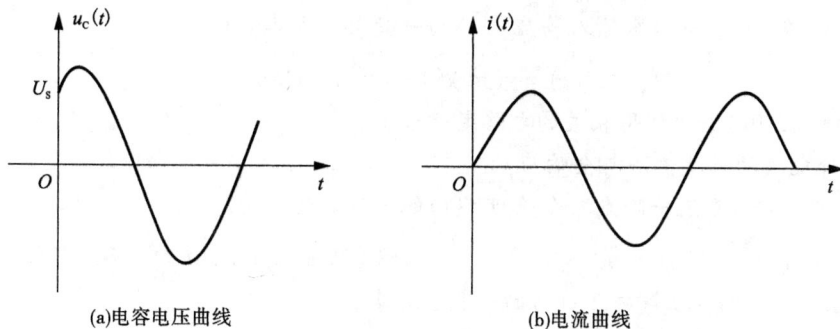

(a)电容电压曲线　　　　　　　　(b)电流曲线

图 8 – 8 – 5　*RLC* 串联电路的欠阻尼等幅振荡响应

本章小结

本章重点讲述了线性动态电路的时域分析方法，主要包括以下内容：

1. 换路定律

换路时，若向动态元件提供的能量为有限值，则各动态元件的能量不能跃变。具体表现在电容电压和电感电流不能跃变，即

$$u_C(0_+) = u_C(0_-)$$
$$i_L(0_+) = i_L(0_-)$$

2. 一阶动态电路

(1) 时间常数

时间常数是由电路结构决定的电路本身的一个固有特性。它反映了一阶电路的所有响应按指数规律衰减或趋向稳定值的快慢速度。从理论上讲，只有经过无限长时间，电路响应才衰减到零或增加到稳定值。但实际上经过 3 ~ 5 倍的时间常数后，电路的过渡过程趋于结束，达到了稳定状态。工程中一般可以认为 5 倍的时间常数后过渡过程基本结束。可以通过电路

参数的选取改变时间常数以控制电路过渡过程的时间。

一阶电路的时间常数为

$$\tau = RC \text{ 或 } \tau = \frac{L}{R}$$

如果电路中有多个电阻,则此时的 R 为换路后接于动态元件 L 或 C 两端的电阻网络的等效电阻。

(2)一阶电路的零输入响应

一阶电路的零输入响应,是指在无外加激励情况下,由动态元件的初始储能产生的响应。

一阶电路零输入响应 $y(t)$ 的一般表达式为

$$y(t) = y(0_+)e^{-\frac{t}{\tau}} \quad t > 0(\text{跃变的量}) \text{ 或 } t \geq 0(\text{不跃变的量})$$

(3)一阶电路的零状态响应

一阶电路的零状态响应,是指在有外加激励而无初始储能情况下产生的响应。对于电容电压和电感电流,一阶电路零输入响应 $y(t)$ 的一般表达式为

$$y(t) = y(\infty)(1 - e^{-\frac{t}{\tau}}) \quad t \geq 0$$

其他的响应可以据此利用相关的电路定律求出。

(4)一阶电路的三要素法与全响应

根据三要素法,直流一阶电路全响应 $y(t)$ 的一般表达式为

$$y(t) = y(\infty) + [y(0_+) - y(\infty)]e^{-\frac{t}{\tau}} \quad t > 0(\text{跃变的量}) \text{ 或 } t \geq 0(\text{不跃变的量})$$

正弦交流一阶电路的全响应 $y(t)$ 的一般表达式为

$$y(t) = A\sin(\omega t + \varphi_y) + [y(0_+) - A\sin\varphi_y]e^{-\frac{t}{\tau}} \quad t > 0$$

(5)一阶电路响应的两种分解

一阶线性电路的全响应等于电路的零输入响应和零状态响应之和,即

$$\text{全响应} = \text{零输入响应} + \text{零状态响应}$$

一阶线性电路的全响应也等于电路的稳态响应和暂态响应之和,即

$$\text{全响应} = \text{稳态响应(强迫分量)} + \text{暂态响应(自由分量)}$$

稳态响应(强迫分量)指不随时间的推移而衰减的响应部分。暂态响应(自由分量)指随时间的推移而衰减为零的响应部分。

3. RC 微分电路与 RC 积分电路

RC 微分电路与 RC 积分电路是一阶电路在电子技术中的应用。

(1) RC 微分电路

RC 微分电路可将方波信号变为尖脉冲信号。对于一般的脉冲波形,经过 RC 微分电路,其输出波形与输入波形的微分近似成比例关系。

利用 RC 电路构成微分电路,其输出信号取自电阻的电压。并且,电路的时间常数相对于输入信号的变化时间间隔要小得多。实际中,只要取 $t_k > 10RC$,就可以构成微分电路。

(2) RC 积分电路

RC 积分电路可将方波信号变为锯齿波信号。对于一般的脉冲波形,经过 RC 积分电路,其输出波形与输入波形的积分近似成比例关系。

利用 RC 电路构成积分电路，其输出信号取自电容的电压。并且，电路的时间常数相对于输入信号的变化时间间隔要大得多。实际中，只要取 $RC > 10t_k$，就可以构成积分电路。

4. RLC 串联电路的零输入响应

电路的性质取决于电路的固有频率即电路特征方程的根。它们可以是实数、复数或虚数。从而决定了电路的响应为非振荡(包括过阻尼和临界阻尼)、衰减振荡和等幅振荡过程。

复习思考题

8-1　电路如题图 8-1 所示，电路原已稳定，$t = 0$ 时，合上开关 S。试做出 $t = 0_+$ 和 $t = \infty$ 时的等效电路，并求初始值 $i_L(0_+)$、$i_C(0_+)$、$u_L(0_+)$、$u_C(0_+)$ 及稳态值 $i_L(\infty)$、$i_C(\infty)$、$u_L(\infty)$、$u_C(\infty)$。

8-2　电路如题图 8-2 所示，电路原已稳定，$t = 0$ 时，开关 S 由 2 合向 1 后，电容充电；经过 $t = 5\tau$ 后，开关 S 由 1 合向 2。试求：(1)充、放电过程中 u_C 的变化规律并绘出曲线；(2)计算放电过程中电阻消耗的能量；(3)放电时的最大电流。

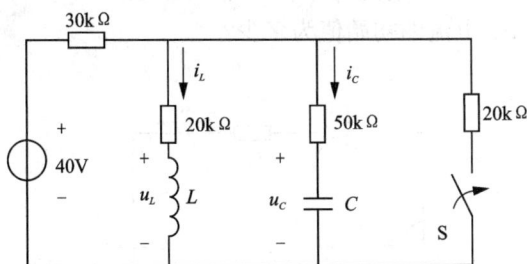

题图 8-1　题图 8-1 附图

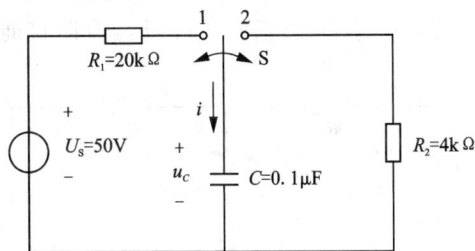

题图 8-2　题图 8-2 附图

8-3　电路如题图 8-3(a)、(b)所示，求换路后的时间常数 τ。

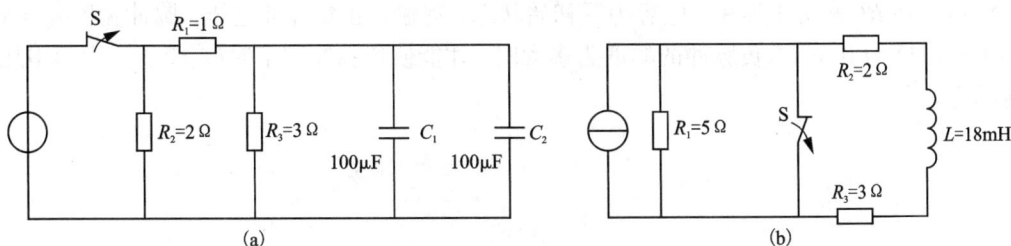

题图 8-3　题图 8-3 附图

8-4　已知：一个储存磁场能量的电感经电阻释放能量，经过 0.68s 后，储能减少为原值的一半；又经过 1.2s 后，电流为 25mA。试求电感电流 $i_L(t)$ 的变化规律。

8-5　电路如题图 8-4 所示，开关 S 闭合前，电路原已稳定，求电感电压 $u_L(t)$ 和电流 $i_L(t)$，并画出它们的波形图。

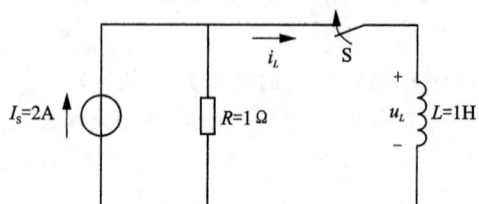

题图 8 - 4　题 8 - 5 附图

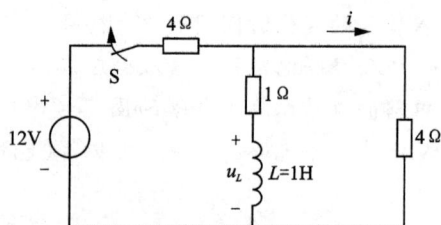

题图 8 - 5　题 8 - 6 附图

8 - 6　电路如题图 8 - 5 所示,开关 S 闭合前,电路原已稳定,求电感电压 $u_L(t)$ 和电流 $i_L(t)$,并画出它们的波形图。

8 - 7　电路如题图 8 - 6 所示,$U_{S1} = 300V$,$U_{S2} = 150V$,$C = 0.1F$,$R_1 = 100\Omega$,$R_2 = 50\Omega$,$R_3 = 200\Omega$,电路原已稳定,$t = 0$ 时合上开关 S,求合上开关后的 $u_C(t)$、$i_C(t)$。

8 - 8　电路如题图 8 - 7 所示,$R = 20\Omega$,$C = 20\mu F$,电源电压 $u_S(t) = 200\sqrt{2}\sin(314t + 30°)V$,(1)应用三要素法求接通电源时电容电压 $u_C(t)$ 及电流 $i(t)$;(2)何时接通开关 S,可使电路不产生过渡过程;(3)当 $t = 0$ 时接通开关 S,电流的初始值为多少?

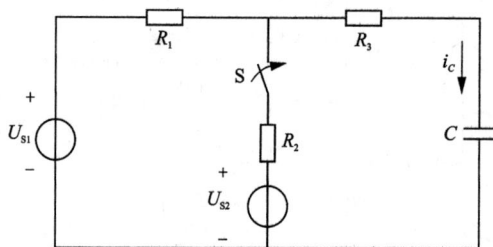

题图 8 - 6　题 8 - 7 附图

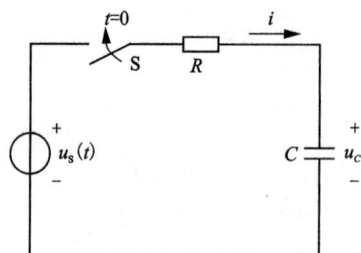

题图 8 - 7　题 8 - 8 附图

8 - 9　在 RC 积分电路中,电容为零初始状态,现输入正负脉冲电压,脉冲宽度 $t_k = RC$,正脉冲的幅度为 10V,求负脉冲的幅度为多大时,才能使负脉冲结束时($t = 2t_k$),电容电压回到零状态。

第 9 章　二端口网络

9.1　二端口网络的概念

前面介绍过二端网络，或单口网络。在电工和电子技术中，常会遇到有多个端钮与外电路相连接的网络。如图 9-1-1(a)、(b)、(c)所示变压器、滤波器，晶体管等，对于这类电路，如果只研究其两个端口的电压、电流之间的关系，那么不管网络内部多么复杂，都可以用一个方框 N 代表网络，如图 9-1-1(d)所示。

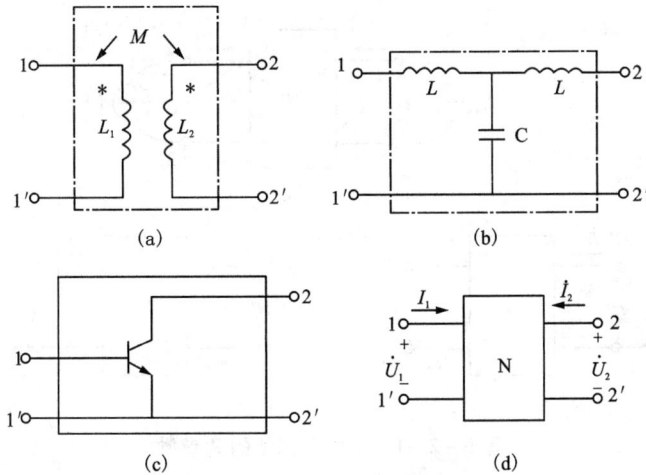

图 9-1-1　二端口网络

当网络的两个端钮的电流相等，即从端钮 1 流入的电流等于从端钮 1′流出的电流，则 1-1′两个端钮构成一个端口。四端网络只有满足端口条件时才是二端口网络或双口网络，否则只能称为四端网络。两对端钮 1-1′和 2-2′是其与外电路相连接的两个端口，1-1′端口称为输入端口，一般接电源；2-2′端口称为输出端口，一般接负载。

二端口网络只有两对端钮与外部电路连接，其性能的研究主要是通过二端口网络来研究两个端口电流、两个端口电压四个物理量之间的关系。这对于研究那些内部元件和电路全部被封闭起来的，仅有输入端口、输出端口引出的电路具有重要的实际意义。

如果二端口网络仅由线性元件 R、L(M 互感)、C 及受控源组成，不含有独立电源和初始值构成的附加电源，则称为无源线性双口网络。它具有互易性，即激励与响应互换位置后其结果不变。本章只讨论无源线性二端口网络，在正弦激励下稳定状态的情况，分析中仍采用相量法。

9.2 二端口网络的参数方程

二端口网络端口处有四个变量：输入端口的电压 $\dot{U}_1$、电流 $\dot{I}_1$ 与输出端口的电压 $\dot{U}_2$、电流 $\dot{I}_2$。研究二端口网络时，重要的是找出这四个量之间的关系，如果将其中任意两个作为已知量，另外两个作为未知量，则可得到不同的参数方程。

9.2.1 二端口网络的 Z 方程和 Z 参数

Z 方程是一组以二端口网络的电流 $\dot{I}_1$ 和 $\dot{I}_2$ 作为已知量，电压 $\dot{U}_1$ 和 $\dot{U}_2$ 作为未知量的方程。根据置换定理，二端口网络端口的外部电路总是可以用电流源替代，如图 9 - 2 - 1（a）所示，替代后网络是线性的，可按照叠加定理，将图 9 - 2 - 1(a) 所示的网络，分解成仅含单个电流源的网络，如图 9 - 2 - 1(b)、(c) 所示。

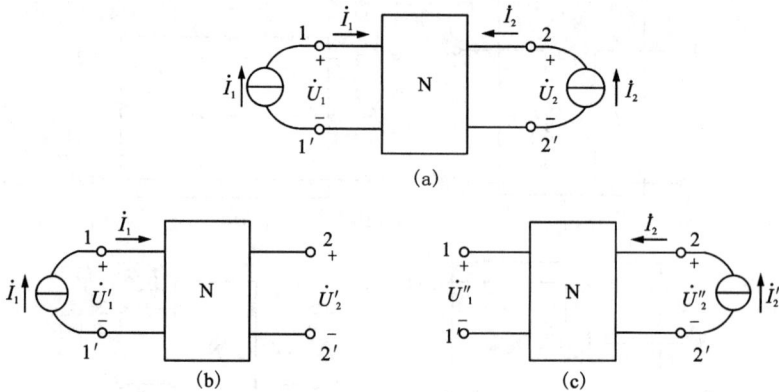

图 9 - 2 - 1　二端口网络的 Z 参数

根据叠加定理，当 $\dot{I}_1$ 单独作用时，$\dot{I}_2$ 等于零，网络的输出端开路，如图 9 - 2 - 1(b)所示，在两个端口处产生的电压分别为 $\dot{U}'_1$ 和 $\dot{U}'_2$。由线性电路的特性可知：$\dot{U}'_1$ 和 $\dot{U}'_2$ 与电流源 $\dot{I}_1$ 成正比，可表示为 $\dot{U}'_1 = Z_{11}\dot{I}_1$；$\dot{U}'_2 = Z_{21}\dot{I}_1$。同理，当 $\dot{I}_2$ 单独作用时，$\dot{I}_1$ 等于零，网络的输入端开路，如图 9 - 2 - 1(c)所示，在两个端口处产生的电压分别为 $\dot{U}''_1$ 和 $\dot{U}''_2$。由线性电路的特性可知：$\dot{U}''_1$ 和 $\dot{U}''_2$ 与电流源 $\dot{I}_2$ 成正比，可表示为 $\dot{U}''_1 = Z_{12}\dot{I}_2$；$\dot{U}''_2 = Z_{22}\dot{I}_2$，将两次结果相加，可得

$$\begin{cases} \dot{U}_1 = \dot{U}'_1 + \dot{U}''_1 = Z_{11}\dot{I}_1 + Z_{12}\dot{I}_2 \\ \dot{U}_2 = \dot{U}'_2 + \dot{U}''_2 = Z_{21}\dot{I}_1 + Z_{22}\dot{I}_2 \end{cases}$$

这样就得到用端口电流表示端口电压的网络方程，即

$$\begin{cases} \dot{U}_1 = Z_{11}\dot{I}_1 + Z_{12}\dot{I}_2 \\ \dot{U}_2 = Z_{21}\dot{I}_1 + Z_{22}\dot{I}_2 \end{cases} \tag{9-1}$$

式中 Z_{11}、Z_{12}、Z_{21}、Z_{22} 具有阻抗性质，称阻抗参数或 Z 参数，Z 参数只与二端口网络的内部结构、元件参数及电源频率有关。式(9-1)称二端口网络的 Z 参数方程。

Z 参数的确定可通过输入端口、输出端口开路测量或计算。

$$Z_{11} = \frac{\dot{U}_1}{\dot{I}_1}\bigg|_{\dot{I}_2=0} , Z_{11} 是输出端开路时，输入端的输入阻抗；$$

$$Z_{21} = \frac{\dot{U}_2}{\dot{I}_1}\bigg|_{\dot{I}_2=0} , Z_{21} 是输出端开路时，输出端对输入端的转移阻抗；$$

$$Z_{12} = \frac{\dot{U}_1}{\dot{I}_2}\bigg|_{\dot{I}_1=0} , Z_{12} 是输入端开路时，输入端对输出端的转移阻抗；$$

$$Z_{22} = \frac{\dot{U}_2}{\dot{I}_2}\bigg|_{\dot{I}_1=0} , Z_{22} 是输入端开路时，输出端的输入阻抗。$$

因为，Z 参数均与一个开路端口相联系，所以 Z 参数称为开路阻抗参数。输入阻抗是指同一端断口的电压与电流之比，而转移阻抗的"转移"之意是指阻抗为两个不同端口的电压与电流之比。

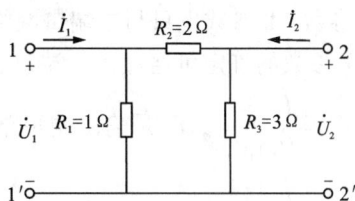

图 9 - 2 - 2　例 9 - 1 附图

例 9 - 1　求图 9 - 2 - 2 所示二端口网络的 Z 参数。

解：令二端口网络的输出端口开路，则 $\dot{I}_2$ 等于零，由图 9 - 2 - 2 可得

$$\dot{I}_1 = \frac{\dot{U}_1}{R_1} + \frac{\dot{U}_1}{R_2+R_3} = (1 + \frac{1}{2+3})\dot{U}_1 = \frac{6}{5}\dot{U}_1$$

$$\dot{U}_2 = \frac{\dot{U}_1}{R_2+R_3}R_3 = \frac{3}{2+3}\dot{U}_1 = \frac{3}{5}\dot{U}_1$$

$$Z_{11} = \frac{\dot{U}_1}{\dot{I}_1}\bigg|_{\dot{I}_2=0} = \frac{\dot{U}_1}{\frac{6}{5}\dot{U}_1} = \frac{5}{6}\Omega, \quad Z_{21} = \frac{\dot{U}_2}{\dot{I}_1}\bigg|_{\dot{I}_2=0} = \frac{\frac{3}{5}\dot{U}_1}{\frac{6}{5}\dot{U}_1} = \frac{1}{2}\Omega$$

令二端口网络的输入端口开路，则 $\dot{I}_1$ 等于零，由图 9 - 2 - 2 可得

$$\dot{I}_2 = \frac{\dot{U}_2}{R_3} + \frac{\dot{U}_2}{R_2+R_1} = (\frac{1}{3} + \frac{1}{2+1})\dot{U}_2 = \frac{2}{3}\dot{U}_2$$

$$\dot{U}_1 = \frac{\dot{U}_2}{R_1+R_2}R_1 = \frac{1}{1+2}\dot{U}_2 = \frac{1}{3}\dot{U}_2$$

$$Z_{12} = \frac{\dot{U}_1}{\dot{I}_2}\bigg|_{\dot{I}_1=0} = \frac{\frac{1}{3}\dot{U}_2}{\frac{2}{3}\dot{U}_2} = \frac{1}{2}\Omega$$

$$Z_{22} = \frac{\dot{U}_2}{\dot{I}_2}\bigg|_{\dot{I}_1=0} = \frac{\dot{U}_2}{\frac{2}{3}\dot{U}_2} = \frac{3}{2}\Omega$$

从本例得到 $Z_{12} = Z_{21}$，实际上可以证明，由线性无源元件构成的二端口网络，均具有这一性质，该性质称为互易性。如果该网络还具有 $Z_{11} = Z_{22}$ 的特点，则网络称为对称的二端口网络，对称二端口网络的输入端与输出端可以互换使用，对外电路无任何影响。

9.2.2　二端口网络的 Y 方程和 Y 参数

Y 方程是一组以二端口网络的电压 $\dot{U}_1$ 和 $\dot{U}_2$ 表征电流 $\dot{I}_1$ 和 $\dot{I}_2$ 的方程。在图 $9-2-3$ 中，端口电压 $\dot{U}_1$ 和 $\dot{U}_2$ 作为已知量，将电流 $\dot{I}_1$ 和 $\dot{I}_2$ 作为未知量。根据叠加定理，可得

$$\begin{cases} \dot{I}_1 = Y_{11}\dot{U}_1 + Y_{12}\dot{U}_2 \\ \dot{I}_2 = Y_{21}\dot{U}_1 + Y_{22}\dot{U}_2 \end{cases} \qquad (9-2)$$

图 $9-2-3$　线性无源二端口网络

上式称为二端口网络 Y 参数方程，式中 Y_{11}、Y_{12}、Y_{21}、Y_{22} 具有导纳的性质，称导纳参数或 Y 参数，Y 参数也只与二端口网络的内部结构、元件参数及电源频率有关。

Y 参数的确定可通过输入端口、输出端口短路测量或计算。

$$Y_{11} = \left.\frac{\dot{I}_1}{\dot{U}_1}\right|_{\dot{U}_2=0},\ Y_{11} 是输出端短路时，输入端的输入导纳；$$

$$Y_{21} = \left.\frac{\dot{I}_2}{\dot{U}_1}\right|_{\dot{U}_2=0},\ Y_{21} 是输出端短路时，输出端对输入端的转移导纳；$$

$$Y_{12} = \left.\frac{\dot{I}_1}{\dot{U}_2}\right|_{\dot{U}_1=0},\ Y_{12} 是输入端短路时，输入端对输出端的转移导纳；$$

$$Y_{22} = \left.\frac{\dot{I}_2}{\dot{U}_2}\right|_{\dot{U}_1=0},\ Y_{22} 是输入端短路时，输出端的输入导纳。$$

因为，Y 参数均与一个短路端口相联系，所以 Y 参数称为短路导纳参数。输入导纳是指同一端口的电流与电压之比，而转移导纳的"转移"之意是指导纳为不同端口的电流与电压之比。不同的网络，导纳参数不同，但是方程的形式相同。

当二端口网络是互易网络时 $Y_{12} = Y_{21}$，只有三个参数是独立的；如果二端口网络是对称网络时，则 $Y_{11} = Y_{22}$，只有两个参数是独立的。

例 9 - 2　求图 $9-2-4$ 所示二端口的 Y 参数。

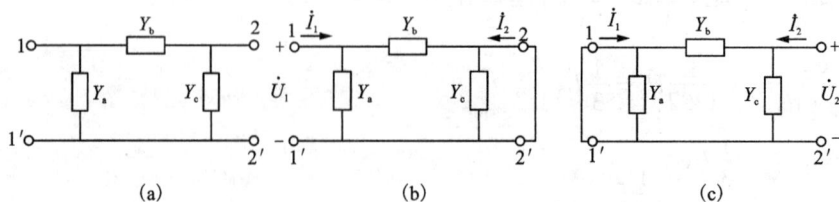

图 $9-2-4$　例 $9-2$ 附图

解：(1)把端口 $2-2'$ 短路，则

$$\dot{I}_1 = \dot{U}_1(Y_a + Y_b) \qquad Y_{11} = \left.\frac{\dot{I}_1}{\dot{U}_1}\right|_{\dot{U}_2=0} = Y_a + Y_b$$

$$-\dot{I}_2 = \dot{U}_1 Y_b \qquad Y_{21} = \dfrac{\dot{I}_2}{\dot{U}_1}\bigg|_{\dot{U}_2=0} = -Y_b$$

(2)把端口 1 – 1′短路,则

$$\dot{I}_2 = \dot{U}_2(Y_c + Y_b) \qquad Y_{22} = \dfrac{\dot{I}_2}{\dot{U}_2}\bigg|_{\dot{U}_1=0} = Y_c + Y_b$$

$$-\dot{I}_1 = \dot{U}_2 Y_b \qquad Y_{12} = \dfrac{\dot{I}_1}{\dot{U}_2}\bigg|_{\dot{U}_1=0} = -Y_b$$

9.2.3 二端口网络的混合参数方程和 H 参数

混合参数方程是一组以二端口网络的 $\dot{I}_1$ 和 $\dot{U}_2$ 作为已知量,将 $\dot{U}_1$ 和 $\dot{I}_2$ 作为未知量的方程。即:

$$\begin{cases} \dot{U}_1 = H_{11}\dot{I}_1 + H_{12}\dot{U}_2 \\ \dot{I}_2 = H_{21}\dot{I}_1 + H_{22}\dot{U}_2 \end{cases} \qquad (9-3)$$

上式称为二端口网络 H 参数方程,式中 H_{11}、H_{12}、H_{21}、H_{22} 称二端口网络的 H 参数,其中 H_{12} 和 H_{21} 为无量纲的系数,H_{11} 具有阻抗性质,H_{22} 具有导纳性质,所以 H 参数称混合参数。H 参数也只与二端口网络的内部结构、元件参数及电源频率有关。

H 参数的确定可通过输入端开路、输出端短路测量或计算得出。

$H_{11} = \dfrac{\dot{U}_1}{\dot{I}_1}\bigg|_{\dot{U}_2=0}$,$H_{11}$ 是输出端短路时,输入端的输入阻抗;

$H_{21} = \dfrac{\dot{I}_2}{\dot{I}_1}\bigg|_{\dot{U}_2=0}$,$H_{21}$ 是输出端短路时,输出端电流与输入端电流之比;

$H_{12} = \dfrac{\dot{U}_1}{\dot{U}_2}\bigg|_{\dot{I}_1=0}$,$H_{12}$ 是输入端开路时,输入端电压与输出端电压之比;

$H_{22} = \dfrac{\dot{I}_2}{\dot{U}_2}\bigg|_{\dot{I}_1=0}$,$H_{22}$ 是输入端开路时,输出端的输入导纳。

不同的网络,H 参数不同,但是方程的形式相同。

当二端口网络是互易网络时,$H_{12} = -H_{21}$,有三个参数是独立的;如果二端口网络是对称网络时,则 $H_{11}H_{22} - H_{12}H_{21} = 1$,只有两个参数是独立的。

在晶体管电路中,H_{11} 为晶体管的输入电阻;H_{12} 为晶体管的内部电压反馈系数(反向电压传输比);H_{21} 为晶体管的电流放大倍数(电流增益);H_{22} 为晶体管的输出导纳。

例 9 – 3 求图 9 – 2 – 5 所示晶体管等效电路的 H 参数。

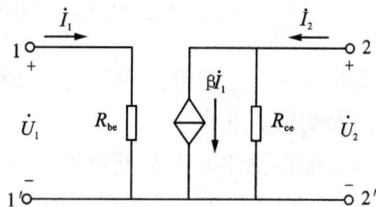

图 9 – 2 – 5 例 9 – 3 附图

解: ∵ $\begin{cases} \dot{U}_1 = R_{be}\dot{I}_1 \\ \dfrac{1}{R_{ce}}\dot{U}_2 = \dot{I}_2 - \beta\dot{I}_1 \end{cases}$ 可 改

为 $\begin{cases} \dot{U}_1 = R_{be}\dot{I}_1 \\ \dot{I}_2 = \beta\dot{I}_1 + \dfrac{1}{R_{ce}}\dot{U}_2 \end{cases}$

又因为：

$\begin{cases} \dot{U}_1 = H_{11}\dot{I}_1 + H_{12}\dot{U}_2 \\ \dot{I}_2 = H_{21}\dot{I}_1 + H_{22}\dot{U}_2 \end{cases}$

所以 $H_{11} = R_{be}$ $\qquad$ $H_{12} = 0$ $\qquad$ $H_{21} = \beta$ $\qquad$ $H_{22} = \dfrac{1}{R_{ce}}$

9.2.4 二端口网络的传输参数方程及 T 参数

实际问题中，往往希望知道一个端口的电压、电流与另一个端口的电压、电流的关系，即输入、输出之间的关系。如在分析放大器、滤波器和电力、电信传输线路时，往往用一个已知端口的电压、电流去求另一个端口的电压、电流。T 方程就是一组以二端口网络的输出端电压 $\dot{U}_2$ 与电流 $\dot{I}_2$ 作为已知量，输入端电压 $\dot{U}_1$ 与电流 $\dot{I}_1$ 作为未知量的方程，即

$$\begin{cases} \dot{U}_1 = A\dot{U}_2 - B\dot{I}_2 \\ \dot{I}_1 = C\dot{U}_2 - D\dot{I}_2 \end{cases} \tag{9-4}$$

上式称为二端口网络的传输参数方程，其中 A、B、C、D 称二端口网络的传输参数方程的 T 参数，A 和 D 为无量纲的系数，B 具有阻抗性质，C 具有导纳性质。T 参数也只与二端口网络的内部结构、元件参数及电源频率有关。在式(9-4)中，$\dot{I}_2$ 前面取负号的原因是人们习惯上认为既然是"传输"，$\dot{I}_1$ 从输入端口电压正极端流入，$\dot{I}_2$ 应从输出端口电压正极端流出，与图 9-2-3 中所设的参考方向相反，故在 $\dot{I}_2$ 前冠以负号。

T 参数的确定可通过网络的输出端开路和短路测量或计算得出。

$A = \dfrac{\dot{U}_1}{\dot{U}_2}\bigg|_{\dot{I}_2=0}$ ，A 是输出端开路时，输入端电压与输出端电压之比；

$B = \dfrac{\dot{U}_1}{-\dot{I}_2}\bigg|_{\dot{U}_2=0}$ ，B 是输出端短路时，输入端对输出端的转移阻抗；

$C = \dfrac{\dot{I}_1}{\dot{U}_2}\bigg|_{\dot{I}_2=0}$ ，C 是输出端开路时，输入端对输出端的转移导纳；

$D = \dfrac{\dot{I}_1}{-\dot{I}_2}\bigg|_{\dot{U}_2=0}$ ，D 是输出端短路时，输入电流与输出电流之比；

由此可见，在确定 T 参数时，必须输出端开路一次和短路一次，不同的网络 T 参数不同，但是方程的形式相同。

当二端口网络是互易网络时，$AD - BC = 1$，有三个参数是独立的；如果二端口网络是对称网络时，则 $A = D$，只有两个参数是独立的。

例 9-4 求图 9-2-6 所示二端口网络的 T 参数。

解：(1)把端口 2-2′ 开路，则 $\dot{I}_2 = 0$，可得

$$A = \dfrac{\dot{U}_1}{\dot{U}_2}\bigg|_{\dot{I}_2=0} = 1$$

$$C = \frac{\dot{I}_1}{\dot{U}_1}\Bigg|_{\dot{I}_2=0} = 0$$

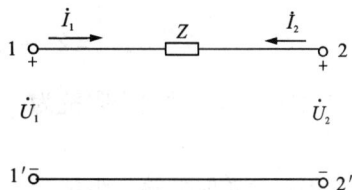

（2）把端口 2 - 2′短路，则 $\dot{U}_2 = 0$，可得

$$D = \frac{\dot{I}_1}{-\dot{I}_2}\Bigg|_{\dot{U}_2=0} = 1$$

图 9 - 2 - 6　例 9 - 4 附图

$$B = \frac{\dot{U}_1}{-\dot{I}_2}\Bigg|_{\dot{U}_2=0} = Z$$

由此可见，$AD - BC = 1$，且 $A = D$，所以该二端口网络是对称网络。

9.2.5　实验参数

在工程实践中，常用"实验参数"的概念。对无源线性二端口网络，用网络的阻抗作为网络参数。采用这种参数的优点是这组参数易于测量。它们也有四个，即

$(Z_{\text{in}})_\infty = \dfrac{\dot{U}_1}{\dot{I}_1}\bigg|_{\dot{I}_2=0}$，$(Z_{\text{in}})_\infty$ 是输出端开路时的输入阻抗；

$(Z_{\text{in}})_0 = \dfrac{\dot{U}_1}{\dot{I}_1}\bigg|_{\dot{U}_2=0}$，$(Z_{\text{in}})_0$ 是输出端短路时的输入阻抗；

$(Z_{\text{out}})_\infty = \dfrac{\dot{U}_2}{\dot{I}_2}\bigg|_{\dot{I}_1=0}$，$(Z_{\text{out}})_\infty$ 是输入端开路时的输出阻抗；

$(Z_{\text{out}})_0 = \dfrac{\dot{U}_2}{\dot{I}_2}\bigg|_{\dot{U}_1=0}$，$(Z_{\text{out}})_0$ 是输入端短路时的输出阻抗。

实验参数的单位为欧姆(Ω)。它与网络的 Z 参数、Y 参数和 T 参数之间的关系为

$$\left.\begin{aligned}
(Z_{\text{in}})_\infty &= Z_{11} = \frac{A}{C}\\
(Z_{\text{in}})_0 &= \frac{1}{Y_{11}} = \frac{B}{C}\\
(Z_{\text{out}})_\infty &= Z_{22} = \frac{D}{C}\\
(Z_{\text{out}})_0 &= \frac{1}{Y_{22}} = \frac{B}{A}
\end{aligned}\right\} \tag{9-5}$$

上述四个参数中有三个是独立的，如果网络对称，由于 $Z_{11} = Z_{22}$，$Y_{11} = Y_{22}$，所以$(Z_{\text{in}})_0 = (Z_{\text{out}})_0$，$(Z_{\text{in}})_\infty = (Z_{\text{out}})_\infty$，也就是说，满足对称条件的无源线性二端口网络，只有两个独立参数。

例 9 - 5　电路如图 9 - 2 - 7 所示，已知 $Z_1 = 200\Omega$，$Z_2 = 300\Omega$，$Z_3 = 400\Omega$，试求该电路的实验参数。

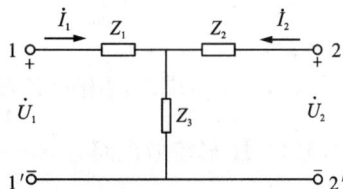

解：由图 9 - 2 - 7，可得

输出端短路时的输入阻抗为

图 9 - 2 - 7　例 9 - 5 附图

$$(Z_{in})_0 = Z_1 + \frac{Z_2 Z_3}{Z_2 + Z_3} = (200 + \frac{300 \times 400}{300 + 400})\Omega = 371.4\Omega$$

输出端开路时的输入阻抗为

$$(Z_{in})_\infty = Z_1 + Z_3 = (200 + 400)\Omega = 600\Omega$$

输入端短路时的输出阻抗为

$$(Z_{out})_0 = Z_2 + \frac{Z_1 \times Z_3}{Z_1 \times Z_3} = (300 + \frac{200 \times 400}{200 + 400})\Omega = 433.3\Omega$$

输入端开路时的输出阻抗为

$$(Z_{out})_\infty = Z_2 + Z_3 = (300 + 400)\Omega = 700\Omega$$

9.3 二端口网络的等效电路

在一端口网络(两端网络)中,如果网络内不含独立源,无论其内部结构如何复杂,就端口处电压与电流的关系可表示为 $\dot{U} = Z\dot{I}$ 或 $\dot{I} = Y\dot{U}$,网络可由一个等效阻抗或等效导纳代替。在二端口网络也有类似的等效方法,只要知道了网络方程的一种参数,就可以用一个等效电路将其代替。由于等效电路与原网络在端口处有相同的电压和电流的关系方程,即网络的参数相同,因此等效电路可以代替原有的二端口网络对外部的作用。

在无源二端口网络中,为了完整地反映三个独立的网络参数,一般用三个阻抗或导纳组成的 T 形或 Π 形作为等效电路,如图 9-3-1 所示。

9.3.1 T 形等效电路

对于 T 形等效电路,可以推出 T 形等效电路与 Z 参数的关系。由图 9-3-1(a) 的 T 形电路列 KVL 方程,得

$$\left.\begin{array}{l} \dot{U}_1 = (Z_a + Z_c)\dot{I}_1 + Z_c\dot{I}_2 \\ \dot{U}_2 = Z_c\dot{I}_1 + (Z_b + Z_c)\dot{I}_2 \end{array}\right\}$$

即 Z 参数为

$$\left.\begin{array}{l} Z_{11} = Z_a + Z_c \\ Z_{12} = Z_{21} = Z_c \\ Z_{22} = Z_b + Z_c \end{array}\right\}$$

由此解出 T 形等效电路中的阻抗为

$$\left.\begin{array}{l} Z_a = Z_{11} - Z_{12} \\ Z_b = Z_{22} - Z_{21} \\ Z_c = Z_{12} = Z_{21} \end{array}\right\} \tag{9-6}$$

所以当一个二端口网络的 Z 参数已知,即可以由式(9-6)求出该网络的 T 形等效电路。

9.3.2 Π 形等效电路

对于 Π 形等效电路,可以推出 Π 形等效电路与 Y 参数的关系。由图 9-3-1(b) Π 形电路的结点 1 和 2 列 KCL 方程,得

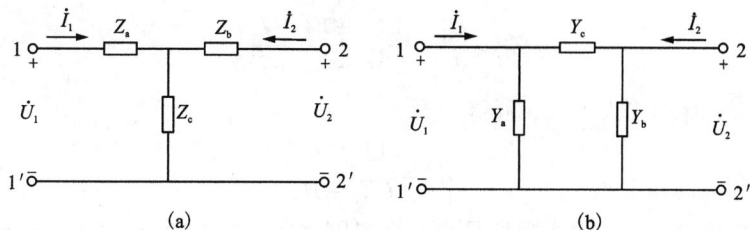

图 9 - 3 - 1　T 形与 Π 形等效电路

$$\left.\begin{array}{l} \dot{I}_1 = Y_a \dot{U}_1 + Y_c (\dot{U}_1 - \dot{U}_2) = (Y_a + Y_c) \dot{U}_1 - Y_c \dot{U}_2 \\ \dot{I}_2 = Y_b \dot{U}_2 + Y_c (\dot{U}_2 - \dot{U}_1) = - Y_c \dot{U}_1 + (Y_b + Y_c) \dot{U}_2 \end{array}\right\}$$

即 Y 参数为

$$\left.\begin{array}{l} Y_{11} = Y_a + Y_c \\ Y_{12} = Y_{21} = - Y_c \\ Y_{22} = Y_b + Y_c \end{array}\right\}$$

由此解出 Π 形等效电路中的导纳为

$$\left.\begin{array}{l} Y_a = Y_{11} + Y_{12} \\ Y_b = Y_{22} + Y_{21} \\ Y_c = - Y_{12} = - Y_{21} \end{array}\right\} \tag{9-7}$$

9.4　二端口网络的阻抗和传输函数

前面讨论的参数只能描述二端口网络本身的性质,在实际使用时,网络总是接有电源和负载,因此还要研究二端口网络接上电源和负载后的一些特性。对于一个给定的无源线性二端口网络,输出的响应完全由输入的激励唯一地确定,两者的因果关系代

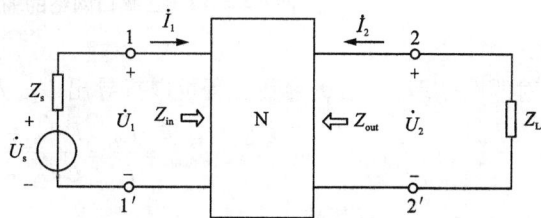

图 9 - 4 - 1　接有信号源和负载的二端口网络

表着网络的工作特性,这里引入输入阻抗、输出阻抗、特性阻抗和传输函数等概念来表示。如图 9 - 4 - 1 所示的二端口网络中,U_S 是信号源,Z_S 是电源内阻抗,Z_L 是负载阻抗。

9.4.1　输入阻抗

如图 9 - 4 - 1 所示的二端口网络中,在输出端口接有负载 Z_L 的情况下,将输入端口的电压与电流之比称为二端口网络的输入阻抗,即

$$Z_{in} = \frac{\dot{U}_1}{\dot{I}_1} \tag{9-8}$$

输入阻抗就是从输入端口看进去的阻抗,如图 9 - 4 - 2(a) 所示。输入阻抗可以用任一种网络参数来描述,若用传输参数表示,则

$$Z_{in} = \frac{\dot{U}_1}{\dot{I}_1} = \frac{A\dot{U}_2 + B(-\dot{I}_2)}{C\dot{U}_2 + D(-\dot{I}_2)}$$

由于 $\dot{U}_2 = -Z_L\dot{I}_2$，将其代入上式，可得

$$Z_{in} = \frac{AZ_L + B}{CZ_L + D} \qquad\qquad (9-9)$$

从式(9-9)可以看出，输入阻抗是由二端口网络的参数和负载决定，一个二端口网络在接不同的负载时，其输入阻抗不同，所以二端口网络具有变换输入阻抗的作用。

9.4.2　输出阻抗

如果令输入端口的电源 $\dot{U}_S = 0$，内阻抗 Z_S 保留，在输出端口加一个电压 $\dot{U}_2$，相当于二端口网络反方向传输，如图9-4-2(b)所示。则输出端电压 $\dot{U}_2$ 与电流 $\dot{I}_2$ 之比称为二端口网络的输出阻抗，即

$$Z_{out} = \frac{\dot{U}_2}{\dot{I}_2} \qquad\qquad (9-10)$$

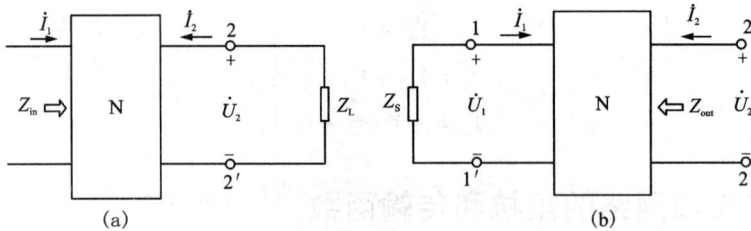

图9-4-2　二端口网络的输入阻抗与输出阻抗

利用对偶性原理(或由 T 参数方程可以推导出 $\dot{U}_2$、$\dot{I}_2$ 用 $\dot{U}_1$、$\dot{I}_1$ 表示的方程)，可得

$$Z_{out} = \frac{\dot{U}_2}{\dot{I}_2} = \frac{D\dot{U}_1 + B(-\dot{I}_1)}{C\dot{U}_1 + A(-\dot{I}_1)}$$

由于 $\dot{U}_1 = -Z_S\dot{I}_1$，将其代入上式，可得

$$Z_{out} = \frac{DZ_S + B}{CZ_S + A} \qquad\qquad (9-11)$$

由上可见，二端口网络的输出阻抗由网络参数和信号源内阻决定，对于不同的电源内阻，二端口网络的输出阻抗不同，因此它具有变换输出阻抗的作用。

9.4.3　特性阻抗

一般情况下，二端口网络的输入阻抗 Z_{in} 与电源内阻 Z_S 不相等；输出阻抗 Z_{out} 与负载阻抗 Z_L 也不相等，此时二端口网络的输入、输出端不是处于匹配状态。如果适当选择 Z_S 与 Z_L，同时使

$$Z_S = Z_{in} = Z_{C1}$$

$$Z_L = Z_{out} = Z_{C2}$$

则二端口的电源端与负载端都处于匹配状态。

将 Z_{C1} 与 Z_{C2} 分别代入式(9-9)和式(9-11)中, 可得

$$Z_{in} = Z_{C1} = \frac{AZ_{C2} + B}{CZ_{C2} + D}$$

$$Z_{out} = Z_{C2} = \frac{DZ_{C1} + B}{CZ_{C1} + A}$$

将上述二式联立求解出 Z_{C1} 与 Z_{C2}, 则

$$\left.\begin{array}{l} Z_{C1} = \sqrt{\dfrac{AB}{CD}} \\[3mm] Z_{C2} = \sqrt{\dfrac{DB}{CA}} \end{array}\right\} \tag{9-12}$$

由式(9-12)可以看出, Z_{C1} 与 Z_{C2} 仅由二端口网络本身的参数决定, 而与外接电源和负载无关, 是网络本身所固有的, 因此称之为二端口网络的特性阻抗。当二端口网络是对称网络时, 即 $A = D$, 于是有

$$Z_{C1} = Z_{C2} = Z_C = \sqrt{\frac{B}{C}} \tag{9-13}$$

如果要用测量的方法来确定二端口网络的特性阻抗, 就必须找出特性阻抗与开路阻抗和短路阻抗的关系。由式(9-13)和式(9-12), 可得

$$\left.\begin{array}{l} Z_{C1} = \sqrt{(Z_{in})_\infty (Z_{in})_0} \\[3mm] Z_{C2} = \sqrt{(Z_{out})_\infty (Z_{out})_0} \end{array}\right\} \tag{9-14}$$

如果网络对称, 即 $(Z_{in})_\infty = (Z_{out})_\infty = Z_\infty$, $(Z_{in})_0 = (Z_{out})_0 = Z_0$, 则

$$Z_{C1} = Z_{C2} = Z_C = \sqrt{Z_\infty Z_0}$$

二端口网络的特性阻抗是一个重要概念, 当二端口网络的电源内阻、负载阻抗与特性阻抗分别相等时, 称之阻抗匹配, 即 $Z_S = Z_{C1}$、$Z_L = Z_{C2}$。在工程中, 特性阻抗关系到网络连接时的阻抗匹配。

例 9-6　求图 9-4-3 所示二端口网络的特性阻抗 Z_{C1} 和 Z_{C2}。

图 9-4-3　例 9-6 附图

解: 先由电路求出网络的 T 参数为

$$A = \left.\frac{\dot{U}_1}{\dot{U}_2}\right|_{\dot{I}_2 = 0} = \frac{4}{3} \qquad B = \left.\frac{\dot{U}_1}{-\dot{I}_2}\right|_{\dot{U}_2 = 0} = 2\,\Omega$$

$$C = \left.\frac{\dot{I}_1}{\dot{U}_2}\right|_{\dot{I}_2 = 0} = \frac{1}{6}\,\mathrm{S} \qquad D = \left.\frac{\dot{I}_1}{-\dot{I}_2}\right|_{\dot{U}_2 = 0} = 1$$

将 T 参数代入式(9-12)中, 即得网络的特性阻抗为

$$Z_{C1} = \sqrt{\frac{AB}{CD}} = 4\,\Omega \qquad Z_{C2} = \sqrt{\frac{DB}{CA}} = 3\,\Omega$$

当上述二端口网络输出端接一个负载 $Z_L = Z_{C2} = 3\,\Omega$ 时, 如图 9-4-4(a)所示, 由输入端看进去的输入阻抗 $Z_{in} = Z_{C1} = 4\,\Omega$; 当输入端接一个内阻 $Z_S = Z_{C1} = 4\,\Omega$ 的电源时, 由输出端看进去的输出阻抗 $Z_{out} = Z_{C2} = 3\,\Omega$, 如图 9-4-4(b)所示。在这种情况下, 二端口网络的输入

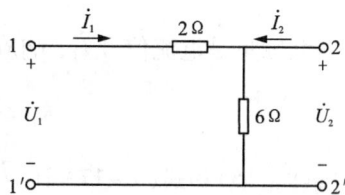

端与输出端都处于匹配状态。

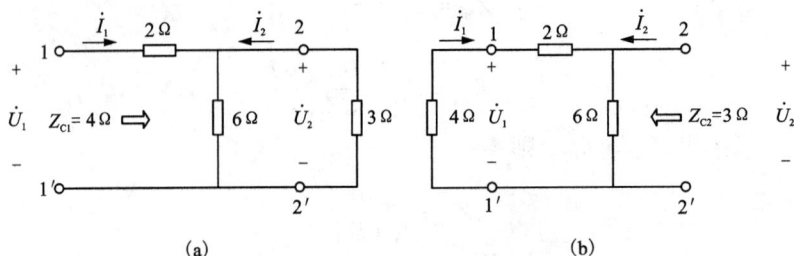

图 9 - 4 - 4　二端口网络特性阻抗的应用

9.4.4　传输函数

用网络传输函数描述二端口网络信号传输情况,网络传输函数定义为输出端口的响应量与输入端口的激励量之比,即

$$传输函数 = \frac{输出端口的响应量}{输入端口的激励量}$$

若激励量是电压信号 $\dot{U}_1$,响应量亦是电压信号 $\dot{U}_2$,则电压传输函数 K_U 为

$$K_U = \frac{\dot{U}_2}{\dot{U}_1} = \frac{\dot{U}_2}{A\dot{U}_2 + B(-\dot{I}_2)} = \frac{Z_L}{AZ_L + B} \tag{9 - 15}$$

当输出端口开路,即 $Z_L = \infty$ 时,则开路电压传输函数为

$$K_U = \frac{1}{A} \tag{9 - 16}$$

若激励量是电流信号 $\dot{I}_1$,响应量是电流信号 $\dot{I}_2$,则电流传输函数 K_1 为

$$K_1 = \frac{\dot{I}_2}{\dot{I}_1} = \frac{\dot{I}_2}{C\dot{U}_2 + D(-\dot{I}_2)} = \frac{-1}{CZ_L + D} \tag{9 - 17}$$

式(9 - 15)和式(9 - 17)中,$\dot{I}_2$ 前冠以负号的原因是按图 9 - 4 - 4 中所设的参考方向考虑的。一般情况下,电压与电流传输函数都是复数,并且都是频率的函数,常以 $K(j\omega)$ 表示。也就是常称的幅频特性。其幅角 $\varphi(\omega)$ 表示它们的相位关系,即常称的相频特性。

例 9 - 7　定性求图 9 - 4 - 5(a)所示低通滤波器电压传输函数的幅频特性。

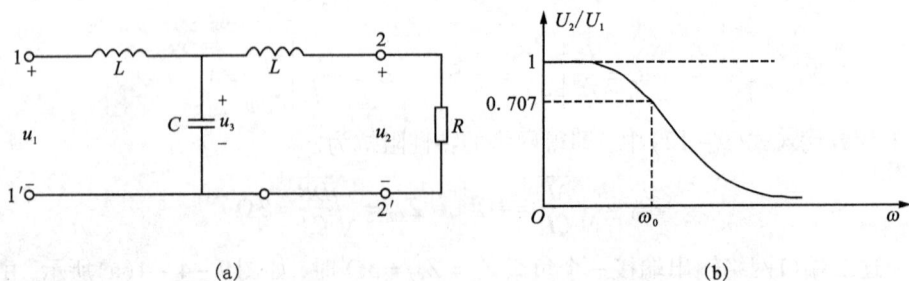

图 9 - 4 - 5　低通滤波器

解：当频率 $f=0$ 时，电感相当于短路，电容相当于开路，因此有 $U_1 = U_3 = U_2$，即

$$|K(j\omega)| = \frac{U_2}{U_1} = 1$$

当频率 f 升高时，感抗 $X_L = \omega L$ 增加，容抗 $X_C = \dfrac{1}{\omega C}$ 下降，由分压原理可知，当 U_1 不变而频率增加时，则 U_3，U_2 亦下降，所以

$$|K(j\omega)| = \frac{U_2}{U_1} \qquad 下降$$

当频率 f 升高至 ∞ 时，则感抗 $X_L \to \infty$，容抗 $X_C \to 0$，所以 $U_3 \to 0$，即

$$|K(j\omega)| = \frac{U_2}{U_1} \to 0$$

定性画出 $|K(j\omega)|$ 与 ω 的关系曲线如图 9-4-5(b) 所示。它反映了该电路使低频信号通过而对高频信号抑制的特点。

本章小结

1. 二端口网络的概念

当四端网络的四个端钮满足二端口条件时，该四端网络可称为二端口网络。

2. 二端口网络的网络方程和网络参数

二端口网络的分析是从端口电压、电流的关系入手，网络特性由网络方程和网络参数来表征，如表 9-1 所示。

表 9-1　端口网络的网络方程与网络参数

参考	Z 参数	Y 参数	H 参数	T 参数	实验参数
方程	$\left.\begin{array}{l}\dot{U}_1 = Z_{11}\dot{I}_1 + Z_{12}\dot{I}_2 \\ \dot{U}_2 = Z_{21}\dot{I}_1 + Z_{22}\dot{I}_2\end{array}\right\}$	$\left.\begin{array}{l}\dot{I}_1 = Y_{11}\dot{U}_1 + Y_{12}\dot{U}_2 \\ \dot{I}_2 = Y_{21}\dot{U}_1 + Y_{22}\dot{U}_2\end{array}\right\}$	$\left.\begin{array}{l}\dot{U}_1 = H_{11}\dot{I}_1 + H_{12}\dot{U}_2 \\ \dot{I}_2 = H_{21}\dot{I}_1 + H_{22}\dot{U}_2\end{array}\right\}$	$\left.\begin{array}{l}\dot{U}_1 = A\dot{U}_2 + B(-\dot{I}_2) \\ \dot{I}_1 = C\dot{U}_2 + D(-\dot{I}_2)\end{array}\right\}$	$Z_{in} = \dfrac{\dot{U}_1}{\dot{I}_1}, \; Z_{out} = \dfrac{\dot{U}_2}{\dot{I}_2}$
参数的计算	$Z_{11} = \dfrac{\dot{U}_1}{\dot{I}_1}\Big|_{\dot{I}_2=0}$	$Y_{11} = \dfrac{\dot{I}_1}{\dot{U}_1}\Big|_{\dot{U}_2=0}$	$H_{11} = \dfrac{\dot{U}_1}{\dot{I}_1}\Big|_{\dot{U}_2=0}$	$A = \dfrac{\dot{U}_1}{\dot{U}_2}\Big|_{\dot{I}_2=0}$	$(Z_{in})_\infty = \dfrac{\dot{U}_1}{\dot{I}_1}\Big|_{\dot{I}_2=0}$
	$Z_{21} = \dfrac{\dot{U}_2}{\dot{I}_1}\Big|_{\dot{I}_2=0}$	$Y_{21} = \dfrac{\dot{I}_2}{\dot{U}_1}\Big|_{\dot{U}_2=0}$	$H_{21} = \dfrac{\dot{I}_2}{\dot{I}_1}\Big|_{\dot{U}_2=0}$	$B = \dfrac{\dot{U}_1}{-\dot{I}_2}\Big|_{\dot{U}_2=0}$	$(Z_{in})_0 = \dfrac{\dot{U}_1}{\dot{I}_1}\Big|_{\dot{U}_2=0}$
	$Z_{12} = \dfrac{\dot{U}_1}{\dot{I}_2}\Big|_{\dot{I}_1=0}$	$Y_{12} = \dfrac{\dot{I}_1}{\dot{U}_2}\Big|_{\dot{U}_1=0}$	$H_{12} = \dfrac{\dot{U}_1}{\dot{U}_2}\Big|_{\dot{I}_1=0}$	$C = \dfrac{\dot{I}_1}{\dot{U}_2}\Big|_{\dot{I}_2=0}$	$(Z_{out})_\infty = \dfrac{\dot{U}_2}{\dot{I}_2}\Big|_{\dot{I}_1=0}$
	$Z_{22} = \dfrac{\dot{U}_2}{\dot{I}_2}\Big|_{\dot{I}_1=0}$	$Y_{22} = \dfrac{\dot{I}_2}{\dot{U}_2}\Big|_{\dot{U}_1=0}$	$H_{22} = \dfrac{\dot{I}_2}{\dot{U}_2}\Big|_{\dot{I}_1=0}$	$D = \dfrac{\dot{I}_1}{-\dot{I}_2}\Big|_{\dot{U}_2=0}$	$(Z_{out})_0 = \dfrac{\dot{U}_2}{\dot{I}_2}\Big|_{\dot{U}_1=0}$

3. 当已知网络结构与元件参数时，可根据定义求出各种网络参数；当网络结构无法得知，可用实验方法测量、计算出各种网络参数。

4. 二端口网络参数之间的关系

网络参数是描述网络电特性的重要参数,也是进行网络变换的重要依据,它仅与网络的内部结构、元件参数和信号源频率有关,而与信号源的幅度、内阻抗及负载情况无关。

5. 实验参数便于测量,它与 Z、Y、T 参数之间的关系如下:

$$(Z_{in})_{\infty} = Z_{11} = \frac{A}{D}$$

$$(Z_{in})_0 = \frac{1}{Y_{11}} = \frac{B}{D}$$

$$(Z_{out})_{\infty} = Z_{22} = \frac{D}{C}$$

$$(Z_{out})_0 = \frac{1}{Y_{22}} = \frac{B}{A}$$

6. 互易二端口网络的各种参数,每一组四个参数都只有三个是独立的。而对称二端口网络的参数,只有两个是独立的。

7. 二端口网络可以用相应的等效电路代替。等效电路与原网络具有相同的外特性。如互易的二端口网络可等效成 T 形、Π 形二端口网络。等效成 T 形采用 Z 参数方便;等效成 Π 形采用 Y 参数方便。如果互易网络对称,则其等效电路也对称。T 形、Π 形二端口网络是二端口网络的最简单等效电路。

8. 一般情况下,二端口网络的输入端口与信号源相连;输出端口与负载相连。引入阻抗的概念可以方便地对外接电路分析计算。

(1)输入阻抗是由二端口网络的参数和负载决定,一个二端口网络在接不同的负载时,其输入阻抗不同,所以二端口网络具有变换输入阻抗的作用。

(2)输出阻抗由二端口网络参数和信号源内阻决定,对于不同的电源内阻,二端口网络的输出阻抗不同,因此二端口网络具有变换输出阻抗的作用。

(3)特性阻抗是网络本身所固有的,并且仅由二端口网络本身的参数决定,而与外接电源和负载无关。在工程中,特性阻抗关系到网络连接时的阻抗匹配。它是一个重要概念。

(4)传输函数描述了二端口网络信号传输的情况,并分电压传输函数和电流传输函数。它的模量 $|K(j\omega)|$ 表示电压(或电流)传输函数的幅频特性。其幅角 $\varphi(\omega)$ 表示电压(或电流)传输函数的相频特性。

复习思考题

9-1 题图 9-1 所示二端口网络,求网络的 Z 参数。

9-2 题图 9-2 所示二端口网络,求网络的 Z 参数。

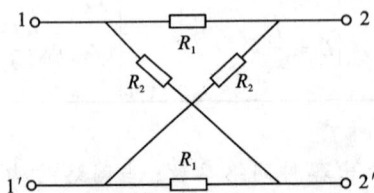

题图9-1 题9-1附图

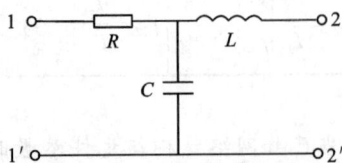

题图9-2 题9-2附图

9 – 3　如题图 9 – 3 所示，N 为线性电阻二端口网络，已知当 $U_1 = 5V$，$I_1 = 3A$ 时，$U_2 = 9V$，$I_2 = 0$；当 $U_1 = 6V$，$I_1 = 0$ 时，$U_2 = 3V$，$I_2 = 2A$；求当 $I_1 = 5A$，$I_2 = 6A$ 时的 U_1 和 U_2。

9 – 4　题图 9 – 4 所示二端口网络，求网络的 Y 参数。

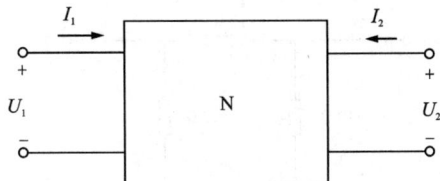

题图 9 – 3　题 9 – 3 附图

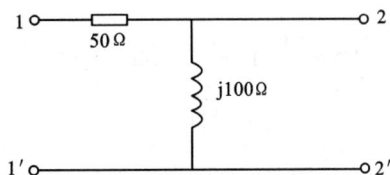

题图 9 – 4　题 9 – 4 附图

9 – 5　题图 9 – 5 所示二端口网络，求网络的 H 参数。

9 – 6　题图 9 – 6 所示二端口网络，求网络的 H 参数。

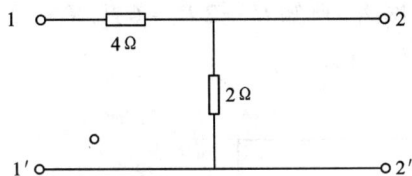

题图 9 – 5　题 9 – 5 附图

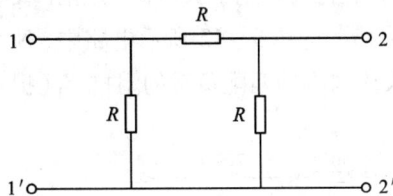

题图 9 – 6　题 9 – 6 附图

9 – 7　题图 9 – 7 所示二端口网络，求网络的 T 参数。

9 – 8　已知某互易性二端口网络的 $A = 1 + j$，$B = 1$，$D = 1$，求 C。

9 – 9　题图 9 – 8 所示 T 形二端口网络，$Z_a = 2\Omega$，$Z_b = 3\Omega$，$Z_c = 6\Omega$，求其实验参数 $(Z_{in})_\infty$、$(Z_{in})_0$、$(Z_{out})_\infty$、$(Z_{out})_0$。

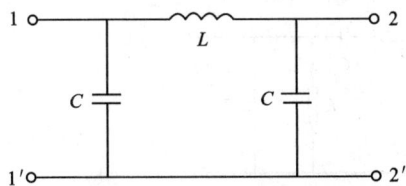

题图 9 – 7　题 9 – 7 附图

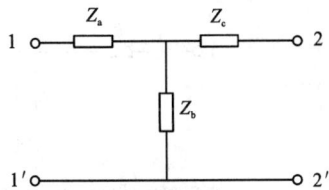

题图 9 – 8　题 9 – 9 附图

9 – 10　已知某二端口网络的 Y 参数为 $Y_{11} = j\omega + \dfrac{1}{j\omega}(S)$，$Y_{12} = Y_{21} = -j\omega(S)$，$Y_{22} = j\omega + \dfrac{1}{j\omega}(S)$，求网络的 Π 形等效电路。

9 – 11　已知某二端口网络的 Z 参数为 $Z_{11} = j\omega + \dfrac{1}{j\omega}(\Omega)$，$Z_{12} = Z_{21} = -j\omega(\Omega)$，$Z_{22} = j\omega$

$+\dfrac{1}{\mathrm{j}\omega}(\Omega)$，求网络的 T 形等效电路。

9－12 题图 9－9 所示 T 形二端口网络，求特性阻抗 Z_C。

9－13 题图 9－10 所示 Π 形二端口网络，求特性阻抗 Z_C。

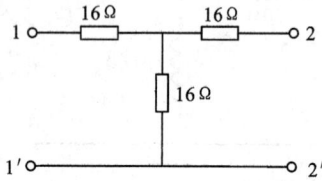

题图 9－9 题 9－12 附图

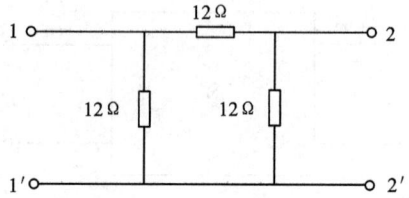

题图 9－10 题 9－13 附图

9－14 题图 9－11 所示 T 形二端口网络，试求：(1)网络的特性阻抗 $Z_{\mathrm{C}1}$、$Z_{\mathrm{C}2}$；(2)若使网络工作在匹配状态，其电源的内阻 Z_S 与负载阻抗 Z_L 应为多少？

9－15 题图 9－12 所示电路中，N 为线性二端口网络，已知 $\dot{U}_1 = 2\dot{U}_2 - 6\dot{I}_2$，$\dot{U}_2 = 2\dot{I}_1 + 4\dot{I}_2$，求该网络的匹配负载的阻抗 Z_L(提示：可用 T 参数求解)。

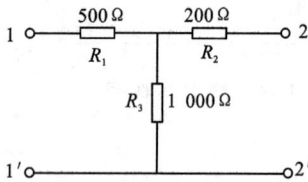

题图 9－11 题 9－14 附图

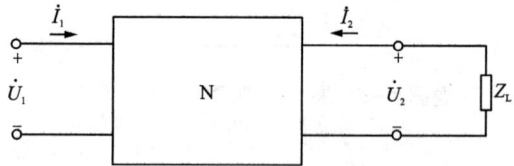

题图 9－12 题 9－15 附图

9－16 电路如题图 9－13 所示，试求网络的开路电压传输函数。

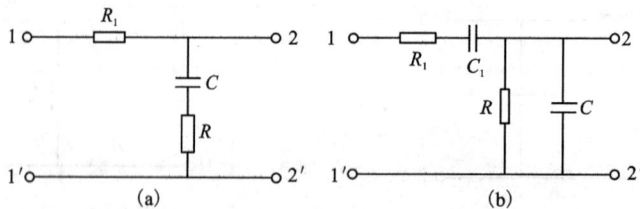

题图 9－13 题 9－16 附图

第 10 章　磁路与铁心线圈电路

电和磁的基本原理在生产实践中经常利用到,很多电气设备如电机、变压器、电磁铁、电工测量仪表以及其他各种铁磁元件等,都应用到电与磁的基本原理,在这些装置中电能和其他形式能量间的相互转化是利用电磁耦合作用来实现工作,电和磁是互相联系且不可分割的两类基本物质。

本章主要讨论基本磁现象及其规律,磁场和磁路的基本概念,电磁感应现象及基本定律等内容。

10.1　磁场的基本物理量和基本定律

10.1.1　磁感应强度 B

我们在生产和生活当中,经常可见到一些具有磁性的物体,这类物体称为磁体,磁体有天然和人造之分。任何磁体都有两个磁性最强的区域——磁极,磁体无论怎样分割都有两个磁极,在无外力阻碍下,其中指向地球南极的磁极称为南极,用 S 表示;指向地球北极的磁极称为北极,用 N 表示。磁体的磁极间具有相互作用力——磁力,它们表现为同极相互排斥,异极相互吸引。

磁体周围存在磁力作用的空间叫磁场,磁场可看成一种传递磁力作用的特殊物质,磁场是有强弱和方向的,磁场中某点磁场方向,常用在该点处放一个能自由转动的小磁针的方法判断,小磁针静止时 N 极所指的方向,规定为该点的磁场方向。为了形象地描述磁场而引出磁感线这一概念,规定在磁感线上每一点的切线方向表示该点的磁场方向。

磁感线可以用实验的方法形象地表示出来。如在条形磁体上放一块玻璃或纸板,撒上一些铁屑并轻敲,铁屑便会有规则地排列成如图 10 - 1 - 1 所示的线条形状,这些线条就显示出条形磁体的磁感线分布情况。

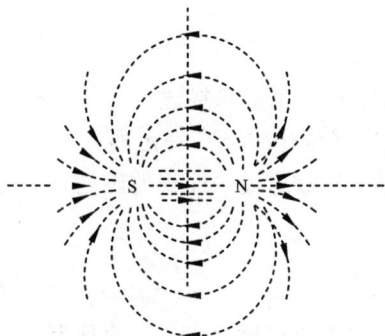

图 10 - 1 - 1　磁感线

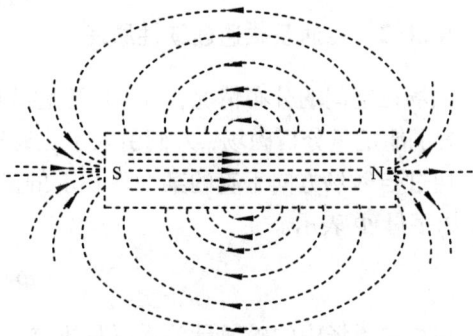

图 10 - 1 - 2　条形磁体的磁感线

磁感线具有以下几个特征：

(1)磁感线上任意一点的切线方向，就是该点的磁场方向。

(2)磁感线是互不交叉的闭合曲线。在磁体外部由 N 极指向 S 极，在磁体内部由 S 极指向 N 极，如图 10 - 1 - 2 所示。

(3)磁感线的疏密程度反映了磁场的强弱。磁感线越密表示磁场越强，越疏表示磁场越弱。

为了研究磁场中各点的强弱和方向，人们引入了磁感应强度这一物理量，用字母 B 来表示。

垂直通过单位面积的磁感线的多少，叫做该点的磁感应强度。在均匀磁场中，磁感应强度可表示为：

$$B = \frac{\Phi}{A} \tag{10-1}$$

式(10-1)表明磁感应强度 B 等于单位面积的磁通量，所以，有时磁感应强度也叫磁通密度。在式(10-1)中，当磁通 Φ 的单位为 Wb，称为韦伯；面积 A 的单位为 m^2；磁感应强度 B 的单位是 T，称为特斯拉，简称特。

磁感线上某点的切线方向就是该点磁感应强度 B 的方向。磁感应强度不但表示了某点磁场的强弱，而且还能表示出该点磁场的方向。因此，磁感应强度 B 是个矢量。实际中，磁感应强度的大小可以用特斯拉计进行测量。

对于磁场中某一固定点来说，磁感应强度 B 是个常数，而对磁场中位置不同的各点，B 可能不相同。因此，用磁感应强度 B 的大小、方向可以描述磁场中各点的性质。

若磁场中各点的磁感应强度的大小和方向相同，这种磁场就称为均匀磁场。在均匀磁场中，磁感线是等距离的平行直线，如图 10 - 1 - 3 所示。

为了在平面上表示出磁感应强度的方向，常用符号"×"或"·"表示垂直进入纸面或垂直从纸面出来的磁感线或磁感应强度。

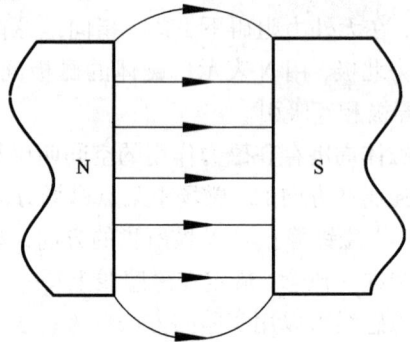

图 10 - 1 - 3　均匀磁场

10.1.2　磁通及磁通连续性原理

磁场在空间的分布情况，可以用磁感线的多少和疏密程度来形象描述，可它只能定性分析，为了能定量分析磁场，人们引入了磁通这一物理量用来量化磁场在一定面积上的分布情况。通过与磁场方向垂直的某一面积上的磁感线的总数，叫做通过该面积的磁通量，简称磁通，用字母 Φ 表示。

$$\Phi = \int B dA \tag{10-2}$$

在均匀磁场中的磁通量关系可写成 $\Phi = BA$，磁通量的单位名称是韦伯，简称韦，用符号 Wb 表示。

当面积一定时，通过该面积的磁通越大，磁场就越强。这一点在工程上有极其重要的意义。如变压器、电磁铁等铁心材料的选用，希望其通电线圈产生的全部磁感线尽可能多地通过铁心的截面，以提高效率。

磁通的连续性是磁通的一个基本性质，所谓磁通连续性即穿过任意闭合面上的磁通恒等于零，即

$$\Phi = \oint B \cdot dA = 0 \tag{10-3}$$

磁通的连续性可以这样来理解，即穿进某一闭合面的磁通，恒等于穿出此面的磁通。由于磁通的连续性，可知磁感应线总是闭合曲线。

10.1.3　磁导率

磁导率就是一个用来表示媒介质导磁性能的物理量，用字母 μ 表示，其单位名称是亨利每米，简称亨每米，用符号 H/m 表示。由实验测得真空中的磁导率 $\mu_0 = 4\pi \times 10^{-7}\,\text{H/m}$，为一常数。

自然界大多数物质对磁场的影响甚微，只有少数物质对磁场有明显的影响。如果用一个插有铁棒的通电线圈去吸引铁屑，然后把通电线圈中的铁棒换成铜棒再去吸引铁屑，便会发现在两种情况下吸力大小不同，前者比后者大得多。这表明不同的媒介质对磁场的影响不同，影响的程度与媒介质的导磁性能有关。为了比较媒介质对磁场的影响，把任一物质的磁导率与真空的磁导率的比值称作相对磁导率，用 μ_r 表示，即

$$\mu_r = \frac{\mu}{\mu_0} \tag{10-4}$$

式中　μ_r——相对磁导率；

　　　μ——任一物质的磁导率；

　　　μ_0——真空的磁导率。

相对磁导率只是一个比值。它表明在其他条件相同的情况下，媒介质中的磁感应强度是真空中磁感应强度的多少倍。

根据磁导率的大小，可把物质分为三类：一类叫顺磁物质，如空气、铝、铬、铂等，其 μ_r 稍大于 1。另一类叫反磁物质，如氢、铜等，其 μ_r 稍小于 1。顺磁物质与反磁物质一般被称为非磁性材料。还有一

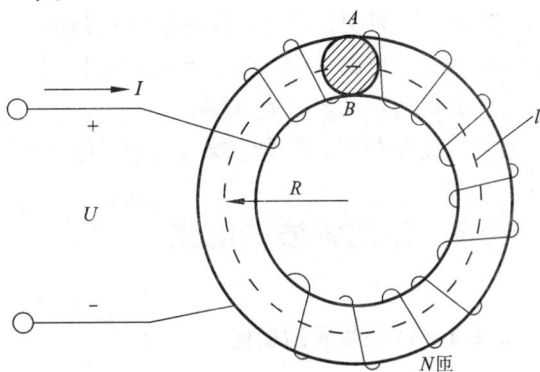

图 10-1-4　圆环线圈

类叫铁磁物质，如铁、钴、镍、硅钢、坡莫合金、铁氧体等，其相对磁导率 μ_r 远大于 1，可达几百甚至数万以上，且不是一个常数。铁磁物质被广泛应用于电工技术及计算机技术等方面。

10.1.4　磁场强度及全电流定律

若将图 10-1-4 所示中的圆环线圈置于真空中（环内不放任何导磁材料），那么此通电线圈的磁感应强度的大小将与圆环的周长、线圈的匝数以及电流强度有关。实验证明，它们之间的关系是

$$B_0 = \frac{\mu_0 NI}{l} \tag{10-5}$$

式中　B_0——通电线圈在真空中的磁感应强度，T；

　　　μ_0——真空中的磁导率，H/m；

　　　N——圆环线圈的匝数；

　　　l——圆环的平均长度，m；

　　　I——线圈中的电流，A。

当把圆环线圈从真空中取出，并在其中放入相对磁导率为 μ_r 的媒介质，则磁感应强度将是真空中的 μ_r 倍，即

$$B = \frac{\mu_r \mu_0 NI}{l} \approx \frac{\mu NI}{l} \tag{10-6}$$

既然磁感应强度与媒介质的磁导率有关，这就使磁场的计算比较复杂，为了使计算简便，引入磁场强度这个物理量。

磁场中某点的磁感应强度 B 与媒介质磁导率 μ 的比值，叫做该点的磁场强度，用 H 表示，即：

$$H = \frac{B}{\mu} \tag{10-7}$$

将式(10-6)代入式(10-7)得：

$$H = \frac{B}{\mu} = \frac{\mu NI}{\mu l} = \frac{NI}{l} \tag{10-8}$$

磁场强度的单位名称为安培每米，简称安每米，用符号 A/m 表示。

式(10-8)表明，磁场强度的数值只与电流的大小及导体的形状有关，而与磁场媒介质的磁导率无关，也就是说，在一定电流值下，同一点的磁场强度不因磁场媒介质的不同而改变，这给工程计算带来很大方便。

磁场强度是矢量，在均匀媒介质中，它的方向和磁感应强度的方向一致。

10.2　铁磁物质的磁化

10.2.1　铁磁物质的磁化

磁化的概念是用一根软铁棒靠近铁屑，铁屑并不能被吸引。如果把软铁棒插入载流空心线圈中时，便会发现铁屑被吸引，这是由于软铁棒被磁化的缘故。像这种原来不具有磁性的物质，在外磁场作用下产生磁性的现象叫做磁化。凡是铁磁物质都能被磁化。

铁磁物质之所以能被磁化，是由于铁磁物质是由许多被称为磁畴的磁性小区域所组成。所谓磁畴就是在没有外磁场的条件下，铁磁物质中分子环流可以在小范围内"自发地"排列起来，形成一个个小的"自发磁化区"，使每一个磁畴相当于一个小磁体。可是在无外磁场作用时，磁畴排列杂乱无章，如图 10-2-1 所示，这些小磁畴本身所具有的磁性相互抵消，对外不呈现磁性。只有在外磁场作用下，磁畴都趋向外磁场，形成附加磁场，从而使原磁场显著增强，如图 10-2-2 所示。

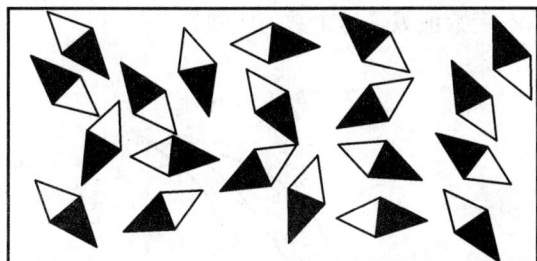

图 10 - 2 - 1　未磁化磁畴　　　　　　　　　　图 10 - 2 - 2　已磁化磁畴

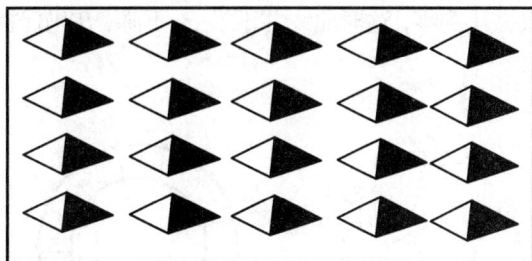

10.2.2　铁磁物质的磁化曲线分类与用途

1. 磁化曲线

铁磁物质从完全无磁状态进行磁化的过程中, 磁感应强度 B 将按照一定规律随外磁场强度 H 的变化而变化, 这种 $B - H$ 关系曲线称作起始磁化曲线, 如图 10 - 2 - 3 所示。

图 10 - 2 - 3　起始磁化曲线

由 $B - H$ 曲线可见, B 与 H 存在着非线性关系。在曲线开始一段 oa, 曲线上升缓慢, 但这段很短; 在 ab 段随着 H 的增加, B 几乎是直线上升; 在 bc 段, 随着 H 的增加, B 上升缓慢, 形成曲线的膝部; 在 c 点以后, 随着 H 的增加, B 几乎不再上升, 此段称为饱和段。

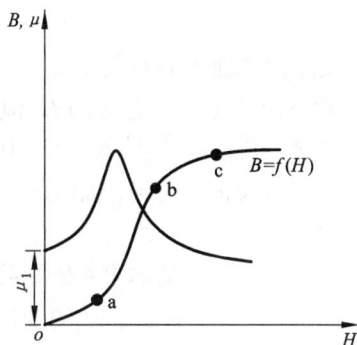

那么, 磁化曲线为什么会这样变化呢? 下面用磁畴的概念解释如下:

(1) oa 段, 由于磁畴的惯性, 随着 H 的增加, B 不能立即上升很快, 因而曲线较平缓, 称为起始磁化段。

(2) ab 段, 由于磁畴在较强的外磁场 H 的作用下, 都趋向 H 方向, 因而 B 增加很快, 曲线较陡, 为线性段。

(3) bc 段, 由于大部分磁畴方向已转向 H 方向, 随着 H 增加, 只有少数磁畴继续转向 H, 因而 B 增加变慢, 曲线变缓而形成膝部段。

(4) c 点以后, 由于磁畴几乎全部转向 H 方向, 逐步趋于饱和, 随着 H 增加, B 几乎不增加, 因而曲线更平缓, 为饱和段。

因为 $\mu = B/H$, 在 H 变化过程中, B 跟着变化, 因而 μ 也在变化。由图 10 - 2 - 3 可见 μ 不是常数, 在实际使用铁磁材料时, 可根据不同要求选择合适的 μ 值范围。当 $H = 0$ 时, $\mu = \mu_1$, μ_1 称为起始磁导率。

2. 磁滞回线

反复磁化时, 铁磁材料上可得到如图 10 - 2 - 5 所示的磁滞回线。可以利用图 10 - 2 - 4 所示磁化装置实验获得。当开关 S 置于不同的位置时, 通过环形线圈的电流方向不同, 从而获得正负相反的外磁场 H。调整 R 值使线圈电流逐渐增大, 使 H 达到最大值 ($+ H_m$) 时, 线圈中间未经磁化过的环形铁磁材料被磁化, 得到一条起始磁化曲线, 如图 10 - 2 - 3 中 oa 段。如果使 H_m

又减小到零,这时曲线并不沿 oa 下降,B 仍保持着一定数值 B_r,这个数值叫做剩磁。

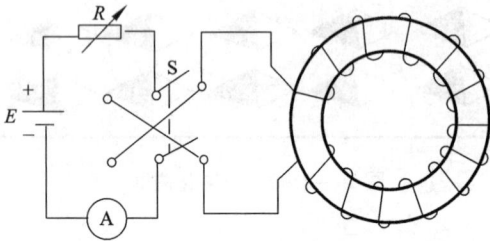

图 10 - 2 - 4　磁化原理

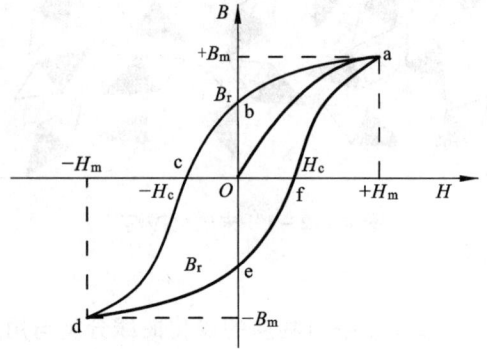

图 10 - 2 - 5　磁滞回线

改变线圈电流方向重复上述实验,使 H 反向增加。当 H 由 o 增至 c 时 $H = -H_c$,剩磁由 b 沿 bc 段下降为零值。这时的 H_c 值叫做"矫顽力"。当反向磁场继续增加至($-H_m$)时,B 也反向增加至 $-B_m$,如曲线 cd 段。当反向磁场又恢复到零值,又有一定的反向剩磁 $-B_r$,如 oe 段。再逐渐增大正向磁场,曲线将沿 efa 变化而完成一个循环。经过多次循环,铁磁材料被反复磁化。

通过反复磁化得到的 $B - H$ 关系曲线 abcdea 叫做磁滞回线。由于铁磁材料在反复磁化过程中,B 的变化总是滞后于 H 的变化。所以,我们称这一现象为磁滞。

3. 铁磁材料的分类和用途

不同的铁磁材料具有不同的磁滞回线,其剩磁和矫顽力是不相同的,因而其特性以及在工程上的用途也不相同。通常根据矫顽力的大小把铁磁材料分成三大类。

(1)软磁材料

指剩磁和矫顽力均很小的铁磁材料。其特点是磁导率高。易磁化也易去磁,磁滞回线面积较窄,磁滞损耗小,如图 10 - 2 - 6 中(a)所示。软磁材料根据使用频段范围又可分为用于低频的和用于高频的两种。用于低频的有铸钢、硅钢、坡莫合金等。电机、变压器、继电器等设备中的铁心常用的是硅钢片。用于高频的软磁材料要具有较大的电阻率,以减小高频涡流损失。

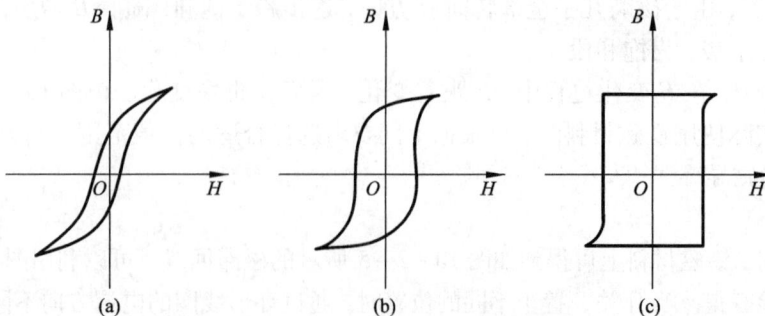

图 10 - 2 - 6　不同铁磁材料的磁滞回线

常用的有铁氧体(如锰锌铁氧体、镍锌铁氧体等),半导体收音机中的磁棒和中周变压器的磁芯就是软磁铁氧体做的。

(2)硬磁材料

硬磁材料指剩磁和矫顽力均很大的铁磁材料。其特点是磁滞回线面积很宽,如图 10 - 2 - 6 中(b)所示,这类材料不易磁化,也不易去磁,一旦磁化后能保持很强的剩磁,适宜于制作永久磁铁,所以也叫永磁材料。常用的有铝镍钴合金、硬磁铁氧体、钨钢、铬钢等。在磁电式仪表、扬声器中的磁钢、永久磁铁等就是用硬磁材料制成的。

(3)矩磁材料

它的磁滞回线的形状如矩形,如图 10 - 2 - 6 中(c)所示。这种铁磁材料在很小的外磁场作用下就能磁化,一经磁化便达到饱和值,去掉外磁,磁性仍能保持在饱和值。根据这一特点,矩磁材料主要用来做记忆元件,如计算机中存储器的磁芯。

10.3　磁路与磁路定律

10.3.1　磁路

在工程上设计电机、电器时,人们总想用较小的电流去产生较强的磁场(磁通),以便得到较大的感应电动势或电磁力。这就需要利用铁磁性材料制成一个导磁路径,常称为铁心,而将通电线圈绕在铁心上。这样由铁磁性材料所构成的(包括必须有的气隙在内)通过磁通的路径即为磁路。如图 10 - 3 - 1 所示,图(a)为磁电式仪表的磁路,图(b)为心式变压器的磁路。

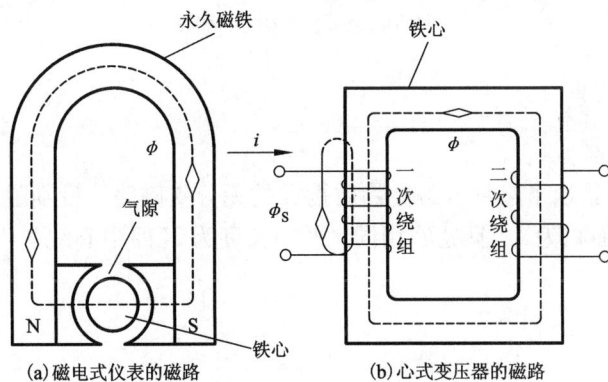

(a)磁电式仪表的磁路　　　　(b)心式变压器的磁路

图 10 - 3 - 1　磁路

利用铁磁物质构成的磁路,可把磁通的大部分约束在磁路中,这是因为铁磁材料的导磁率与磁路周围的非铁磁性物质的导磁率相比一般为 1000 ~ 10000 倍,全部在磁路中闭合的磁通称为主磁通 ϕ,其他不是全部在磁路中闭合的磁通都称为漏磁通 ϕ_S。

磁路按其结构不同,可分为无分支磁路和分支磁路。分支磁路又分为对称分支磁路和不对称分支磁路。图 10 - 3 - 2(a)所示为无分支磁路,图 10 - 3 - 2(b)和图 10 - 3 - 2(c)所示为对称分支磁路,图 10 - 3 - 2(d)所示为不对称分支磁路。

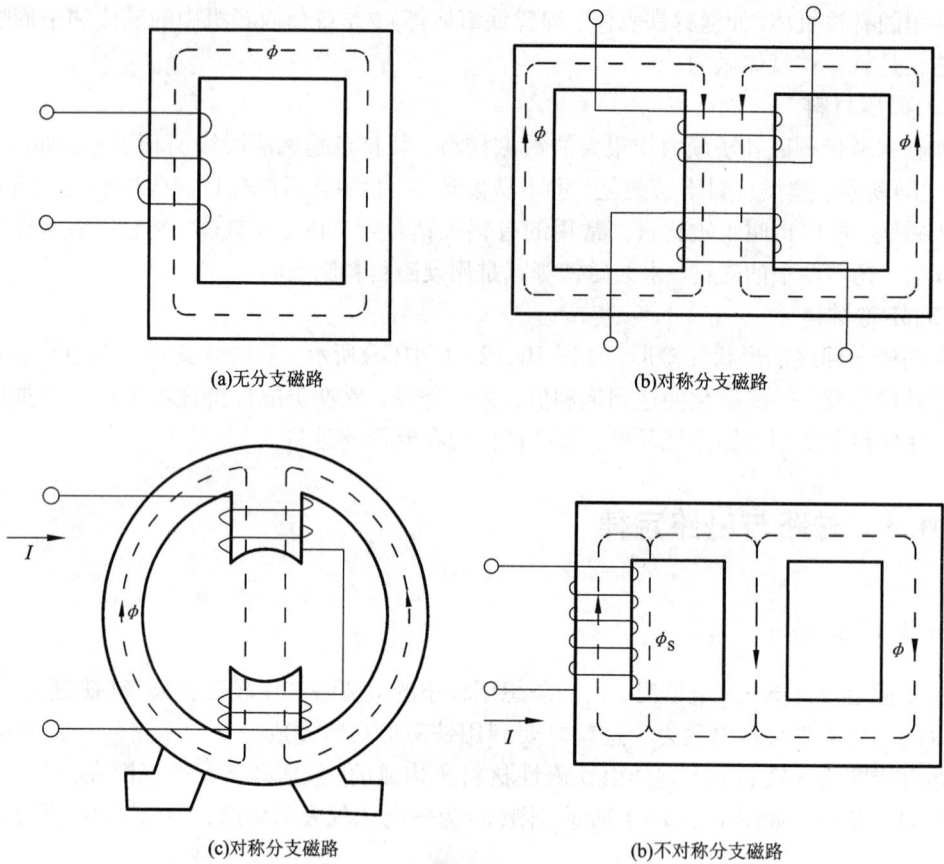

(a)无分支磁路 (b)对称分支磁路

(c)对称分支磁路 (b)不对称分支磁路

图 10 – 3 – 2 不同的磁路

10.3.2 磁路定律

1. 磁路欧姆定律

图 10 – 3 – 3(a)给出了某种铁磁性物质构成的无分支磁路。设励磁线圈匝数为 N，线圈中电流为 I，铁心截面积为 A，且处处相同，平均长度为 l（即中心线长度），由公式(10 – 8)知，其磁场强度为：

$$H = \frac{NI}{l};$$

因为 $\varPhi = BA$，$B = \mu H = \frac{\mu NI}{l}$；

则有 $\varPhi = \mu HA = \frac{\mu NIA}{l}$

令 $F_m = NI \qquad R_m = \frac{l}{\mu A}$，从而上式可写为：

$$\varPhi = \frac{F_m}{R_m} \qquad\qquad (10 – 9)$$

分析磁路时可将磁路中的磁通与电路中的电流相对应。式(10 – 9)中 $F_m = NI$，相当于电路中的电动势，它是产生磁通的磁源，因此叫磁动势。式(10 – 9)表明磁动势的大小等于线

圈的匝数 N 与线圈中的电流 I 的乘积。一般匝数 N 为定值，因而电流增大，磁动势增强。而 $R_m = l/\mu A$，对应于电路中的电阻 $R = l/rA$（r 为电导率，电阻率的倒数），因而 R_m 称为磁阻。磁阻 R_m 与磁路的尺寸及铁磁性物质的磁导率有关。如铁心的几何尺寸一定时，磁导率 μ 越大，则磁阻越小。磁阻的单位是 $1/H$。此磁路的等效磁路图如图 $10-3-3(b)$ 所示。

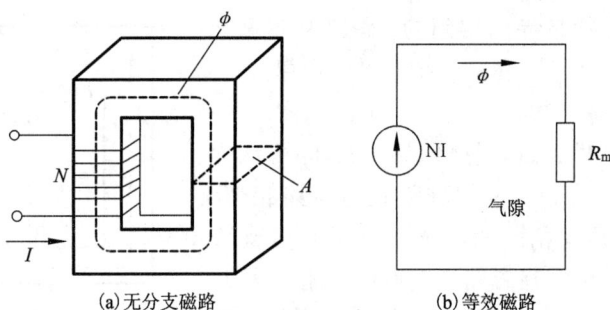

(a) 无分支磁路　　　　　　　(b) 等效磁路

图 10 – 3 – 3　无分支磁路及其等效磁路

式 $(10-9)$ 在形式上与电路的欧姆定律相似，因此称为磁路的欧姆定律。但应指出，磁路与电路确有本质不同。电路断开时，电流为零，电动势依然存在；但是磁路没有开路状态，因为磁感线是不可断开的闭合曲线。

在实际应用中，很多电路设备的磁路往往要通过几种不同的物质。如图 $10-3-4(a)$ 所示的磁路中，当衔铁尚未吸合时，磁通不但要通过铁心和衔铁，还要两次通过宽度为 δ 的空气隙，其等效磁路如图 $10-3-4(b)$ 所示，该磁路中的磁通应用磁路欧姆定律可表示为：

$$\Phi = \frac{NI}{R_{m1} + R_{m2} + R_{m气}}$$

式中，R_{m1} 为铁心的磁阻；R_{m2} 为衔铁的磁阻；$R_{m气}$ 为 2δ 的空气隙具有的磁阻。

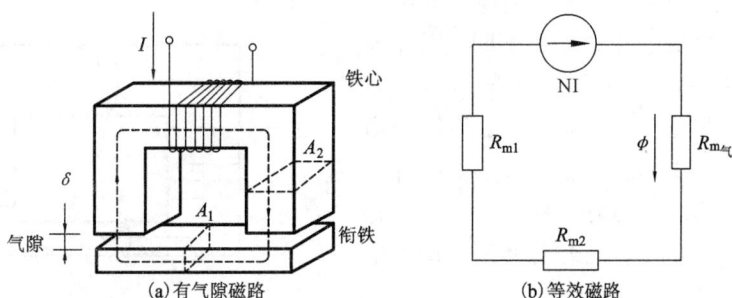

(a) 有气隙磁路　　　　　　　(b) 等效磁路

图 10 – 3 – 4　有气隙磁路及其等效磁路

在有气隙的磁路中，虽然气隙长度仅占磁路总长的很小部分，但因空气的磁导率 μ_r 近似等于 1，因此气隙所具有的磁阻远大于铁心和衔铁的磁阻之和。如果要获得一定的磁通，有气隙时所需要的磁动势就很大（一般匝数 N 一定，实际上所需要的励磁电流 I 增大），因而功耗就大大增加，严重时会烧坏线圈，所以，当磁路的长度和铁心截面积已确定时，为了减小磁动势，我们应尽量选用高磁导率的铁磁材料做铁心，而且尽可能缩短磁路中不必要的气隙长度。

由于铁磁物质的磁导率 μ 不是常数，所以磁路是非线性的。因此应用磁路欧姆定律计算磁路比较困难，一般只作定性分析，不作定量计算。

2. 磁路基尔霍夫定律

磁路的基尔霍夫定律是通过描述磁场性质的连续性原理和安培环路定律推导而得到的，磁路基尔霍夫定律包括基尔霍夫磁通定律和基尔霍夫磁压定律。

(1)基尔霍夫磁通定律

由于磁通的连续性，如果忽略漏磁通，即可认为全部磁通都在磁路内穿过，可知磁路就与电路相似，在一条支路内处处都有相同的磁通。对于有分支磁路，如图 10-3-5 所示，在磁路分支点作一闭合面 A。根据磁通连续性原理，可知穿过闭合面磁通代数和必为零，亦即进入闭合面的磁通，等于离开闭合面的磁通，故有：

$$\Phi_1 = \Phi_2 + \Phi_3 \text{ 或 } -\Phi_1 + \Phi_2 + \Phi_3 = 0$$

即
$$\sum \Phi = 0 \tag{10-10}$$

式中，如果把穿出闭合面 A 的磁通前面取正号，则穿进闭合面 A 的磁通前面应取负号。即在磁路的分支点处所连接着的各段磁路(也称为支路)中磁通代数和应恒等于零。式(10-10)形式上与电路的 KCL 相似，故将该式称为基尔霍夫磁通定律。

(2)基尔霍夫磁压定律

在实际电工设备中，磁路往往是由多种材料制成的，有时在磁路中还包含气隙，其各段磁路长度 l 和横截面面积 A 都可能不相同。若在某段磁路中平均长度(指中心线长度)比横截面的尺寸大得多，则可近似地认为磁通在横截面上的分布是均匀的，也即 $\Phi = BA$。

在磁路中，由于不同截面的磁通密度不一定相同，而不同材料的磁导率也不同，因此各段磁路的磁场强度 H 也会有所不同。所以在磁路计算中，可将磁路分成若干段，每段的横截面积相等，材料相同，磁通量的值也相同，这样，每段都成为均匀磁路。在这一段中，各点磁场强度是相等的。便可较方便地利用安培环路定律表达式来进行分析。

由同一种铁磁性物质和空气隙构成的磁路，如图 10-3-6 所示。铁磁性物质的截面

图 10-3-5　有分支磁路

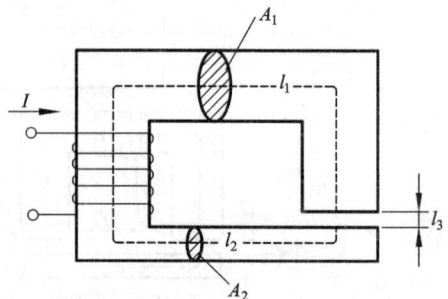

图 10-3-6　铁磁性物质和气隙构成的磁路

积有 A_1 和 A_2，故可将磁路分成三段，各段磁路的平均长度分别为 l_1、l_2 和 l_3。设各段磁路中磁通为均匀分布的，即同一段中磁通密度处处相同，则同一段中的磁场强度也处处相同，可分别设各段磁场强度是 H_1、H_2 和 H_3。根据安培环路定律，沿闭合回线取磁场强度矢量的线积分，即得：

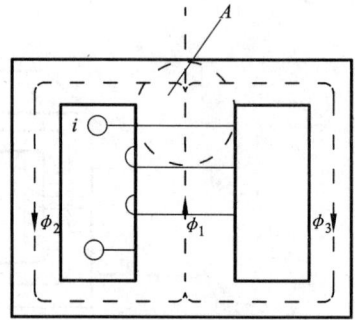

$$\oint H \cdot dl = NI$$

或 $$H_1 l_1 + H_2 l_2 + H_3 l_3 = NI$$

即 $$\sum (Hl) = \sum NI \text{ 或 } \sum U_{\mathrm{m}} = \sum F \tag{10-11}$$

式中，若 H 的方向与闭合回线（也可称为回路）的方向一致，Hl 前面取正号，否则取负号；电流 I 的参考方向与闭合回线方向间取关联参考方向（即符合右手螺旋定则），则 NI 前取正号，否则取负号。上式中某段磁路长度与其磁场强度的乘积称为该段磁路的磁压，常用 U_{m} 表示。磁压方向与磁场强度方向相同。式中右端为铁心线圈的匝数与其通过的电流乘积，可视作造成磁路中有磁通的根源，称为磁动势 F(magnetomotive force)，式(10-11)表示磁路中沿任意闭合回路磁压的代数和等于沿该回路磁动势的代数和，它称为基尔霍夫磁压定律，形式上与电路中 KVL 相似。磁压与磁动势的 SI 单位均为安(A)。

10.4　交流铁心线圈

将线圈绕制在铁心上便构成了铁心线圈。铁心线圈根据其励磁方式不同又分为直流铁心线圈和交流铁心线圈两种。直流铁心线圈的励磁电流是直流，产生的磁通是恒定的，不会在线圈和铁心中产生感应电动势，励磁电流仅由外加电压及励磁绕组的电阻 R 决定，与磁路特性无关，其功率损耗也只包括励磁绕组的电阻 R 上的损耗，在铁心中不会产生功率损耗。交流铁心线圈的励磁电流是交流，产生的磁通是交变的，其电磁关系和功率损耗有其特殊规律。本小节主要讲述交流铁心线圈。

10.4.1　交流铁心线圈的电磁关系

图 10-4-1 是交流铁心线圈电路，线圈的匝数为 N，线圈电阻为 R_0，将交流铁心线圈的两端加交流电压 u，在线圈中就产生交流励磁电流 i，在交变磁动势的作用下产生交变的磁通。绝大部分磁通通过铁心，称为主磁通 Φ，但还有很小一部分从附近的空气中通过，称为漏磁通 ϕ_0。这两种交变的磁通将在线圈中产生感应电动势，即主磁电动势 e 和漏磁电动势 e_σ，它们与磁通的参考方向之间符合右手螺旋法则，如图 10-4-1 所示。根据基尔霍夫电压定律可得铁心线圈的电压平衡方程为：

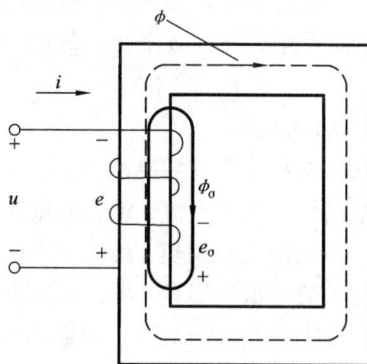

图 10-4-1　交流铁心线圈电路

$$u = Ri - e - e_\sigma \tag{10-12}$$

用相量表示，则可写成

$$\dot U = R\dot I - \dot E - \dot E_\sigma \tag{10-13}$$

由于线圈电阻上的压降 Ri 和漏磁电动势 e_σ 都很小，与主磁电动势 e 比较均可忽略不计，故上式又可写为

$$\dot U = -\dot E \tag{10-14}$$

设主磁通 $\Phi = \Phi_{\mathrm{m}}\sin\omega t$，由电磁感应定律，在规定的参考方向下，有

$$e = -\frac{Nd\phi_m}{dt} = -\frac{Nd(\phi_m\sin\omega t)}{dt} = -\omega N\phi_m\cos\omega t = 2\pi fN\phi_m\sin(\omega t-90°) = E_m\sin(\omega t-90°)$$

式中，$E_m = 2\pi fN\phi_m$ 是主磁通电动势的最大值，其有效值为

$$E = \frac{E_m}{\sqrt{2}} = \frac{2\pi fN\phi_m}{\sqrt{2}} = 4.44fN\phi_m \tag{10-15}$$

用相量表示则为

$$\dot{E} = -j4.44fN\phi_m \tag{10-16}$$

又由式(10-14)可知，有效值

$$U \approx E = 4.44fN\phi_m \tag{10-17}$$

式中，U 的单位为伏(V)，f 的单位为赫兹(Hz)，ϕ_m 的单位为韦伯(Wb)。

上式表明，在忽略线圈电阻及漏磁通的条件下，当线圈匝数 N、电源频率 f 及电源电压 U 一定时，主磁通的最大值 ϕ_m 基本保持不变。

10.4.2 交流铁心线圈的损耗

交流铁心线圈电路中，除在线圈电阻上有功率损耗外，铁心中也会有功率损耗。线圈上损耗的功率 RI^2 称为铜损，用 ΔP_{cu} 表示；铁心中损耗的功率称为铁损，用 ΔP_{Fe} 表示。铁损又包括磁滞损耗和涡流损耗两部分。

1. 磁滞损耗

铁磁材料交变磁化，由磁滞现象所产生的铁损称为磁滞损耗，用 ΔP_h 表示。它是由铁磁材料内部磁畴反复转向，磁畴间相互摩擦引起铁心发热而造成的损耗。可以证明，铁心中的磁滞损耗与该铁心磁滞回线所包围的面积成正比，同时，励磁电流频率 f 越高，磁滞损耗也越大。当电流频率一定时，磁滞损耗与铁心磁感应强度最大值的平方成正比。为了减小磁滞损耗，应采用磁滞回线窄小的软磁材料。例如变压器和交流电机中的硅钢片，其磁滞损耗就很小。

2. 涡流损耗

铁磁材料不仅有导磁能力，同时也有导电能力，因而在交变磁通的作用下铁心内将产生感应电动势和感应电流，感应电流在垂直于磁通的铁心平面内围绕磁感线呈旋涡状，故称为涡流。涡流使铁心发热，其功率损耗称为涡流损耗，用 ΔP_e 表示。

为了减小涡流损耗，当线圈用于一般工频交流电时，可将硅钢片叠成铁心，这样将涡流限制在较小的截面内流通。因铁心含硅，电阻率较大，也使涡流及其损耗大为减小。一般电机和变压器的铁心常采用厚度为 0.35mm 和 0.5mm 的硅钢片叠成。对高频铁心线圈，常采用铁氧体铁心，其电阻率很高，可大大降低涡流损耗。

涡流也有其有利的一面，可利用其热效应来冶炼金属，如中频感应炉就是利用几百赫兹的交流电在被熔炼金属中产生的涡流进行冶炼的。

可以证明，涡流损耗与电源频率的平方及铁心磁感应强度最大值的平方成正比。

综上所述，交流铁心线圈工作时的功率损耗为：

$$\Delta P = \Delta P_{cu} + \Delta P_{Fe} = \Delta P_{cu} + \Delta P_h + \Delta P_e \tag{10-18}$$

10.5　电磁铁

电磁铁是利用通电的铁心线圈吸引衔铁或保持某种机械零件、工件于固定位置的一种电器, 衔铁的动作又可使其他机械装置发生联动。当电源断开时, 电磁铁的磁性随之消失, 衔铁或其他零件即被释放, 借助弹簧的作用力返回原来的位置而复位。

电磁铁的励磁线圈通电后为什么能产生吸引力呢? 由于线圈通电后, 在它的周围会产生磁场, 如果在线圈内放入软磁材料做成的铁心, 铁心被磁化产生磁性。对于电磁铁来说, 励磁线圈通电后产生的磁通经过铁心和衔铁形成闭合磁路, 使衔铁也被磁化, 并产生与铁心不同的异性磁极, 从而产生电磁吸力, 如图 10 - 5 - 1 所示。有的电磁铁即使没有衔铁, 靠近它的其他铁磁物质(如搬运的钢铁或被加工的钢铁件)也同样被磁化, 因此, 铁心具有很强的电磁吸力:

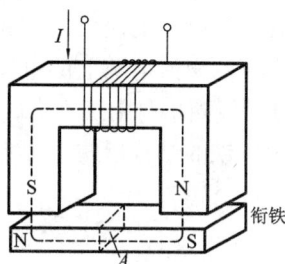

图 10 - 5 - 1　电磁铁

电磁吸力是电磁铁的主要参数之一, 计算直流电磁铁的电磁吸力的基本公式是:

$$F = \frac{10^7}{8\pi} B^2 A \qquad\qquad (10 - 19)$$

式中　F——电磁吸力, N;

　　　B——磁感应强度, T;

　　　A——磁极端面的截面积, m^2。

计算交流电磁铁的最大电磁吸力的基本公式是:

$$F_m = \frac{10^7 \phi_m^2}{8\pi A}$$

式中　F_m——最大电磁吸力, N

　　　Φ_m——交流磁通幅值, wb

加在交流线圈上电压 U 稳定时, 交流电磁铁中的磁通幅值 $\Phi_m \approx U/4.44fN$ 不变, 交流电磁铁的平均电磁吸力为最大电磁吸力的一半。即

$$F_{av} = \frac{F_m}{2} = \frac{10^7 \phi_m^2}{16\pi A}$$

电磁铁的形式很多, 但基本组成部分相同, 一般由励磁线圈、铁心和衔铁三个主要部分组成, 如图 10 - 5 - 2 所示。励磁线圈中如果通入交流电, 就可构成交流电磁铁; 如果通入直流电, 就可构成直流电磁铁。在交流电磁铁中, 铁心是由经过绝缘处理后的多层很薄的硅钢片叠制而成的, 而直流电磁铁中铁心是用整块铸钢、软钢或工程纯铁制成的; 交、直流电磁铁除上述结构上的不同外, 其电磁关系上也有如下不同:

(1)直流电磁铁的励磁电流、磁通、磁感应强度等都是恒定不变的。而在交流电磁铁中却是随时间不断交替变化的。因此交流电磁铁产生的吸力也是交变的, 这也就是交流电磁铁工作时有噪声的原因。

(2)交流电磁铁中由于电流交变, 因而在交变磁通作用下, 铁心中产生磁滞损耗, 但直

流电磁铁中因电流恒定而没有上述损耗。

（3）直流电磁铁线圈中的励磁电流的大小仅决定于线圈端电压和线圈电阻，而与铁心与衔铁之间的气隙无关。但对于交流电磁铁却不同，如果衔铁在吸合过程中被卡住，此时气隙较大，总磁阻较大，从而使励磁电流增大，导致线圈过热而损坏。使用时若发现衔铁被卡住，则应立即切断电源，排除故障，以免损坏线圈。

值得注意的是，即使额定电压相同的交、直流电磁铁也绝不能互换使用。若将交流电磁铁接在直流电源上使用时，因线圈中的感抗为零，只有很小的电阻，这时励磁电流要比接在相同电压的交流电源上的电流大许多倍而烧坏线圈。反之，若将直流电磁铁接在交流电源上，则因线圈本身阻抗太大，励磁电流过小而吸力不足，致使衔铁不能正常工作。

电磁铁的结构形式通常有如图 10-5-2 所示几种。

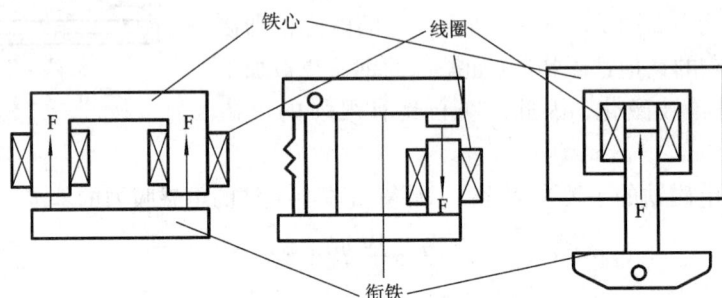

图 10-5-2   电磁铁的不同结构

由于电磁铁具有动作迅速、灵敏、容易控制等特点，在生产中的使用极为普遍。图 10-5-3 所示是用电磁铁来制动机床和起重机的电动机的例子。电磁铁 1 的线圈与电动机 M 并联，当接通电源时，电磁铁动作而拉开弹簧 2，把抱闸 3 提起，于是松开了装在电动机轴上的制动轮 4，这时电动机便可自由转动。当电源断开时，电磁铁的衔铁落下，弹簧便把抱闸压在制动轮上，于是电动机就被制动停转。在起重机中采用这种制动方法，还可避免由于工作过程中的断电而使重物下滑造成事故。

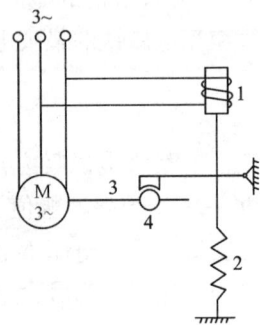

图 10-5-3   电磁铁制动原理图

在机床的电路中，常用电磁铁操纵气动或液压传动机构的阀门和控制变速机构。电磁吸盘和电磁离合器也都是电磁铁的具体应用，此外，还可应用电磁铁起重，以提放钢材。在各种电磁继电器和接触器中，电磁铁的任务是通断电路。

本章小结

在电气设备中，为了用较小的励磁电流产生较强的磁场，通常把励磁线圈放在由铁磁材料制成的铁心上。铁心被磁化后，其磁性大为增强，并形成磁通的主要通路，称为磁路。磁路的基本物理量是：磁感应强度 B、磁通 Φ、磁导率 μ 和磁场强度 H。铁磁材料的主要性能是：高导磁性、磁饱和性和磁滞性。

磁路中的磁通 Φ、磁动势 F 和磁阻 R_m 之间的关系由磁路的欧姆定律确定，即 $\Phi = F/R_m$。铁磁材料的 μ 值很高，且不是常数。B 与 H 也不是线性关系，B 随 H 的增大而增大，但有一个饱和值，H 消失时又会有剩磁。磁路欧姆定律一般不能直接用于磁路的定量计算，而常用来定性分析磁路的工作状况。

铁心线圈根据电源不同，分为直流铁心线圈和交流铁心线圈。在直流铁心线圈电路中，I 恒定，Φ 也恒定，$I = \dfrac{U}{R}$，Φ 由磁路情况决定，有铜损；在交流铁心线圈电路中，i 变，Φ 也交变，$\Phi_m \approx U/4.44fN$，ϕ 由磁路情况决定，不仅有铜损，还有铁损(包括磁滞损耗和涡流损耗)。

直流电磁铁的铁心由整块软铁制成，电磁吸力 $F = \dfrac{10^7}{8\pi}B^2 A$，吸合过程中电流不变，磁通增大，吸力也增大；交流电磁铁的铁心由硅钢片叠成，并装有短路环以减弱振动，电磁吸力的平均值为最大吸力的一半，即 $F_{av} = \dfrac{F_m}{2} = \dfrac{10^7 \phi_m^2}{16\pi A}$，吸合过程中电磁吸力的平均值基本不变，电流减小。

复习思考题

10-1　铁磁性物质在磁化过程中有哪些特点？

10-2　有一横截面为 $5cm^2$ 的铁心，已知铁心中的磁场强度 H 等于 15A/cm，在相对磁导率 $H = 500$ 时，求铁心中的磁通 Φ。

10-3　如题图 10-1 所示的环形磁路，磁路有效截面为 $10cm^2$，磁路平均长度为 100cm，已知环路中的磁通为 1.5×10^{-4} Wb，绕组匝数为 10000 匝，求通入绕组的电流 I。

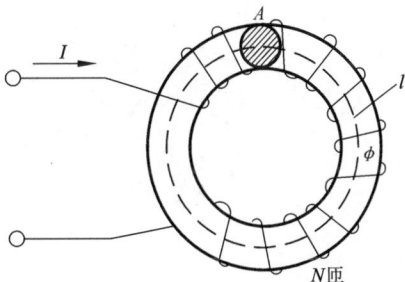

题图 10-1　题 10-3 附图

10-4　软磁材料与硬磁材料有何区别？它们之间又有什么关系？计算机中存储器的磁芯属于硬磁材料吗？

10-5　稳压直流电源供电的恒定磁通磁路，如果铁心中增加了空气气隙，则磁路中的磁通将增加还是减少？线圈中的励磁电流呢？

10-6　由 D41 硅钢片叠装的均匀截面磁路如题图 10-2 所示，铁心的叠装系数为 0.9，在忽略气隙边缘效应情况下，求磁通等于 1.5×10^{-4} Wb 时所需的磁通势及空气隙磁压总磁通势的比值。

10-7　上题中如磁通势的值为 2500 安匝时，则对应的铁心磁路中的磁通势是多少？

10-8　含铁心的交流线圈电路中，分析磁路中励磁电流及铁损在以下两种情况时如何变化？

(1)电源电压不变化，而线圈匝数增大二分之一；

（2）电源电压值减少一半，电源频率也减少一半。

10－9 有一交流铁心线圈，接在 $f = 60\text{Hz}$ 的正弦交流电源上，在铁心中得到磁通的最大值 $\phi_m = 2.5 \times 10^{-3}\text{Wb}$。现在此铁心上再绕一个匝数为 400 的线圈。当此线圈开路时，求其两端电压。

10－10 一台电压比为 10000V/400V，$S_N = 50\text{kVA}$ 的变压器，负载的功率因数 $\cos\varphi_2 = 0.8$，变压器铁损 $\Delta P_{Fe} = 412\text{W}$，额定负载时铜损 $\Delta P_{cu} = 1350\text{W}$，求变压器满载时的效率 η。

10－11 有一线圈匝数为 1000 匝，套在铸钢制成的闭合铁心上，铁心的截面积为 10cm^2，长度为 100cm。求：

（1）线圈中通入多大的直流电流，才能在铁心中产生 0.001Wb 的磁通？

（2）若线圈中通入电流 5A，则铁心中产生多大的磁通？

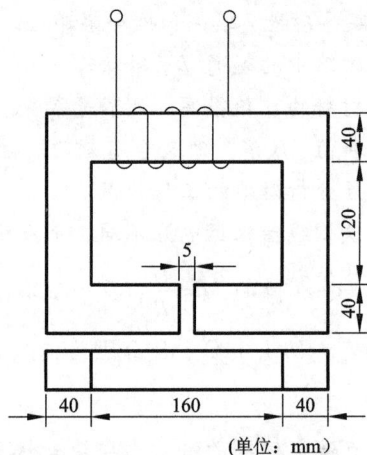

（单位：mm）

题图 10－2 题 10－6 附图

实验一 常用仪器的使用

一、实验目的

(1)熟悉万用表、电压表、电流表的面板布置,理解转换开关各挡的用途。

(2)明确万用表、电压表、电流表的用途,正确使用并掌握万用表、电压表、电流表的操作规程,掌握注意事项。

(3)能够正确识别各种电阻。

二、实验器材

(1)指针式万用表	MF – 500 型	一块
(2)直流稳压电源		一台
(3)直流电压表		一块
(4)直流电流表		一块
(5)电阻	200kΩ、20kΩ、200Ω、100Ω、20Ω 其他电阻若干	

三、实验要求

(1)正确整理实验数据。

(2)能正确使用万用表测量电压、电流、电阻。

(3)掌握万用表各挡测量误差情况,试分析其原因。

四、实验内容及步骤

(1)万用表的实验内容

万用表的选择可根据学院情况自行选定,指针式万用表型号很多,面板上的旋钮及开关布置也不相同,但基本上都是由带有标尺的表头、转换开关、零欧姆调节旋钮和插孔等部分组成。

万用表应水平放置,使用前应检查表头指针是否指在零点。若不指零,可调节表头下方的机械零位调节螺丝,使其指零。将转换开关旋转到所需的挡位上。表头上的标尺有数条,它们分别用于不同电量的检测。如标有"Ω"的标尺是检测电阻用的;标有" ~ "的标尺是检测交流电压用的;标有" – "的标尺是检测直流电量用的。

①直流电压的检测。

将转换开关拨至直流电压挡,估计被测电压的大小,选择合适的量程。将红表笔接到被测电压的正极,将黑表笔接到被测电压的负极,从标尺上进行读数。若指针反转,则将两表笔交换后再测。

将直流稳压电源输出电压分别调至2V、5V、8V,用万用表10V直流挡,进行上述电压的检测,并将读数记录在实验表 1 – 1 中。

将直流稳压电源输出电压分别调至 10V、20V、30V，用万用表 50V 直流挡，进行上述电压检测，并将读数记录在表 1-1 中。

②直流电流的检测。

将转换开关拨至直流电流挡，估计被测电流的大小，选择合适的量程，将表笔串联在被测电路中，使电流从红表笔流入，从黑表笔流出，从标尺上进行读数。若指针反转，则将两表笔交换后再测。

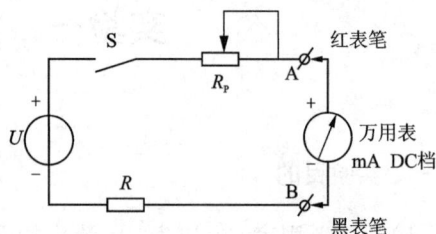

按实验图 1-1 所示的检测电路接线。

将万用表串联于实验图 1-1 电路的 A、B

实验图 1-1 万用表检测直流电流的电路

两点之间，取电源电压为 10V，电阻 R 为 100Ω，将 R_P 调到最大值。

将开关 S 闭合，取滑线电阻阻值为 $\frac{1}{2}R_P$ 和 R_P，检测直流电流值，将读数记录实验表 1-1 中。

③交流电压的检测。

将万用表转换开关置于交流电压"250V"挡，测量 220V 交流电压；再用交流电压"500V"挡，测量 380V 交流电压，将结果记入实验表 1-1 中。

实验表 1-1　使用万用表检测电量数据记录表

检 测 项 目		检 测 数 据					
直流电压	电压值/V	2	5	8	10	20	30
	电压测量值/V						
直流电流	R_P 位置	1/2R_P			R_P		
	电流测量值/mA						
电阻	倍率挡	×1Ω		×10Ω		×1kΩ	
	电阻测量值/Ω						
交流电压	交流电压/V	220			380		
	交流电压测量值/V						

④电阻的检测。

将转换开关拨至电阻挡，估计被测电阻的大小，选择合适的量程，使用倍率为"×1"、"×10"和"×1K"，检测两个电阻的阻值，将结果记入实验表 1-1 中。检测前应将两表笔短接，转动零欧姆调节旋钮，使指针指在"0"上。每次更换电阻倍率挡时，都要重新调零。检测时将两表笔分别接在被测电阻的两端，从标尺上读取被测电阻阻值。

检测电阻时，不允许带电检测电阻；检测电阻时，两手也不应同时接触电阻的两端，以免产生误差。

（2）电压表的使用

电压的测量分为：直流电压和交流电压的测量。

①机械零点的调整。

测量电压之前应该先将电压表的机械零点调整好。

②量程选择。

一般我们希望仪表的指针指示在满量程刻度值的 2/3 区域中，若事先不知道被测电压的大小，则可以从最大量程开始，再逐步减小量程，直至得到满意量程为止。

③直流电压的测量。

选择合适的量程后，再将直流电压表并接于被测电路两端。但应注意电压表的极性。正表笔（"＋"端）接被测电压的高电位，负表笔（"－"端）接被测电压的低电位，千万不能接反，否则有可能损坏电压表。

④交流电压的测量。

选择合适的量程后，再将交流电压表并接入被测电路的两端。

⑤注意安全用电，在测量较高电压时，防止触电。

（3）电流表的使用

①机械零点的调整。

②选择合适量程的电流表。

③电流表串联在电路中使用。

④直流表扩大量程，采用分流器串联在电路中使用。

⑤交流电流表扩大量程，采用电流互感器，串联在电路中使用。

⑥电流表必须垂直读数，否则会发生误差。

（4）电阻元件的识别

电阻器数值常按下列规则标注：1 欧姆以下的电阻在注明数字后，应写上"Ω"的符号；1 欧到 1 千欧的，有时只写出数值，不注单位，例如 20，200，分别代表 20Ω 与 200Ω。一千欧到十万欧的，以千欧为单位，符号是"k"，例如 5.1k，51k，百万欧以上的以兆欧为单位，符号是"M"，例如 1M，3M 等，在 100 千欧到 1 兆欧之间的电阻值可用千欧为单位，也可用兆欧为单位。例如 0.47M 和 470k 都是表示 47 万欧。功率的标示如下：

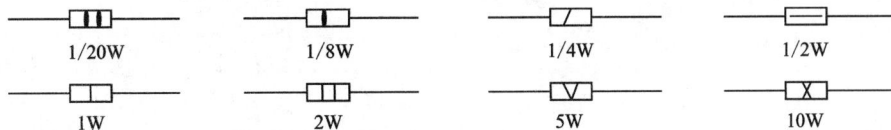

| 1/20W | 1/8W | 1/4W | 1/2W |
| 1W | 2W | 5W | 10W |

五、注意事项

（1）使用万用表、电压表、电流表测量时，严禁人体接触表的金属部分，确保人身安全和检测的准确性。

（2）万用表转换开关换挡时，应先切断电源，然后换挡。

（3）用万用表测量电阻时，要对各挡进行"0"调节。

（4）万用表使用完毕，应将转换开关置于电压挡。

六、实验报告要求

（1）画出实验所用仪器连接图。

（2）将各项实验数据填入实验表 1 – 1，并进行讨论。

（3）总结仪器的使用方法和注意事项。

（4）讨论提高实验效果的措施（成功与失败的经验总结）。

七、思考与练习

（1）万用表面板上的符号"V～"、"V –"、"mA –"和"$R \times 1k\Omega$"的意义是什么？

（2）用万用表检测电压或电流时，若不知具体数值大小，其量程开关应如何选择？

（3）用万用表测量电阻时，要对各挡进行"0"Ω 调节，若旋转零欧姆调节旋钮，不能将指针调到"0"Ω 上，应如何处理？

（4）万用表使用完毕，应将转换开关置于什么挡上为好？

实验二　元件伏安特性的测试

一、实验目的

(1)掌握线性电阻元件、非线性电阻元件伏安特性的测量方法。

(2)学习测量电路的开路电压与短路电流;加深对参考方向的理解。

二、实验器材

(1)可调直流稳压电源		一台
(2)直流毫安表		一块
(3)直流微安表		一块
(4)直流电压表		一块
(5)二极管	2CP23	一个
(6)稳压管	2CW21F	一个
(7)滑线电阻器	ZX38Z/10	四个

三、实验要求

(1)学会用电压表、电流表测线性电阻元件和非线性电阻元件的伏安特性。

(2)掌握测量电路的开路电压与短路电流的方法。

(3)能正确处理测量数据。

四、实验内容及步骤

(1)测量线性电阻器的伏安特性

按实验图 2 - 1 所示接线;调节稳压电源的输出电压,从 0 开始缓慢增加,一直到 10V,将相应的电压表和电流表的读数记入实验表 2 - 1 中。

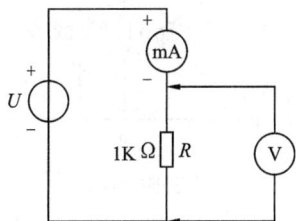

实验图 2 - 1

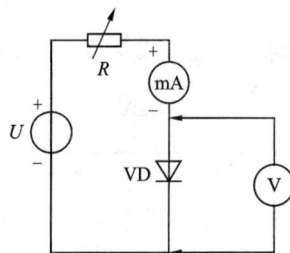

实验图 2 - 2

实验表 2-1　测量线性电阻的电流数据

U/V	0	2.5	5	7.5	10
I/mA					

（2）测量二极管的伏安特性

①二极管的伏安特性的测定。

按实验图 2-2 接线，滑线电阻器先置于最大值，使稳压电源的输出电压旋钮在 6V 挡，逐步调节微调旋钮和 R 的阻值。使加在二极管的电压从 0V 直到 0.75V，记录相应的电流表读数，记入实验表 2-2 中。

实验表 2-2　半导体二极管的正向特性实验数据

U/V	0	0.25	0.5	0.6	0.7	0.75
I/mA						

②二极管反向伏安特性的测定。按实验图 2-2 将二极管反接，电流表改用微安表，使加在二极管上反向电压从 0V 一直加到 -25V，记录相应的电流表的读数，记入实验表 2-3 中。

实验表 2-3　半导体二极管的反向特性实验数据

U/V	0	-5	-10	-15	-20	-25
$I/\mu A$						

（3）测量稳压管的伏安特性

按实验图 2-3 接线；调节稳压电源的输出电压，使加在稳压管上的电压从 0V 一直加到 10V，记录相应的电流表读数，并记入实验表 2-4 中。

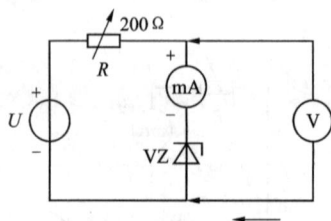

实验图 2-3

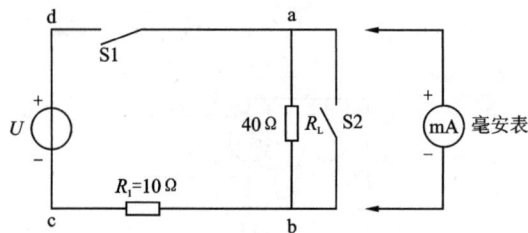

实验图 2-4

实验表 2-4　稳压管的伏安特性实验数据

U/V					
I/mA					

（4）测量电路的开路电压与短路电流

按实验图 2 – 4 所示接线

①将开关 S1 和 S2 均断开，电压表的两根表笔线接在 d、c 两点，注意"＋""－"。测得的电压，即为开路电压 U_{OC}，记录数据。

②将开关 S1 及开关 S2 闭合。毫安表接在 a、b 两点上，测得的电流即为 R_L 短接时的电流 I_{SC}，记录实验数据。

五、注意事项

（1）测半导体元件正向特性时，稳压电源的输出电压应由小到大逐渐增加，应注意电流表的指示不得太大，而稳压电源输出不能短路。

（2）根据实验要求合理选择仪表量程。

六、实验报告要求

（1）简述实验原理及本次实验的意义。

（2）将实验数据进行整理分析并填入实验表 2 – 1、2 – 2、2 – 3、2 – 4 中，根据测量数据验证元件伏安特性。

（3）分析实验结果，做出正确结论。

七、思考与练习

（1）是否真正掌握了元件伏安特性的测量方法？此方法适用哪些元件？

（2）线性电阻和非线性电阻有哪些区别和共同点？

实验三　基尔霍夫定律及电位的测定

一、实验目的

（1）学会按电路图连接电路。

（2）学会使用万用表测量电阻、电流和电压。

（3）学习基尔霍夫定律。

（4）学会测量电路中的电位值。

二、实验器材

（1）可调直流稳压电源(0~30V)	1 台
（2）直流电流表	3 块
（3）直流电压表	4 块
（4）定值电阻(510Ω、1k、330Ω 各一个)	3 个
（5）干电池(或蓄电池)(6V)	几节
（6）开关	2 个

三、实验原理

1. 基尔霍夫定律

基尔霍夫定律描述了电路中电流和电压应遵循的基本规律。基尔霍夫定律由电流定律（KCL）和电压定律（KVL）组成。

基尔霍夫电流定律（KCL）：电路中流入任一节点电流的代数和为零，即

$$\sum I = 0$$

对于电流符号，一般规定流入节点电流为正，流出节点电流为负。电流的实际方向相对参考方向而言，其正、负才有意义。与参考方向一致为正，与参考方向相反为负。

基尔霍夫电压定律（KVL）：电路中沿任一闭合回路电压降低的代数和等于电压升高的代数和，即

$$\sum RI = \sum U$$

电压降和电动势的符号一般与所选回路的绕行方向有关。产生电压降的电流方向与绕行方向一致时取正，反之取负。电动势的参考方向与绕行方向一致时为正，反之取负。

2. 电路中电位的测量

电路中某点的电位是该点与参考点之间的电压。若这个电压为正，则该点比参考点的电位高，反之该点比参考点电位低。

电路中参考点的选定是任意的，它只是一个公共点，不过一经选定，在测量过程中不允许改变。若参考点发生变化，电路中电位都会随之发生变化，这就是所谓电位的单值性。

电压是电路中两点的电位之差，其值大小与电位参考点选择无关，因为参考点变化时，

各点电位同时升高或降低一个值,而它们之间的相对值(电压)是不发生变化的。

四、实验内容及步骤

1. 验证基尔霍夫定律

按实验图 3 - 1 接线。使 $U_{S1} = 12V$, $U_{S2} = 6V$, $R_1 = 510\Omega$、$R_2 = 1K$、$R_3 = 330\Omega$ 读取电流表数值,记录于实验表 3 - 1 中(电流值的正、负根据电流表" + "" - "端连接判断)。

按实验图 3 - 2 接线(电源、电阻取值和实验图 3 - 1 一样)。使用电压表按图中绕行方向依次测量各元件电压数值,记录于实验表 3 - 1 中(电压值的正、负根据电压表" + "" - "端连接判断)。

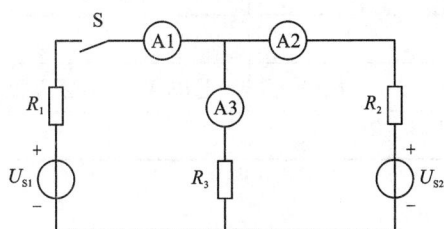

实验图 3 - 1

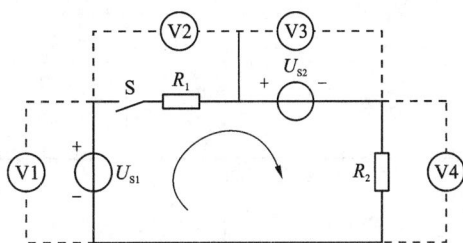

实验图 3 - 2

2. 电位测定

按实验图 3 - 3 接线(电源、电阻取值和实验图 3 - 1 一样)。以 a 为参考点,测得 b、c、d、e 各点的电位数值,记录于实验表 3 - 2 中,再测量 b、c 之间电压数值并记录于实验表 3 - 2 中。

以 e 为参考点,测得 a、b、c、d 各点的电位数值,记录于实验表 3 - 2 中,再测量 b、c 之间电压数值记录于实验表 3 - 2 中。

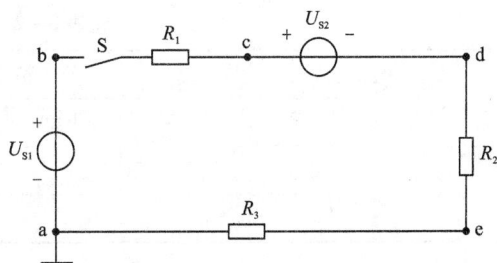

实验图 3 - 3

五、注意事项

(1) 稳压电源的内阻很小,在使用时严禁输出端短路,一般也不能作为反电动势使用,在实验图 3 - 2 验证 KVL 实验中,只能充当 U_{S1} 使用,U_{S2} 应选用干电池或蓄电池。使用稳压电源时要注意到该电源的额定输出电流,防止输出电流过大,引起稳压电源工作不正常。

(2) 本次实验使用直流电压表和直流电流表,要注意它们的极性,即仪表面板上的" + "极性应接电路的高电位端," - "极性(或" * ")应接电路的低电位端,不能接反,否则仪表指针会反向偏转。

(3) 实验电路中定值电阻选用时,要满足实验对电阻值大小的要求,另外要防止电阻因过载而烧毁。

六、实验报告

1. 验证基尔霍夫定律

测量数值记录于实验表 3 - 1 中。根据测量电流值，计算 $\sum I$ 值，根据测量电压值，计算 $\sum RI$ 和 $\sum U$ 值，记录于实验表 3 - 1 中。

实验表 3 - 1　基尔霍夫定律验证

项目　＼　数值	测 量 值				计 算 值	
节点	I_1/A	I_2/A		I_3/A	$\sum I/A$	
回路	U_1/V	U_2/V	U_3/V	U_4/V	$\sum RI/V$	$\sum U/V$

2. 电位测定

测量数值记录于实验表 3 - 2 中。根据测量 b、c 两点的电位，分别计算以 a 和 e 为参考点两种情况下 b、c 两点之间的电压降数值，记录于实验表 3 - 2 中。

实验表 3 - 2　电位测定

参考点　＼　数值	测 量 值					计算值	
	V_a/V	V_b/V	V_c/V	V_d/V	V_e/V	U_{bc}/V	U_{bc}/V
a	0						
e					0		

七、思考与练习

（1）假如 KCL 面对的不是一个节点，而是一个封闭面，请绘出实验电路证明 KCL 仍然适用。

（2）试分析电压与电位的相同点和不同点。

实验四　验证戴维宁定理与叠加定理

一、实验目的

(1) 通过实验加深了解戴维宁定理与叠加定理的验证。
(2) 学习测量线性有源二端网络等效电路参数的方法。
(3) 通过实验证明负载上获得最大功率的条件。

二、实验器材

(1) 可调直流稳压电源(0－30V)　　　　　　　　　2 台(或 1 台 2 路)
(2) 万用表 (500 系列)　　　　　　　　　　　　　1 块
(3) 可调电阻(包括滑动变阻器、电阻箱等)　　　　若干个
(4) 固定电阻(50Ω、150Ω、300Ω、24Ω、12Ω、6Ω)　各 1 个
(5) 插接式实验板(自制)　　　　　　　　　　　　1 块
(6) 直流电压表　　　　　　　　　　　　　　　　2 块
(7) 直流毫安表　　　　　　　　　　　　　　　　3 块
(8) 单刀双掷开关　　　　　　　　　　　　　　　2 个

三、实验原理

1. 戴维宁定理

任何一个包含独立电源的线性单口网路，都可以等效为一个电压源，如实验图 4－1 所示。其电动势 U_{OC} 为网路 a、b 端的开路电压，内阻 R_i 是在使网络中所有电源为零(独立电压源短路、独立电流源断开)而保留非独立电源的情况下，自 a、b 端向网络看进去的等效电阻。

等效电源的 R_i 和 U_{OC} 可以计算得出，也可由实验测得，测量方法如下：

(1) 用高内阻(相对于等效电源内阻而言)电压表可直接测量 a、b 端开路电压 U_{ab}，则 U_{OC} 等于 U_{ab}，然后用低内阻电流表测量 a、b 端短路电流 I_0，则内阻 $R_i = U_{OC}/I_0$。

(2) 如果线性网络不允许 a、b 端开路或短路时，可以测量外特性曲线(在 a、b 端不开路也不短路的情况下测量)，则外特性曲线的延伸线在纵坐标(电压坐标上的截距就是 U_{OC}，在横坐标(电流坐标)上的截距就是 I_0，而 $R_i = U_{OC}/I_0$，见实验图 4－2 实际上只要知道外特性曲线上的任意两点的坐标参数，就可以计算出 U_{OC} 和 R_i，计算公式如下：

设实验图 4－2 中外特性曲线上两点 a、b 的坐标分别为 $(U_a、I_a)$ 和 $(U_b、I_b)$，则：

$$R_i = \frac{U_a - U_b}{I_b - I_a}$$

$$U_{OC} = U_a + R_i I_a = U_b + R_i I_b$$

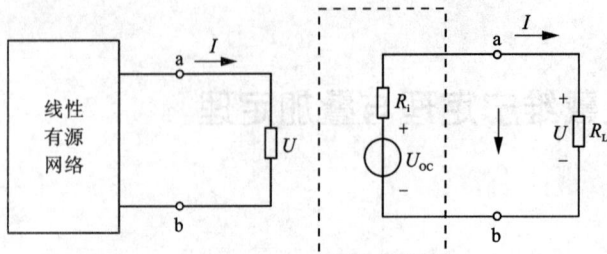

实验图 4-1

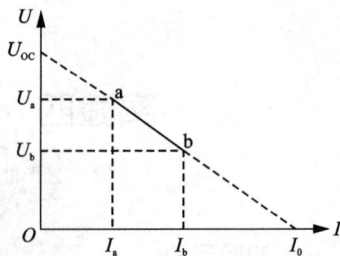

实验图 4-2

2. 叠加原理

叠加原理告诉我们，在线性电路中，同时有多个电源作用时，各支路的电流与电压分别等于各电源单独作用时的电流与电压的代数和。电源不工作，指的是电流源开路，电压源短路(但保留内阻)。

四、实验内容与步骤

1. 验证戴维宁定理

(1)测量只含独立电源的线性网络外特性

按实验图 4-3 电路在插接式实验板上连接实验电路，$U_S = 10V$ 由直流稳压电源提供。按实验表 4-1 所列数据改变 R_L 值，用万用表直流 10V 挡测量 R_L 两端电压，记入实验表 4-1 内。当有源线性二端网络的等效电阻 R_0 较小，与电压表的内阻相比较可以忽略不计时，有源线性网络可以看作电压源。

(2)戴维宁等效电路的验证

根据实验图 4-3 戴维宁等效电路参数 U_{OC} 和 R_i 理论计算值，组成戴维宁等效电路，如实验图 4-4 所示。U_{OC} 用直流稳压电源，注意将稳压电源输出电压调至已计算好的 U_{OC} 值。R_i 用电阻箱，调至已计算好的 R_i 值，R_L 也用电阻箱，按实验表 4-1 给定的值改变 R_L 值，用万用表测量 R_L 两端电压 U，记入实验表 4-1 中。

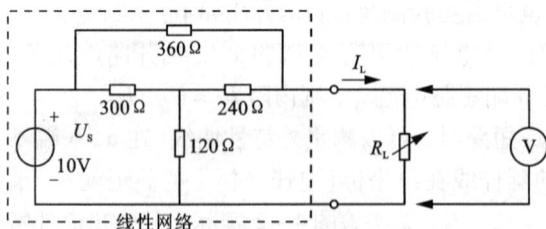

实验图 4-3

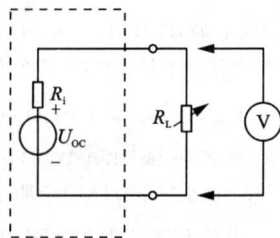

实验图 4-4

实验表 4-1　验证戴维宁定理试验数据表

R_L/Ω	1000	800	600	400	200	100
实验图 4-3 U/V						
$I_L = (U/R_L)/mA$						
实验图 4-4 U/V						

2．验证叠加原理

（1）按实验图 4－5 连接好实验电路。

$U_{S1} = 10V$，$U_{S2} = 8V$，$R_1 = 12\Omega$，$R_2 = 6\Omega$，$R_3 = 300\Omega$

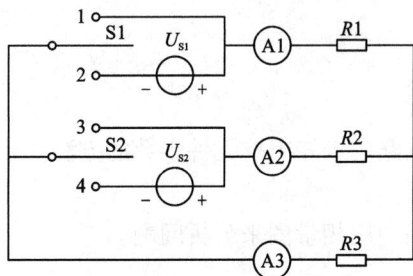

实验图 4－5

（2）将 S1、S2 掷向 2、3，读取 U_{S1} 单独作用时的 I'_1、I'_2、I'_3，将读数填入实验表 4－2 中。

（3）将 S1、S2 掷向 1、4，读取 U_{S2} 单独作用时的 I''_1、I''_2、I''_3，将读数填入实验表 4－2 中。

（4）将 S1、S2 掷向 2、4，读取 I_1、I_2、I_3，将读数填入实验表 4－2 中。

实验表 4－2　叠加原理数据

I'_1	I''_1	$I'_1 + I''_1$	I'_2	I''_2	$I'_2 + I''_2$	I'_3	I''_3	$I'_3 + I''_3$	I_1	I_2	I_3

五、注意事项

（1）实验电路中所选元件（如电阻）应注意额定值（如额定功率），防止烧毁元件和仪表。

（2）测量和记录时注意电流、电压数值的正负号。

六、实验报告要求

（1）根据实验表 4－1 内的数据画曲线，并与实验图 4－2 的曲线加以比较（为了便于比较，两条曲线可画在同一坐标平面上，但应用虚实线将两条曲线区分开来），并得到结论。

（2）分析测量数据，验证叠加原理。

七、思考与练习

（1）为什么电路中的功率不能使用叠加定理求得？

（2）在叠加各分量时，各分量的符号（正、负号）是由什么决定的？

实验五　交流电路元件参数的测量

一、实验目的

（1）学会两种测量交流电路中未知阻抗元件参数的方法。

（2）学会使用功率表。

（3）练习在交流正弦电路中用相量图来分析问题。

二、实验器材

（1）单相调压器	0.5kVA 0～250V	1个
（2）电容器箱	0～10μF 600V	1个
（3）电感线圈	220/36V 控制变压器一次绕组	1个
（4）滑动变阻器	0～50Ω 250V 10W	1个
（5）交流电压表	0～500V	1块　　或万用表
（6）交流电流表	0～1A	1块
（7）低功率因数功率表	250V 100W cosφ = 0.2	1块

三、实验原理

交流电路中未知阻抗元件参数可以用万能电桥直接测量，这样测到的参数值比较准确，但在没有万能电桥的情况下，可以用下面两种方法测定。

1. 交流电流表、交流电压表和功率表法

在交流电路中，元件的阻抗值或无源两端网络的等效阻抗值，当测出其两端的电压 U、电流 I 和消耗的有功功率 P 后可计算出 R、Z 及 X 的值。其关系为：

$$R = P / I^2 ; \ Z = U/I ; \ X = \sqrt{Z^2 - R^2}$$

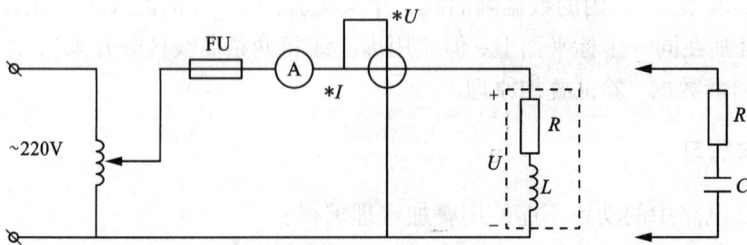

实验图 5－1

如果待测阻抗是一个带有铁心的电感线圈，则 R 为铁心线圈的等效值，它包括电感线圈导线的直流电阻，铁心损耗（涡流损耗和磁滞损耗）的等值电阻。其等效电感为：

$$L = X/\omega$$

如果待测阻抗为一个电阻与电容的串联电路，则 R 中包括了所串联的电阻和电容器介质损耗，但介质损耗一般很小，可忽略不计，所以 R 就是阻抗中实际串联的电阻，其等效电容为：

$$C = 1/(\omega X)$$

2. 三电压表法

三电压表法是一种较为简便的方法，可用于测量交流电路中元件和一个已知电阻串联如实验图 5 - 2(a)所示。如果待测元件为一个电感线圈，当一个已知频率的正弦交流电流通过时，用电压表分别测出总电压 U，已知电阻上的电压 U_1 和待测元件上的电压 U_2，然后将这三个电压组成一个闭合三角形如实验图 5 - 2(b)所示。将 U_2 分解为与 U_1 平行的电压分量 U_r 和 U_1 垂直的电压分量 U_x，根据三角形运算法关系式，用作图的方法，求出 R、X 的值，再根据 $X = \omega L$，求出元件参数 L，

即：

$$R = R_1 \frac{U_x}{U_1}$$

$$X = R_1 \frac{U_x}{U_1}$$

利用此方法同样可以测出待测元件是一电容元件的电容值。

$$x = R_1 \frac{U_c}{U_1} \qquad C = 1/\omega X$$

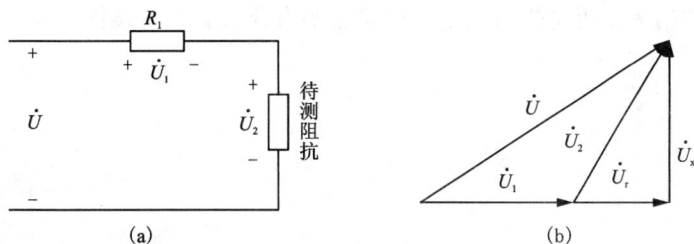

实验图 5 - 2　三电压表测交流电路元件参数

四、实验内容及步骤

（1）按实验图 5 - 1 所示，改变调压器的输出电压，使电流 $I = 0.4A$，测出电压 U 和功率 P，再计算 R、X、L 值。

（2）将实验图 5 - 1 中电感取下，换上电阻与电容 C 串联的待测阻抗。其中 $R_1 = 100\Omega$ 为滑动变阻器的电阻，改变调压器的输出电压使 $U = 200V$，测量电流 I 和功率 P，并计算 R 和 C 的值。

（3）按实验图 5 - 3 接线，R_1 为滑动变阻器电阻，其值取 200Ω。改变调压器输出电压使电流 $I = 0.4A$，分别测量 U、U_1、U_2，并做好记录。

（4）利用 U、U_1、U_2 作闭合三角形，将 U_2 分解为 U_r 和 U_x。计算 R、X 及 L。

（5）将电感取下换为电容器，改变调压器使其输出电压 $U = 200V$，分别测量 U_1 和 U_2，用

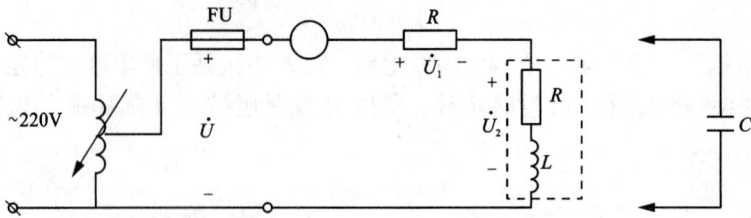

实验图 5 – 3　三电压表法测交流电路参数

U、U_1、U_2 组成闭合三角形，再计算 R 和 C。

五、注意事项

（1）单相调压器使用前，应该将调节手柄逆时针旋转至零，接通电源后再从零位逐渐升高电压，每做完一项实验后随手将调压器调回零位，然后断开电源。

（2）注意变阻器和被测元件允许通过的电流值，以免造成元件的损坏。

六、实验报告要求

（1）用三表法和三电压表法分别计算与电容器串联的电阻值和电容值。

（2）用三表法和三电压表法分别计算电感线圈的等值电阻和电感数值。

七、思考与练习

实验中没有安培表是否可进行测量？这时需要有什么必备的条件？

实验六 功率因数的提高

一、实验目的

（1）验证并联电路中的总电流和各分电流的关系。

（2）了解提高功率因数的方法。

二、实验器材

（1）实验线路板	自制	1个
（2）套装荧光灯	220V30W	1个
（3）电容器	2μF 及 4μF600V	各1个
（4）交流电压表	0~500V	1块
（5）交流电流表	0~1A	3块
（6）钮子开关(S1、S2)	1A	2个

三、实验原理

荧光灯的电路原理见实验图6-1所示，荧光灯是一个电感线圈和电阻串联电路，呈电感性负载；经并联电容器后，线路总电流与荧光灯所在的支路电路中电流大小比较，绘制其功率因数提高时电路中各电压和电流的相量图。

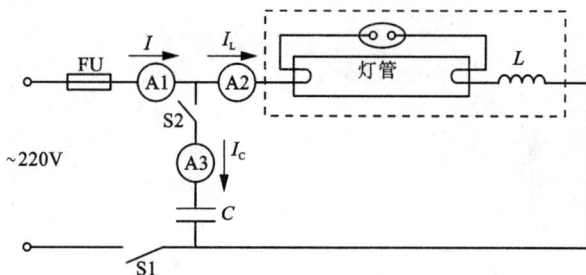

实验图6-1 荧光灯的电路

四、实验内容及步骤

（1）在实验板上按实验图6-1连接电路，开关S1、S2均置于分断。

（2）检查无误后先接通S1，当荧光灯正常发光后，读出电流表A1，数值记录于实验表6-1中。

（3）接通开关S2，分别读出A1电流表值、A2电流表值、A3电流表值。并将上述值记入实验表6-1中。

（4）改变电容器的容量，重复步骤3。并将实验数据记录于实验表6-1中。

实验表 6 – 1

测量值 ＼ 被测量	I/A	I_L/A	$I_C A$
$C_1 =$			
$C_2 =$			
$C_3 =$			
$C =$			

五、注意事项

（1）按实验图 6 – 1 连线后，仔细检查连接的正确性。

（2）通电时应注意用电安全，在转换开关时断开电源。

六、实验报告要求

（1）根据实验数据，验证并联电路中，总电流和各分电流的关系。

（2）用实验所得数据作相量图。

（3）分析实验 $I_L(A)$ 和 $I(A)$ 并结合相量图分析提高功率因数的意义和原理。

七、思考与练习

荧光灯所在的支路电路中电流是否有变化？其功率值与并联电容器后电路的总功率是什么关系？

实验七　三相交流负载的接法及功率的测量

一、实验目的

（1）掌握三相负载作星形联结、三角形联结的方法，验证这两种接法时线、相电压及线、相电流之间的关系。

（2）掌握用二瓦特表法测量三相电路功率的方法

二、实验器材

（1）交流电压表	0～500V	1块
（2）交流电流表	0～5A	1块
（3）万用表		1块
（4）三相自耦调压器		1个
（5）三相灯组负载	220V,15W 白炽灯	9个
（6）单相功率表		2块
（7）三相电容负载	1μF,2.2μF,4.7μF/500V	各3个
（8）电门插座		3个

三、实验原理

1. 三相交流负载的接法及测量

（1）三相负载可接成星形联结（又称"Y"结）或三角形联结（又称"Δ"结）。当三相对称负载作 Y 形联结时，线电压 U_L 是相电压 U_P 的 $\sqrt{3}$ 倍。线电流 I_L 等于相电流 I_P，即

$$U_L = \sqrt{3}U_P, \; I_L = I_P$$

在这种情况下，流过中线的电流 I_N 为零，所以可以省去中性线。

当对称三相负载作 Δ 形联结时，有 $I_L = \sqrt{3}I_P$，$U_L = U_P$。

（2）不对称三相负载作星形联结时，必须采用三相四线制接法。而且中性线必须牢固连接，以保证三相不对称负载的每相电压维持对称不变。

倘若中性线断开，会导致三相负载电压的不对称，致使负载轻的那一相的相电压过高，使负载遭受损坏；负载重的一相相电压又过低，使负载不能正常工作。尤其是对于三相照明负载，无条件地一律采用 Y_N 接法。

（3）当不对称负载作 Δ 联结时，$I_L \neq \sqrt{3}I_P$，但只要电源的线电压 U_L 对称，加在三相负载上的电压仍是对称的，对各相负载工作没有影响。

2. 三相电路功率的测量

三相三线制供电系统中，不论三相负载是否对称，也不论负载是 Y 形联结还是 Δ 形联结，都可用二瓦特表法测量三相负载的总有功功率。测量线路如实验图 7－1 所示。若负载

为感性或容性，且当相位差 $\varphi > 60°$，线路中的一只功率表指针将反偏（数字式功率表将出现负读数），这时应将功率表电流线圈的两个端子调换（不能调换电压线圈端子），其读数应记为负值。而三相总功率 $P = P_1 + P_2$（P_1、P_2 本身不含任何意义）。

实验图 7 - 1

除实验图 7 - 1 的 I_U、U_{UW} 与 I_V、U_{VW} 接法外，还有 I_V、U_{UV} 与 I_W、U_{UW} 以及 I_U、U_{UV} 与 I_W、U_{VW} 两种接法。

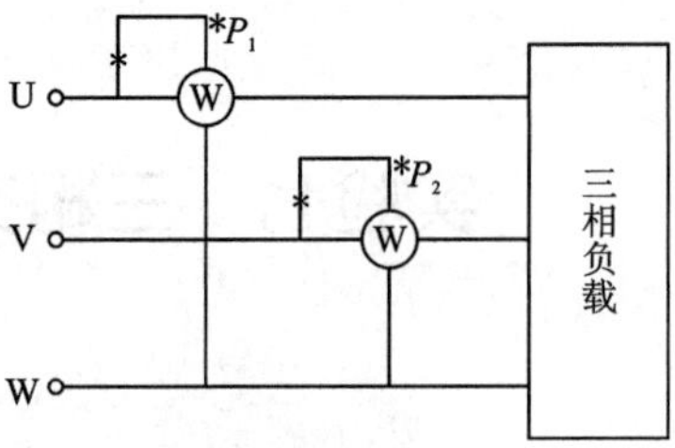

四、实验内容及步骤

1. 三相负载星形联结（三相四线制供电）

按实验图 7 - 2 接实验电路。即三相灯组负载经三相自耦调压器接通三相对称电源。将三相调压器的旋柄置于输出为 0 的位置。经指导教师检查合格后，方可开启实验台电源，然后调节调压器的输出，使输出的三相线电压为 220V，并按下述内容完成各项实验，分别测量三相负载的线电压、相电压、线电流、相电流、中线电流、电源与负载中点间的电压。将所测得的数据记入实验表 7 - 1 中，并观察各相灯组亮暗的变化程度，特别要注意观察中性线的作用。

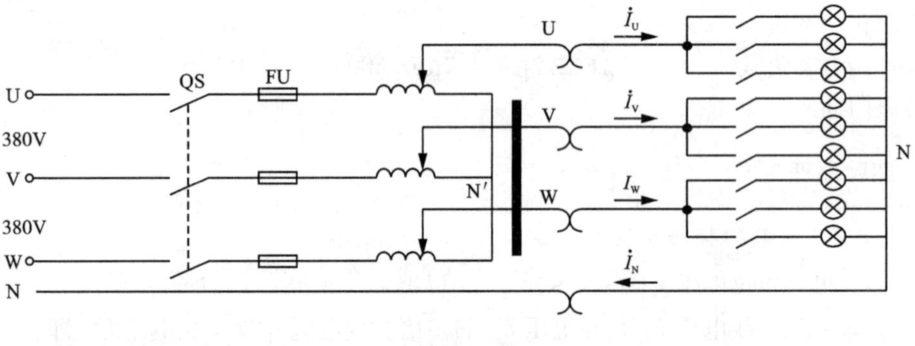

实验图 7 - 2

实验表 7 - 1

测量数据 实验内容 （负载情况）	开灯盏数			线电流/A			线电压/V			相电压/V			中性线 电流 I_N/A	中点 电压 $U_{NN'}$/V
	U 相	V 相	W 相	I_U	I_V	I_W	U_{UV}	U_{VW}	U_{WU}	N_{UN}	U_{VN}	U_{WN}		
Y_N 联结平衡负载	3	3	3											
Y 联结平衡负载	3	3	3											
Y_N 联结不平衡负载	1	2	3											
Y 联结不平衡负载	1	2	3											
Y_N 联结 V 相断开	1		3											
Y 联结 V 相断开	1		3											
Y 联结 V 相短路	1		3											

2. 负载三角形联结(三相三线制供电)

按实验图 7 - 3 连接线路,经指导教师检查合格后接通三相电源,并调节调压器,使其输出线电压为 220V,并按实验表 7 - 2 的内容进行测试。

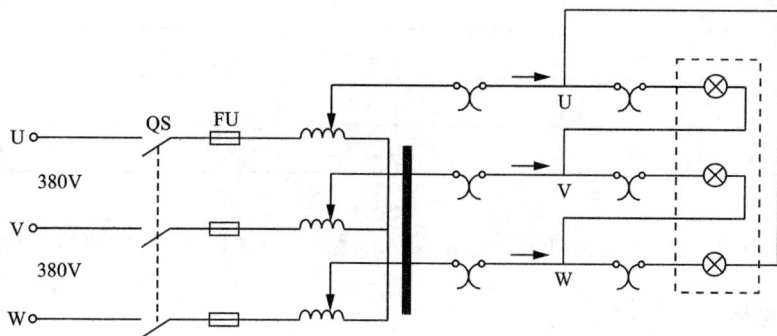

实验图 7 - 3

实验表 7 - 2

测量数据 负载情况	开 灯 盏 数			线电压 = 相电压/V			线电流/A			相电流/A		
	U - V 相	V - W 相	W - U 相	U_{UV}	U_{VW}	U_{WU}	I_U	I_V	I_W	I_{UV}	I_{VW}	I_{WU}
三相平衡	3	3	3									
三相不平衡	1	2	3									

3. 用二瓦特表法测定三相负载的总功率

(1) 按实验图 7 - 4 接线,将三相灯组负载接成 Y 形联结。

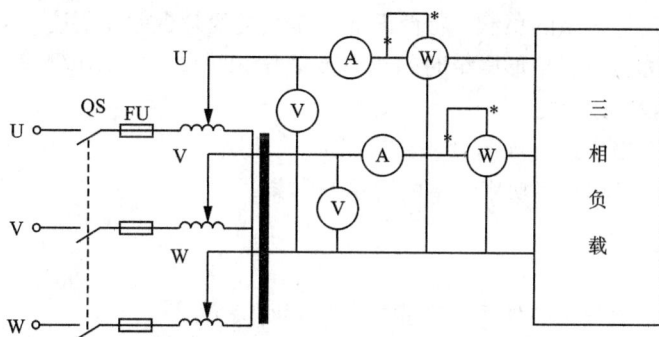

实验图 7 - 4

经指导教师检查后,接通三相电源,调节调压器的输出相电压为 220V,按实验表 7 - 3 的内容进行测量。

(2) 将三相灯组负载改成 Δ 形联结,重复(1)的测量步骤,数据记入实验表 7 - 3 中。

实验表 7 – 3

负载情况	开灯盏数			测量数据		计算值
	U 相	V 相	W 相	P_1/W	P_2/W	P/W
Y 联结平衡负载	3	3	3			
Y 联结不平衡负载	1	2	3			
△ 联结不平衡负载	1	2	3			
△ 联结平衡负载	3	3	3			

（3）将两只瓦特表依次按另外两种接法接入线路，重复（1）、（2）的测量。（表格自拟。）

五、注意事项

（1）实验时要注意人身安全，不可触及导电部件，防止意外事故发生。

（2）每次接线完毕，同组同学应自查一遍，然后由指导教师检查后，方可接通电源，必须严格遵守先断电、再接线、后通电，先断电、后拆线的实验操作原则。

（3）星形负载作短路实验时，必须首先断开中性线，以免发生短路事故。

（4）为避免烧坏灯泡，在作星形联结不平衡负载或缺相实验时，所加线电压应以最高相电压 <240V 为宜。

（5）每次实验完毕，均需将三相调压器旋柄调回零位。每次改变接线，均需断开三相电源，以确保人身安全。

六、实验报告要求

（1）用实验测得的数据验证对称三相电路中的 $\sqrt{3}$ 关系。

（2）用实验数据和观察到的现象，总结三相四线供电系统中中性线的作用。

（3）不对称三角形联结的负载，能否正常工作？实验是否能证明这一点？

（4）根据不对称负载三角形联结时的相电流值作相量图，并求出线电流值，然后与实验测得的线电流作比较，分析之。

（5）完成数据表格中的各项测量和计算任务。

（6）总结、分析三相电路功率测量的方法与结果。

七、思考与练习

（1）三相负载根据什么条件作星形或三角形联结？

（2）复习三相交流电路有关内容，试分析三相星形联结不对称负载在无中性线情况下，当某相负载开路或短路时会出现什么情况？如果接上中性线，情况又如何？

（3）本次实验中为什么要通过三相调压器将 380V 的市电线电压降为 220V 的线电压使用？

实验八　*RLC* 串联谐振电路的频率响应

一、实验目的

（1）进一步了解 *RLC* 串联的频率响应。
（2）加深理解 *RLC* 串联的谐振特点。
（3）学会谐振频率及品质因数的测量方法。
（4）学会频率特性曲线的绘制。

二、实验器材

（1）函数发生器	1 台
（2）双踪示波器	1 台
（3）万用表	1 块
（4）电流表	1 块
（5）电阻	1 个
（6）电感	1 个
（7）电容	1 个

三、实验原理

（1）谐振条件
当 $\omega L - (1/\omega C) = 0$ 时，电压与电流相位相同，电路发生谐振。
（2）谐振时的电压和电流
RLC 串联电路发生谐振时，阻抗的电抗分量 $X = \omega_0 L - (1/\omega_0 C) = 0$，导致呈现纯电阻，达到阻抗最小值。
（3）串联谐振电路的特点
谐振时总阻抗 $Z = R$ 最小，当电源电压一定时，谐振电路的电流最大，Q 越大，电路选择性越好，谐振曲线越尖锐。

四、实验内容及步骤

（1）用变频方法实现谐振
按实验图 8 – 1 接好电路，固定参数 $U_S = 3V$，$R = 100\Omega$，$L = 200mH$。$C = 0.3\mu F$ 改变电源频率，测电阻电压 U_R，电流 I，当 U_R、I 最大时对应的频率即为谐振频率 f_0。注意谐振点附近取点要密，测量结果填入实验表 8 – 1 中。

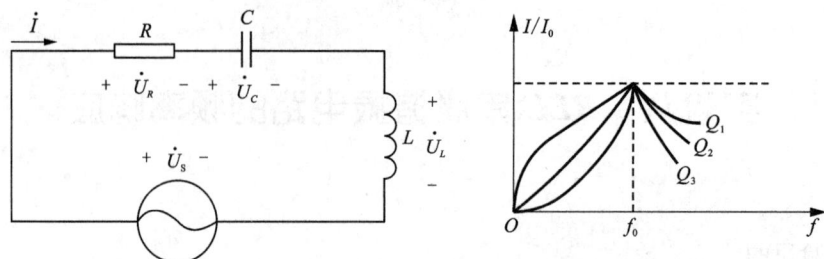

实验图 8 - 1　串联谐振电路原理图

实验表 8 - 1

f	450/Hz	500/Hz	550/Hz	600/Hz	650/Hz	700/Hz	750/Hz	800/Hz	900/Hz
U_R/V									
I/mA									

改变电源频率,测量电容电压 U_C,电感电压 U_L。当 $U_L = U_C$ 时的频率即为 f_0。

(2)保持参数 U_S、L、C 一定,改变电源频率,分别测 $R = 100\Omega$ 和 $R = 1000\Omega$ 时谐振特性曲线($I \sim f$)。

(3)用示波器观察 f 分别为 $\frac{1}{2}f_0$,f_0,$\frac{1}{3}f_0$ 时,电流 I 的波形,说明 u 与 i 的相位关系及电路性质。

(4)测量品质因数:测 $f = f_0$ 时的 U_{L0} 和 U_{R0},求 $Q_P = U_{L0}/U_{R0}$。

(5)作 $I \sim f$ 曲线。

五、注意事项

(1)改变电源频率时应保持输出电压 U_S 一定,即每改变一次频率,测一次 U_S。

(2)为了准确作谐振曲线,谐振点附近测点要密。

(3)要保持谐振电流低于各元件额定电流。

六、实验报告要求

(1)描出用示波器观察的 f 分别为 $\frac{1}{2}f_0$,f_0,$\frac{1}{3}f_0$ 时,电流 I 的波形,说明 $\dot{U}_S$ 与 $\dot{i}$ 的相位关系及电路性质。

(2)测量品质因数:测 $f = f_0$ 时的 U_{L0} 和 Y_{C0},求 $Q_P = U_{C0}/U_0$。

(3)作出 $I \sim f$ 曲线。

七、思考与练习

参照本方案自行设计 RLC 并联谐振电路频率响应的实验。

实验九　*RC* 一阶电路的零输入响应和零状态响应

一、实验目的

（1）测定 *RC* 一阶电路的零状态响应及零输入响应，加深理解 *RC* 一阶电路充放电过程中电流和电压规律。

（2）学习时间常数的测量方法。

二、实验器材

（1）直流稳压电源 LW3J2	1 台
（2）万用表（500 系列）	1 只
（3）秒表	1 只
（4）电阻 20k ×2，10k ×2	4 只
（5）电路板（含电容 1000μF 一个，已接线）	1 块

三、实验原理

1. *RC* 一阶电路的充电过程——零状态响应

在实验图 9 – 1 中，设电容器上的初始电压为零，当开关 S 闭合瞬间，电容电压 u_C 不能跃变，电路的电流最大 $I = U_\mathrm{S}/R$，此后，电容电压随时间逐渐升高，直至 $u_C = U_\mathrm{S}$；电流随时间逐渐减小，最后 $i = 0$，充电过程结束，充电过程中电压 u_C 和电流 i 的数学表达式为：

$$u_C = U_\mathrm{S}\left(1 - \mathrm{e}^{-\frac{t}{\tau}}\right)$$

$$i = \frac{U_\mathrm{S}}{R}\mathrm{e}^{-\frac{t}{\tau}}$$

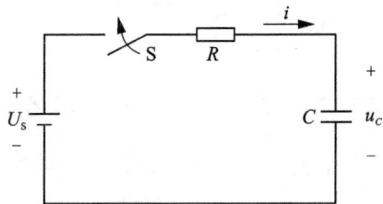

实验图 9 – 1　一阶 *RC* 充电电路　　　　**实验图 9 – 2　一阶 *RC* 充电电路电压电流曲线**

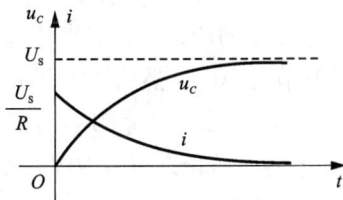

充电过程中，电压和电流随时间均按指数规律变化，理论上要无限长的时间电容器充电才能完成，实际上当 $t = 5\tau$ 时，充电过程已经结束。充电时 i 和 u_C 的变化曲线如实验图 9 – 2 所示。

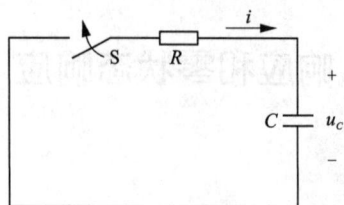

实验图 9 - 3　一阶 RC 放电电路

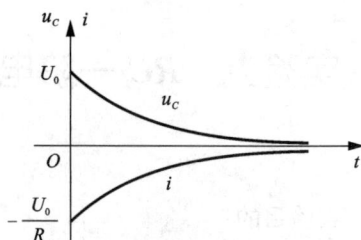

实验图 9 - 4　一阶 RC 放电电路电压电流曲线

2. RC 一阶电路的放电过程——零输入响应

在实验图 9 - 3 中,电容 C 已充有电压 U_0,闭合开关 S,电容器立即对电阻 R 进行放电。放电开始时的电流为 U_0/R,放电电流的实际方向与充电时相反,放电时的电流 i 与电容电压 u_C 随时间按指数规律衰减为零,电流和电压的数学表达式为:

$$i = \frac{U_0}{R} e^{-\frac{t}{\tau}}$$

$$u_C = U_0 e^{-\frac{t}{\tau}}$$

式中 U_0 为电容器的初始电压,放电时 i 和 u_C 的变化曲线如实验图 9 - 4 所示。

3. RC 一阶电路的时间常数

RC 一阶电路的时间常数用 τ 表示,$\tau = RC$,τ 的大小决定了电路充放电时间的快慢。对充电而言,时间常数 τ 是电容电压从零增长到 $63.2\% U_S$ 所需的时间;对放电而言,τ_C 是电容电压 U_C 从 U_0 下降到 $36.8\% U_0$ 所需的时间。

四、实验内容及步骤

1. 测定 RC 一阶电路充电和放电过程中电容电压的变化规律

实验线路如实验图 9 - 5,开关 S 初始位置置于"2",电阻 R_1,R_2 均取 $20k\Omega$,电容 C 取 $1000\mu F$,万用表置直流电压 25V 挡,并将万用表并接在电容 C 的两端不动,直流稳压电源的输出电压调节为 10V。然后,将开关 S 合向位置"1",调节直流稳压电源的输出电压略高于

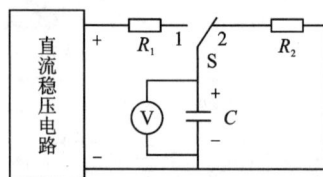

实验图 9 - 5　RC 一阶电路过渡过程实验接线图

10V,保证电容电压稳态值为 10V,将开关 S 合向位置"2",并用导线将电容 C 短接放电,电容的初始电压为零。

接下来,将开关 S 合向位置"1",并同时启动秒表计时,电容器开始充电,当电容电压 u_C 充至为 1V 时卡住秒表,并将时间记入实验表 9 - 1 中,复位秒表。充电结束后,$u_C = 10V$,再将开关 S 合向位置"2",并同时启动秒表计时,电容器开始放电,当电容电压 u_C 放至为 9V 时卡住秒表,也将时间记入实验表 9 - 1 中,复位秒表。

用导线将电容 C 短接放电,重复上述步骤,测出余下的九组数据。

将实验图 9 - 5 电路中的电阻 R_1 与 R_2 均换为 $10k\Omega$,重复上述测量,测量结果记入实验

表 9 - 2 中。

　　2. 时间常数的测定

　　实验线路仍同实验图 9 - 5，R_1 和 R_2 均取 $10\mathrm{k}\Omega(20\mathrm{k}\Omega)$，测量 u_C 从零上升到 $63.2\%\,U_S$ 所需的时间，亦即测量充电时间常数 τ_1；再测量 u_C 从 U_0 下降到 $36.8\%\,U_0$ 所需的时间，亦即测量放电时间常数 τ_2，将 τ_1、τ_2 记入实验表 9 - 1 和实验表 9 - 2 中。

实验表 9 - 1　*RC* 串联充放电测试数据一

	$U_S=$	V,	$R_1=R_2=$		Ω,	$C=$		$\mu\mathrm{F}$,	$R_V=$		Ω	
充电	u_C/V	0	1.0	2.0	3.0	4.0	5.0	6.0	7.0	8.0	9.0	10.0	τ_1
	t/s	0											
放电	u_C/V	10.0	9.0	8.0	7.0	6.0	5.0	4.0	3.0	2.0	1.0	0	τ_2
	t/s	0											

实验表 9 - 2　*RC* 串联充放电测试数据二

	$U_S=$	V,	$R_1=R_2=$		Ω,	$C=$		$\mu\mathrm{F}$,	$R_V=$		Ω	
充电	u_C/V	0	1.0	2.0	3.0	4.0	5.0	6.0	7.0	8.0	9.0	10.0	τ_1
	t/s	0											
放电	u_C/V	10.0	9.0	8.0	7.0	6.0	5.0	4.0	3.0	2.0	1.0	0	τ_2
	t/s	0											

注：R_V 为万用表直流电压 25V 挡的内阻

五、注意事项

　　(1) 万用表电压挡的内阻比较大，不要用直流电压表替代；用万用表测量变化中的电容电压时，不要换挡，以保证电路的电阻值不变。

　　(2) 秒表计时和电压表读数要互相配合，尽量做到同步。同一个数据要求测 3 至 5 次取平均值，以减少测量误差。

　　(3) 条件许可的话，可以将秒表改用可由开关控制计时的电秒表，这样可以减少测量误差，其接线图如实验图 9 - 6 所示。

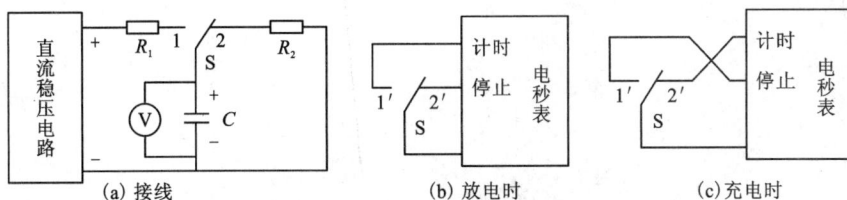

(a) 接线　　　　　　　　(b) 放电时　　　　　　　　(c) 充电时

实验图 9 - 6　改用电秒表的实验图

（4）电解电容器有正负极性，使用时切勿接错。

六、实验结论

根据实验结果，分析 RC 一阶电路是否按指数规律变化，与时间常数的关系如何？

七、实验报告要求

（1）画出实训电路，整理测量数据。

（2）绘制充放电电压 $u_C - t$ 曲线。

（3）根据理论计算值和实际测量值，指出产生误差的原因。

八、思考与练习

（1）根据实验表 9 – 1 和实验表 9 – 2 数据，绘制充放电电压 $u(t)$ 随时间变化的曲线。

（2）改变 RC 电路的电源电压 U_S，对充放电速度有无影响？

实验十　互感元件的研究

一、实验目的

(1)掌握测量互感线圈同名端的方法。

(2)掌握互感系数 M 和耦合系数 K 的测定方法。

二、实验器材

(1)转换开关	1只
(2)万用表 500 型	1只
(3)交流电流电源 0.5/1A	1只
(4)直流稳压表 5V，1A	1台
(5)变压器单相调压器 0～250V，1kVA	1台

（或电工电子实验台）

三、实验原理

1. 耦合线圈同名端的判定

耦合线圈同名端的判定在理论和实践上都有十分重要的意义。例如变压器、电动机绕组的连接等都要根据同名端进行，如若搞错，不仅达不到预期效果，甚至可能造成不良后果。

耦合线圈的同名端和线圈的实际绕向及相互位置有关，在它们均无法知道时可通过实验方法判定。

（1）等值电感法：根据耦合线圈正向串接和反向串接时的等效电感不同，因而感抗不同的关系，可在同一正弦电压 U 下测量电流 i 并加以比较判定同名端。电流小者为正向串接，电流大者为反向串接。如实验图 10－1 所示。

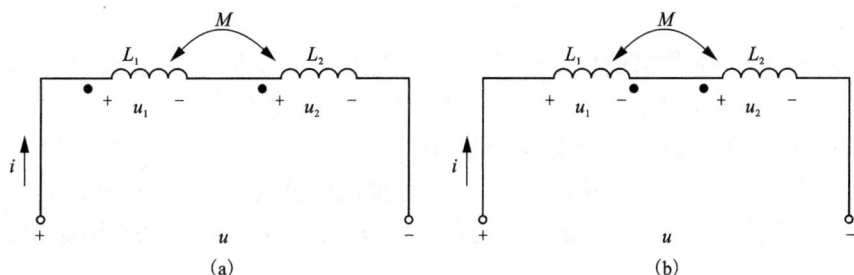

实验图 10－1

（2）直流法：耦合线圈 L_1 接直流电源，L_2 接万用表直流电压挡，利用直流电源接通的瞬用表直流电压挡表指针的正反偏转去判定同名端。如实验图 10－2 所示，在闭合开关 S 的瞬间，电流自电源正极流出，流入线圈 L_1 的端钮 1：若电压表指针正偏，说明 $U_{22'} > 0$。由同名端定义，1、2 为同名端；若电压表指针反偏，说明 $U_{22'} < 0$，由同名端定义：1、2′为同名端。

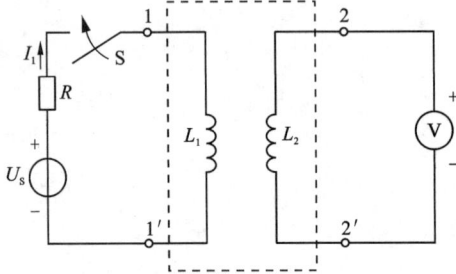
实验图 10 - 2

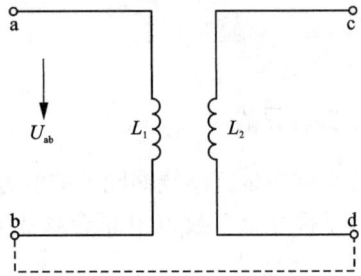
实验图 10 - 3

2. 互感系数 M 和耦合系数 K 的测定

对于没有直接电联系的，但存在磁耦合的两线圈，在相对位置和周围媒质一定时，其互感系数 M 和耦合系数 K 的测定可依照下列方法进行。

（1）等值电感法互感系数 M 和耦合系数 K。如实验图 10 - 4 顺向串接时，等效电感 $L_{正} = L_1 + L_2 + 2M$。反向串接时，等效电感 $L_{反} = L_1 + L_2 - 2M$，则互感系数 $M = \dfrac{1}{4}(L_{正} - L_{反})$。再用公式 $K = \dfrac{M}{\sqrt{L_1 L_2}}$ 可求出 K。

此方法准确度不高，特别是 $L_{正}$ 和 $L_{反}$ 相近时，误差最大。（可以选用两个不同的耦合铁心线圈。）

（2）互感电势法测互感系数 M。在实验图 10 - 4 中，具有互感 M 而自感分别为 L_1 和 L_2 的两个线圈，线圈 L_1 中通入正弦电流 i_1 时，线圈 L_2 中的互感电压 $U_2 = \omega M_{21} I_1$，$M_{21} = U_2 / \omega I_1$，可以证明 $M_{12} = M_{21} = M$，显然，电压表内阻越大，测定结果越准。

（3）耦合系数 K 的测定。测得互感系数 M 和互感系数 L 后，可计算耦合系数 K。

四、实验内容及步骤

1. 判定同名端

（1）等值电感法判定同名端见实验图 10 - 1。先把 50Hz 交流电源电压调至 5v 以下，再在实验图 10 - 1 中串联交流电流表（300mA。），测出电流大的连接为反向串联，（图 b）此时相连的两端是同名端。（有条件的改变频率再做 2 次）

（2）直流法判定同名端见实验图 10 - 2。先验证电压表电流流入与指针偏向关系，（如左进正偏）。再按实验图 10 - 2 连接电路。闭合 S 瞬间，表正偏则 1、2 为同名端。反之 1、2′为同名端。

（3）交流电压法判定同名端见实验图 10 - 3。任意选择连接耦合线圈的一端，如实验图 10 - 3 所示连接 b、d 端，然后在线圈 L_1 两端施加 $U_{ab} = 5V$ 以下 50Hz 交流电压（由调压器提供），再用万用表交流电压挡分别测取 U_{cd} 和 U_{ac}，当 $U_{ac} = U_{ab} + U_{cd}$ 时，a、d 为同名端；$U_{ac} = |U_{ab} - U_{cd}|$ 时，a、c 为同名端。

2. 互感系数 M 和耦合系数 K 的测定见实验图 10 − 4

（1）先用万用表测出 L_1 和 L_2 的电阻（一般为 3Ω 左右）；

（2）在实验图 10 − 4(a)中连接 cd、ab 电路（短接 L_2 和 L_1），加 5V 以下 50Hz 交流电压，依次测出 I、U，算出 L_1 和 L_2 的大小（为了计算方便，R 较小时可以不计）。

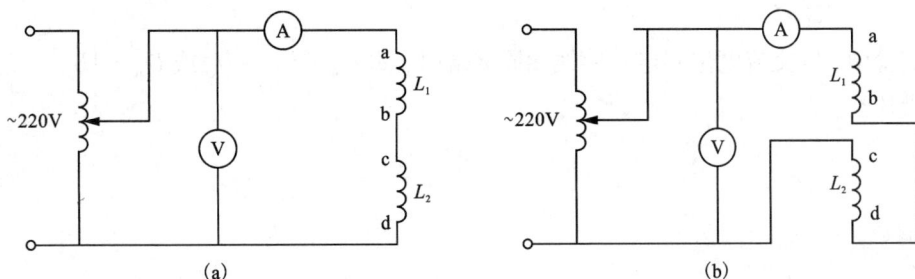

实验图 10 − 4

实验表 10 − 1

次数	U/V	I/mA	$L_1 = U/\omega I/H$
1			
2			
3			
		$L_1 =$	H

实验表 10 − 2

次数	U/V	I/mA	$L_2 = U/\omega I/H$
1			
2			
3			
		$L_2 =$	H

（3）按实验图 10 − 4 连接电路。加 10v 以下 50Hz 交流电压依次测出 I、U 填入实验表 10 − 3，算出互感系数 M 和耦合系数 K。

实验表 10 − 3

	次数	U/V	I/mA	$L = U/\omega I/H$	$M = \dfrac{1}{4}(L_{正} - L_{反})/H$	$K = \dfrac{M}{\sqrt{L_1 L_2}}$
实验图 10 − 4a	1					
	2					
	3					
实验图 10 − 4b	1					
	2					
	3					

若实验图 10 − 4(a)中 L_1 大于实验图 10 − 4(b)中 L_2，则实验图 10 − 4(a)为顺向串联，b、d（a、c）为同名端，$L_1 = L_{正}$，$L_2 = L_{反}$。

五、实验报告要求

（1）记录实验结果，将各种方法测量结果相互验证。

（2）根据实验记录，计算互感系数 M 和耦合系数 K。

六、思考与练习

在实验中，以交流电位判定互感线圈同名端时，式 $U_{ac} = U_{ab} + U_{cd}$ 或 $U_{ac} = |U_{ac} - U_{cd}|$ 是否成立？为什么？

参考文献

[1] 邱关源主编. 电路. 第四版. 北京：高等教育出版社，1999
[2] 蔡元宇主编. 电路及磁路. 第二版. 北京：高等教育出版社，2000
[3] 李瀚荪主编. 电路分析基础. 第二版. 北京：高等教育出版社. 1984
[4] 李树燕主编. 电路基础. 第二版. 北京：高等教育出版社。1994
[5] 王连起主编. 电路基础. 西安：西安电子科技大学出版社，2000
[6] 赵承获. 电工技术. 北京：高等教育出版社，2001
[7] 赵承获. 电工技术实验与实训. 北京：高等教育出版社，2001
[8] 程周. 电工基础. 北京：高等教育出版社，2004
[9] 杨利军. 电工基础. 北京：高等教育出版社，2004
[10] 王慧玲. 电路基础. 北京：高等教育出版社，2004
[11] 白乃平. 电工基础. 西安：西安电子科技大学出版社，2002
[12] 王新新等. 电工基础. 北京：电子工业出版社，2004
[13] 张梦欣. 电工基础. 北京：中国劳动社会保障出版社，2004
[14] 陈生潭. 电路基础. 西安：西安电子科技大学出版社，2001
[15] 张永瑞. 电路分析. 西安：西安电子科技大学出版社，1997
[16] 陈菊红. 电工基础. 北京：机械工业出版社，2002

图书在版编目(CIP)数据

电路基础／周玲,龙剑编.—长沙：中南大学出版社,2007.7
(2021.9 重印)

ISBN 978-7-81105-542-9

Ⅰ.电…　Ⅱ.①周…②龙…　Ⅲ.电路理论　Ⅳ.TM13

中国版本图书馆 CIP 数据核字(2007)第 107868 号

电路基础(第2版)

主编　周玲　龙剑

□责任编辑	陈应征
□责任印制	唐　曦
□出版发行	中南大学出版社
	社址：长沙市麓山南路　　　邮编：410083
	发行科电话：0731-88876770　　传真：0731-88710482
□印　　装	长沙市宏发印刷有限公司

□开　　本	787 mm×1092 mm 1/16	□印张 15.5	□字数 396 千字
□版　　次	2016 年 6 月第 2 版	□印次　2021 年 9 月第 3 次印刷
□书　　号	ISBN 978-7-81105-542-9
□定　　价	38.00 元